构造地质学

主　编　李　忠　郝娜娜　王　京
副主编　张修和　姚　斌　王　耀
编　委　齐欣祎　柴晨薇

西南交通大学出版社
·成　都·

图书在版编目（CIP）数据

构造地质学 / 李忠，郝娜娜，王京主编. —成都：
西南交通大学出版社，2019.2（2024.8 重印）

ISBN 978-7-5643-6764-0

Ⅰ. ①构… Ⅱ. ①李… ②郝… ③王… Ⅲ. ①构造地质学 Ⅳ. ①P54

中国版本图书馆 CIP 数据核字（2019）第 024571 号

构造地质学

主　编 / 李　忠　郝娜娜　王　京

责任编辑 / 姜锡伟
封面设计 / 何东琳设计工作室

西南交通大学出版社出版发行
（四川省成都市二环路北一段 111 号西南交通大学创新大厦 21 楼　610031）
营销部电话：028-87600564　　028-87600533
网址：http://www.xnjdcbs.com
印刷：四川森林印务有限责任公司

成品尺寸　185 mm × 260 mm
印张　11.75　　字数　294 千
版次　2019 年 2 月第 1 版
印次　2024 年 8 月第 2 次

书号　ISBN 978-7-5643-6764-0
定价　36.00 元

课件咨询电话：028-81435775

前　言

构造地质学是地质学的重要分支。随着大土木专业教学的深入开展，土木专业学生需要学习更多的地质学，特别是构造地质学的知识，但尚无一本比较适合土木工程专业学生使用的构造地质学教材。为此，石家庄铁道大学教学指导委员会决定编写本书，以作为土木类专业学生学习构造地质学的试用教材。

本书从土木类专业学生应掌握的构造地质学知识的角度出发，系统地介绍了构造地质学，努力将构造地质学的基本原理与土木工程紧密结合，建立符合土木工程专业的构造地质学课程教学内容体系。

本书首先详细介绍了地质构造的主要载体地层的基本知识，进而通过岩石之间的接触关系，引入了地质构造的概念；在学生初步了解了地质力学的基础后，本书对地质构造的主要形式（断层、节理、褶皱）进行了非常详细的介绍；最后，本书结合土木工程的实际，针对隐伏地质构造埋藏深、隐蔽性强、不确定性大的特点，精选了多种当今土木工程界比较常用的探测隐伏地质构造的物探方法，丰富了教学内容，拓展了学生们的知识面。

本书还针对不同学生的专业需求，专门设计了多个构造地质学的室内实习指导内容，使学生们的地质技能得到了较全面的提高，明确获取野外第一手的资料是所有地球科学包括构造地质科学研究的重点，也是研究的根本。其目的是保护和改善自然环境，预报和减轻自然灾害。

本书由石家庄铁道大学李忠、郝娜娜、王京主编。全书分 8 章，并附有室内实习指导。本书在编写的过程中得到了中国铁路上海局集团公司、中交隧道局、重庆璀陆探测技术有限公司等工程单位的大力支持。本书具体编写分工如下：绪论由李忠、张修和编写，第 2 章由郝娜娜、王京、姚斌编写，第 3 章由郝娜娜、李忠、王京、齐欣祎编写；第 4 章由郝娜娜、李忠、王耀编写；第 5 章由李忠、郝娜娜、柴晨薇编写；第 6 章由李忠、王京、姚斌编写；第 7 章由王京、郝娜娜、李忠编写；第 8 章由李忠、王京、郝娜娜编写。

在本书编写过程中，编者在总结教研室的教学经验和中国地质大学、中国矿业大学教材的基础上，参阅了各种版本的构造地质学教材和这一学科领域的最新研究成果，并搜集了最近颁布的有关规范和规程。本书力图做到体系结构严谨、合理，基本概念清楚、明确，且内容深入浅出，易于本科生接受，使土木类专业学生能在有限的学时内掌握构造地质学最基本的原理和方法，学以致用。

编者谨向主审和参加审查的各位教授致以谢意，他们为提高本教材质量付出了辛勤劳动。

本书除作为本科生教材外，还可作为土木工程专业专科函授生和工程地质勘察培训班的教材。此外，本书还可供从事工程地质勘察的科技人员和其他有关专业院校师生参考。本书也是一本为文、理、政、法、工、农、医、商各科大学生进行素质教育而编写的教科书，可供非地质学类各专业大学生入门之用。

由于编者水平所限，书中难免会有疏漏和不足之处，恳请读者批评指正。

编 者

2018 年 11 月

目　　录

1 绪 论

1.1 为什么学构造地质学?

1.1.1 理论意义

构造地质学能够阐明地质构造在空间上的相互关系和时间上的发育顺序，进而探讨地质构造的演化和地壳运动规律及其动力来源。

1.1.2 实践意义

学生通过构造地质学的学习，可以应用地质构造的客观规律来指导生产实践，解决矿产分布、水文地质、工程地质、地震地质、石油地质及环境地质等方面有关的问题。

矿产分布 大部分矿产都受一定的地质构造所控制。地质构造为成矿物质的迁移提供通道，也为成矿物质的沉淀、储集提供有利的空间。例如，许多金属与非金属矿产的形成既与岩浆活动有关，也与褶皱或断裂构造密切相关；又如，石油、天然气通常分布在背斜的顶部或具圈闭条件的断裂构造中。

水文地质 水资源匮乏已成为很多大型城市面临的重要问题。地下水的活动和富集与地质构造有密切关系，尤其是断层构造。只有研究并认识了地下水赋存的地质构造背景与特征，才能更有效地寻找、开发与利用地下水资源。

工程地质 许多工程建设，如水库、堤坝、桥梁、隧道或大型地下工程等，都必须以地质构造研究为基本依据，都要首先查明工程地区地质构造的发育情况与活动性，对地基稳定性作出评价，为工程设计和施工提供地质依据。例如我国的三峡水利工程、青藏铁路工程以及各高速公路的建设等，都要对其地基和周边的地质构造进行系统研究。

地震地质 破坏性地震常给人民的生命财产带来巨大的损失。绝大多数地震活动是现代地壳运动的反映，因而震源与地质构造，特别是与断裂构造的关系极为密切。在研究发震规律和地震预报的工作中，研究区域构造特征及新构造活动规律，是地震地质工作的一项十分重要的基础工作。

环境地质 人类生存的环境每时每刻都在变化中。土壤的沙漠化、气候的异常变化、地方病的出现等在很大程度上都与现代地壳运动及其产生的地质构造，例如青藏高原的隆升，具有密切联系。不同地区地质环境的差异及地表元素分布的不均一，在很大程度上与各地区地质构造的不同有关。

1.2 什么是构造地质学？

1.2.1 研究对象

在山区高速公路两侧的峭壁上，在基岩出露的地方或在水库旁的悬崖上，我们总可以观察到很多自然界的岩石具有成层性，而且这些岩层经常发生变形，如弯曲（褶皱）或破裂（断层或节理），构成奇异的自然景观。其实这些由自然力（或地应力）作用引起的岩石的成层性以及岩层的弯曲或破裂现象就是构造地质学的研究范畴。

构造地质学的研究对象主要是地壳或岩石圈中的中、小型地质构造。所谓地质构造，是指组成地壳的岩层和岩体在内动力地质作用下发生变形，从而形成的诸如褶皱、断裂以及其他各种面状和线状构造等。

1.2.2 研究内容

构造地质学的主要任务是对各种变形地质体即褶皱、断裂等地质构造现象进行识别、描述和成因解释。相关的研究内容主要包括以下四方面：

（1）地质构造的几何学，主要包括地质构造的几何形态描述、产状、形体方位分析、组合形式和组合规律。

（2）地质构造形成的运动学，主要指地质构造形成过程中物质的运动方式、运动方向与基本规律。

（3）地质构造形成的动力学，包括地质构造形成的动力学条件及其变化、动力来源。

（4）地质构造的成因分析，主要讨论地质构造的形成环境、形成条件、岩石变形机制与地质构造的演化过程。

构造地质学也对沉积岩在沉积和成岩作用过程中所形成的原生构造以及岩浆岩在岩浆侵位和结晶过程中所形成的原生构造加以认识和研究。

1.3 构造地质学相关概念

1.3.1 构造尺度（Tectonic scale）

地壳和岩石圈中的地质构造规模极大：尺度范围大至几百、数千千米乃至全球规模，例如大陆和大洋、山脉和盆地等的形成和发展；小到组成岩石圈内各种变形地质体的空间组合和分布规律及构造特征，即一定范围的露头上或手标本上；更小则到岩石或矿物的内部组构，需借助显微镜才能观察。

在不同的尺度上，地质构造的表现形式具有一定的差异。因此，对地质构造的观察研究，可以按规模大小划分为多个级别，即构造尺度。

构造尺度的划分是相对的，学界一般把构造尺度划分为巨、大、中、小、微和超微六个级别。

巨型构造 主要指延绵数百至数千千米的区域性或全球性的地貌构造单元。这类构造往往与大型板块或古板块的岩石圈动力学过程相关，如喜马拉雅造山带、大洋中脊等。

大型构造 主要指延绵数十至数百千米的区域性地貌构造单元。这类构造往往与板内体制下的大陆动力学过程或小型板块的岩石圈动力学过程相关，如复背斜、复向斜或区域性大断裂。

中型构造 主要见于一个地段上的褶皱、断层和不整合等，在1∶5万或更大比例尺地质图中可见其全貌。

小型构造 主要指野外露头或手标本上可见的构造，如褶皱、断裂等。

微型构造 在手标本或偏光显微镜下可见的构造，如云母鱼、亚颗粒等。

超微构造 在电子显微镜下可见的构造，如位错构造等。

1.3.2 构造变形场（tectonic deformation field）

构造变形一般包括四种分量，即刚性平移、刚性转动、形变和体变。区域性构造变形场可简单概括为六种：伸、缩、升降、剪、滑和旋。

伸展构造 是水平拉伸形成的构造，或垂向隆起导生的水平拉伸形成的构造，如裂谷、地堑-地垒、盆岭、变质核杂岩等构造。

压缩构造 是水平挤压形成的构造，如褶皱系和逆冲推覆构造。

升降构造 是岩石圈或地幔物质垂向运动的体现，表现为地壳的上升和下降、区域性隆起和坳陷。隆起造就山系和高原；坳陷形成各种盆地。

走滑构造 是顺直立剪切面水平方向滑动或位移形成的构造。直立剪切面可以是区域剪切扭动形成的走滑断层，也可以是区域压缩引起的两组交叉走滑断裂。

滑动构造 主要是重力失稳引起的重力滑动构造，也包括某些大型平缓正断层。

旋转构造 是指陆块绕轴转动形成的构造。

1.3.3 构造层次（Tectonic level）

C.E.Wegmann（1935）提出了“构造层次”的概念。构造层次是指在同一次构造变形中，在地壳不同深度，因温度、压力不同而引起岩石物性的变化，从而形成的各具特色的构造分层。学界一般把地壳或岩石圈划分为表、浅、中、深四个构造层次。

表构造层次 主要以脆性变形为特色，主导变形作用是剪切作用与块断作用，代表性地质构造是各类脆性断层、横弯褶皱和纵弯褶皱。

浅构造层次 主要也以脆性变形为特色，主导变形作用是纵弯褶皱作用，代表性地质构造是各类脆性断层和平行褶皱。

中深构造层次 主要以脆-韧性变形、韧性变形和流变作用为特色，该层次顶面以流劈理上限为界，主导变形作用是相似褶皱作用、压扁作用、流变作用和深熔作用，代表性构造是各类脆-韧性断层、韧性断层和相似褶皱、顶厚褶皱和柔流褶皱。

1.4 如何学构造地质学?

1.4.1 研究方法

构造地质学的研究对象是地壳或岩石圈的地质构造，而绝大多数地质构造又是漫长的地质历史过程中地壳运动的产物。所以，人们既不可能直接看到当初它们变形的环境和过程，也不可能在实验室中以同样的规模和时间过程来再造它们。因此，对它们的认识，只能通过观察、系统研究它们的变形遗迹——各种地质构造的形态、产状及它们之间的相互关系，并结合其他资料加以综合分析，推测它们的受力变形情况，进而探讨其区域应力状况及其所反映的地壳运动的性质和特点。这种研究方法称为“反序法”，是研究构造的一种最基本的方法。该研究方法应包括构造几何学、运动学、动力学以及构造演化历史的研究共四部分。

（1）构造几何学研究（Geometric analysis）是对各种地质构造的形态、产状和规模及其组合形式和相互关系进行几何分析和空间分析，即观察、测量、描述。

（2）构造运动学研究（Kinematic analysis）是根据构造几何学的有关资料和数据，去追索现有构造状态和位置的岩体在变形时，物质相继发生的位移、转动和应变等内部和外部的运动。

（3）构造动力学研究（Dynamic analysis）是探索构造变形时作用力的性质、大小、方向、应力场的演化以及外力与应力之间的关系，对地质构造进行力学分析和成因分析，即鉴定构造的力学性质。

（4）构造演化历史研究是通过野外观察和室内对有关资料的综合研究，对地质构造进行历史分析，即阐明各种地质构造的形成时代及其发育顺序。

尽管研究地质构造有许多特殊的方法，但在当前，对地质构造的研究主要有下列几种方法：填图法，模拟实验法——物理模拟和数学模拟，地球物理方法——物探和测井，航空、航天遥感技术方法，钻井法等。

野外观察和地质填图始终是研究地质构造的基本方法。通过野外观察填绘的地质图，不仅反映出一个地区各种岩层和岩体的分布，而且根据岩层和岩体的产状、相互关系和各自的时代，可认识该区各种地质构造的形态、组合特征和发育史。通过绘制剖面图和根据地表的构造形态观测及钻井和物探等提供的资料，编绘构造等高线图和等厚图，能较好反映地下隐伏构造形态的特征。

现代航空、航天遥感技术和航片、卫片的采用，扩大了观察地质构造的视域和深度，弥补了野外地质观察的局限性。而钻探、坑探和物探等工程和探测技术的应用，为了解地下隐伏构造情况提供了重要资料。因此，在研究一个地区地质构造时，应充分利用这些方面的资料。

研究地质构造不能只满足于形态描述，还要应用力学原理，鉴定各个构造的力学性质和相互关系，并分析它们的形成机制和各构造之间的内在联系，以便得出区域地质构造的分布和发展规律。

研究地质构造形成的力学机制，常常需要进行模拟实验。例如根据相似原理，用泥巴、石蜡、沥青或凡士林等材料，做成某种形态和尺寸的试件，在设置的相应几何边界条件下，施加一定方式的力使之发生变形，观察其变形特点、应力与应变之间的关系，并将实验模型与自然界的构造原型进行类比，借以说明这种构造的形成、发展和组合关系以及构造变形的边界条件和应力作用方式。也可利用明胶、塑料或其他适当的透明材料做成试件，通过在光弹仪上受力以及通过偏振片观察由于干涉色带组成的图像，从而了解在一定的受力方式下变形体内部应力的分布情况。

近几年来，数学地质的发展和计算机技术的应用，使构造地质的研究向定量的数理分析方向发展。例如，应用概率统计处理分析构造数据；应用有限单元法来计算一定地区内的各点的应力方向和大小，并进而对这个地区的构造应力场作出数学模拟，据此推断相应的构造图像，并与该地区的地质构造特征进行比较。

高温高压实验和电子显微镜的应用，补充、修正和加深了一些理论上的认识。需要指出，自然界地质构造的形成受到多种可变因素的影响，尤其是变形的规模和经历的漫长时间，都是在实验室不可能模拟的。但是，在进行地质构造的力学机制的分析和探讨中，模拟实验仍是一种有用的辅助手段。

对构造演化历史的研究，一般是根据地层之间的不整合接触关系及各种构造间成因联系和交截、叠加关系，并结合沉积岩相、厚度以及岩浆活动等方面的分析，配合同位素地质年代的测定资料，分析该区构造形成时代和发育顺序，划分构造发育的阶段，恢复区域构造发展史，从而对该区地质构造的演化规律有一个较为正确的认识。

在对规模不同、类型众多、成因各异的地质构造进行几何学、运动学和动力学的研究时，要兼顾宏观与微观、空间与时间、定性与定量的分析，或者说要对空（空间）、时（时间）、力（外力与应力）、物（岩性和物态）、境（地质背景和环境）等方面进行统一的、辩证的分析。

1.4.2 与其他课程的关系

构造地质学是资源勘查工程专业的专业基础课，也是其他地质矿产类、环境类、水文类、土木建筑类等专业的专业基础课，是继普通地质学、矿物学、岩石学、测量学等课程之后进行教学的。这门课的主要目的是为各有关专业课程的学习奠定基础，培养学生在地质找矿、工程地质、水文地质及有关科研工作中解决地质构造问题的能力。通过本课程的学习，学生应掌握观察、认识、描述各种地质构造及收集、整理、分析有关地质构造方面资料的知识和方法，掌握地质图的阅读分析及编制地质图件的一般知识和方法，能初步应用力学原理和岩石变形理论分析地质构造的形成、发展和组合关系。

2　沉积岩的成层性和成层构造

沉积岩，其分布面积约占地球大陆面积的 75%，是地壳表层分布最广泛的岩石，也是成层性表现最为特征的岩石类型。沉积岩的成层性（Stratification）主要通过岩石层理与层面的存在来表现。

大陆地壳表层的地质构造（如褶皱、断裂）多是由沉积岩形成的。因此，观测分析沉积岩层的成层性，是研究沉积岩发生变形（弯曲成褶皱或断裂成节理甚至断层）的基础，更是本课程应掌握的基本内容。

2.1　什么是岩层？

由两个平行或近于平行的界面所限制的、岩性基本一致的层状岩石叫作岩层（Rock formation）。由沉积作用形成的岩层叫沉积岩层。本书中下述岩层均指沉积岩层。岩层的上、下界面叫层面，上层面又称顶面，形成在后；下层面又称底面，形成在先。两个岩层的接触面，既是上覆岩层的底面，又是下伏岩层的顶面。

同一岩层的成分、结构和颜色大体上是一致的，两个相当清楚的界面将其与上覆岩层和下伏岩层分隔开。但在同一岩层内，沿垂直层面方向的剖面仔细观察，我们还会发现有颗粒粗细、颜色深浅甚至含有其他物质多少的变化。根据这些变化，岩层还可以细分为若干更小的层。所以，层又是岩层的基本组成单位。一个岩层可以由一个或几个层组成（图 2-1）。

岩层的形成过程是内力地质作用和外力地质作用相互影响、相互制约的过程，如一个处于地壳不断下降过程中的接受沉积的坳陷盆地，其边缘沉积了砾石，向盆地内部逐渐过渡为砂、细砂、黏土等物质，在离岸更远的地方为较稳定的化学沉积。这些沉积物成岩以后就分别形成了砾岩、砂岩、页岩、泥灰岩或石灰岩等[图 2-2（a）]。如果地壳继续下降，沉积区不断扩大，沉积区段发生变化，在原来砾石层上面又沉积了砂层，原砂层上面又沉积了细砂或黏土等，则水平方向和垂直方向均呈现出自粗到细逐渐过渡的关系[图 2-2（b）]。有时沉积下降速度明显变化，造成沉积环境的明显变化，使上、下两套沉积物在物质成分、结构和颜色等方面均有明显的差异[图 2-2（c）]。这种相互重叠并有明显差异的地质体，成岩以后在构造上的明显特征是具有层状构造（Layering structure）。

同一岩层顶、底面之间的垂直距离，就是岩层的厚度（真厚度）。由于沉积环境和条件的不同，岩层的厚度区域分布有变化（图 2-3）：有的岩层在较大范围内厚度不变或基本一致，形成厚度稳定的板状岩层；有的岩层在较小范围内明显地向一个方向增厚，而向另一个方向变薄甚至尖灭，这种现象称作岩层的尖灭现象；有的岩层中间厚而向两侧尖灭，形成透镜状岩层。岩层厚度的这些变化，受当时堆积形成时地壳运动的升降速度和幅度以及古地理环境的影响。

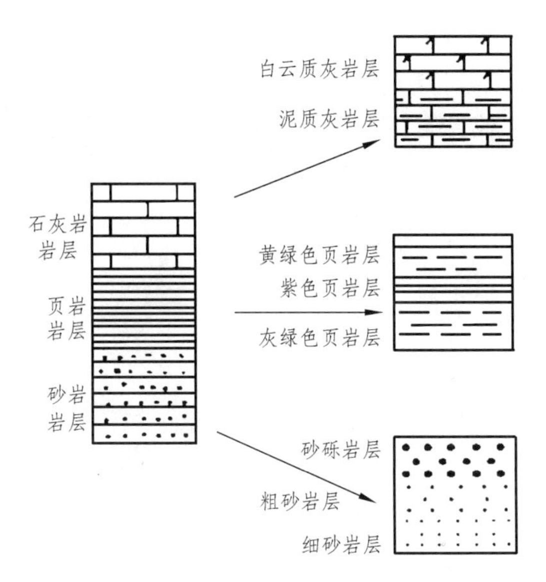

图 2-1　岩层和层之间的关系示意

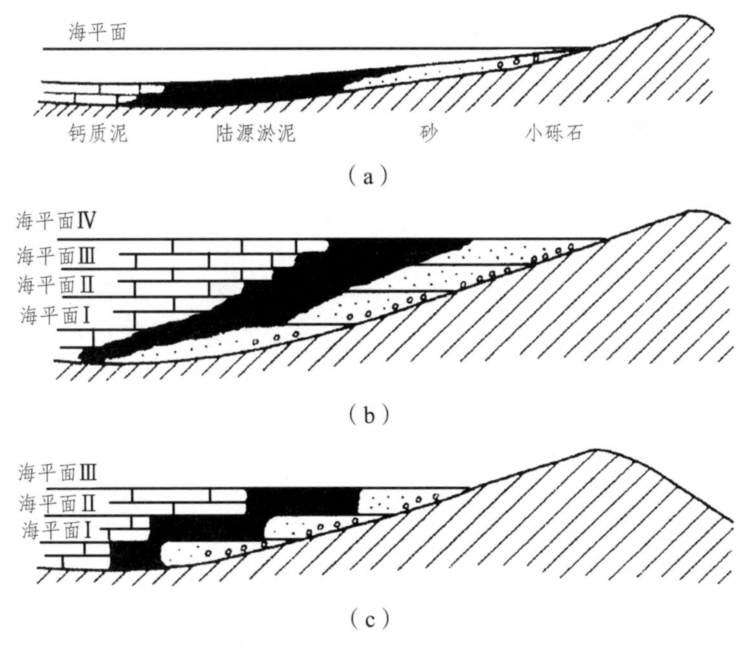

图 2-2　岩层及层理的形成

沉积岩在沉积过程中和成岩作用过程中产生的非构造变动的构造特征称为沉积岩层的原生构造（Primary structure），如层理构造、层面构造、结核以及生物遗迹、叠层石等。沉积岩原生构造不仅为研究和判断岩层形成时的古地理和地壳运动特征提供重要资料，而且有些原生构造（如层理构造、层面构造等）还是鉴别岩层顶、底面和确定岩层相对层序的重要依据。了解这些构造特征，对观察、分析构造形态，确定岩层产状和岩石变形具有一定的指导意义。

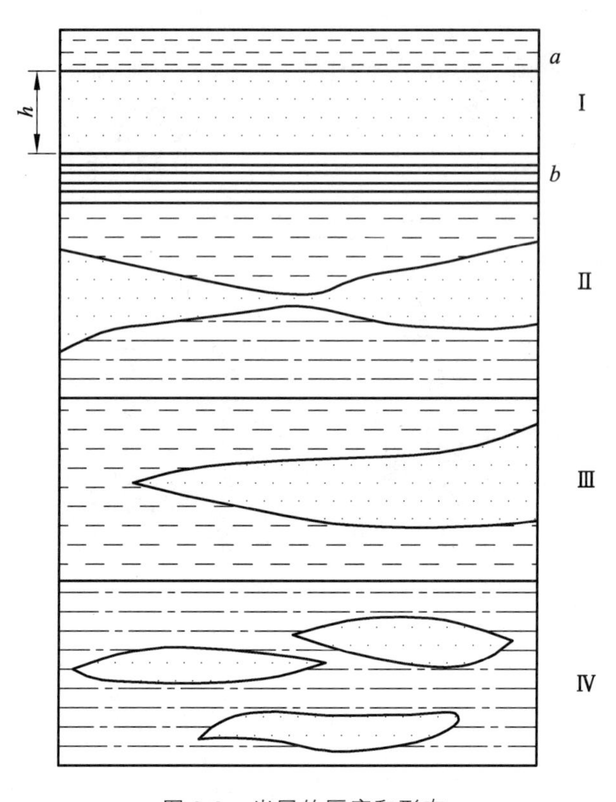

图 2-3 岩层的厚度和形态

a—顶面；*b*—底面；*h*—岩层厚度；I—板状岩层；II—岩层厚度变薄；III—岩层尖灭，呈楔形；IV—岩层呈透镜状

2.2 层理构造及识别

层理构造（Bedding structure）是沉积岩中最普遍的原生构造。它是通过岩石成分、结构和颜色等特征在剖面上的突变或渐变所显现出来的一种成层性构造。层理的形成及其特征，与组成岩石的成分及形成岩石的地质、地理环境、介质运动特征有关。依据层理的形态及其结构，我们通常将其分为三种基本类型：平行层理或水平层理、波状层理和斜层理或交错层理（图 2-4）。

除上述三种基本类型外，由于沉积作用过程中介质的复杂运动和其他因素的影响，层理还有许多过渡类型和特殊类型，如斜波状层理、递变层理等。

在进行地质构造研究时，判别层理是最基础的工作。很多情况下只有找出层理，才能确定岩层面的位置，进而判断岩层的正常层序，恢复地质构造的原始形态。大多数沉积岩的层理较为明显，容易辨认。但某些岩层，如成分较为单一的巨厚岩层，它们的层理常不清楚；有的岩层中发育密集定向的节理或劈理，掩盖了层理或与层理混淆不清。

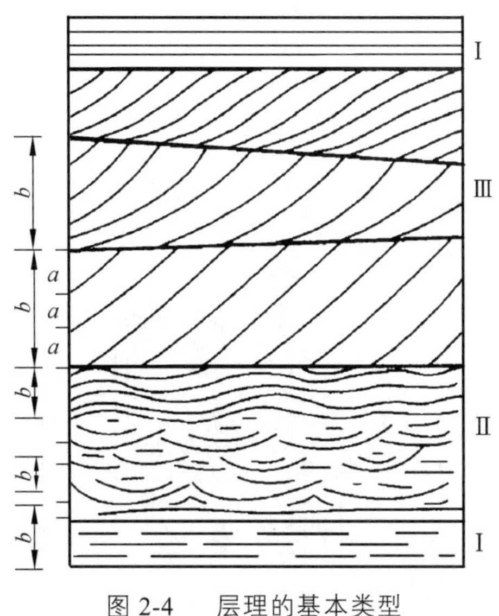

图 2-4　层理的基本类型

Ⅰ—平行层理；Ⅱ—波状层理；Ⅲ—斜层理；*a*—细层；*b*—层系

野外识别层理，可根据以下 4 种直接标志进行：

（1）岩石的成分变化。岩石成分的变化是显示层理的重要标志。特别是在岩性比较均一的巨厚岩层中，要注意寻找成分特殊的薄夹层，如石灰岩中夹有页岩、砂岩中夹有砾岩等，借助于这类夹层可以识别巨厚岩层的层理。

（2）岩石的结构变化。根据沉积原理，不同粒度或不同形状的颗粒总是分层堆积的，从而显示出层理。如砾岩中大小不同的砾石分层堆积呈带状，砂岩中云母呈面状分布，各种原生结核或扁平状砾石在沉积岩中呈面状排列等，可以作为确定层理的标志。

（3）岩石的颜色变化。在层理隐蔽、成分均一、颗粒较细的岩层中，若有颜色不同的夹层或条带，也可指示层理，但要注意区分由某些次生变化造成的岩石颜色差异。如氢氧化铁胶体溶液，常沿节理或岩石孔隙扩散并沉淀，从而在岩石中形成不同色调的褐红色条带或晕圈，当其规模很大时，在个别露头上观察，就容易误认为层理；此外，在有些深色泥岩或白云岩中，常因风化而引起褪色作用，也会沿节理或裂缝发生颜色变化，如不注意也会误当作岩层的层理。

（4）岩层的原生层面构造。层面构造指在层面上出现的一些同沉积构造现象，这些构造包括波痕、泥裂和雨痕、生物遗迹及其印模等。

2.3　如何判别岩层的顶、底面？

确定岩层的新老层序是野外观察研究地质构造的一个重要方面。这是因为岩层形成并经受构造变动。虽然有的还保持其正常层序，即岩层的顶面在上、底面在下；但也有些岩层在强烈的构造变动后，变为直立甚至发生倒转，造成岩层底面在上，顶面反而在下，使岩层沿着倾斜方向出现由新到老的层序倒置的现象。确定岩层的地质时代和层序，主要是依据化石，但在某些情况下，尤其在缺乏化石的“哑地层”中，也可以利用沉积岩的原生构造来判别岩层的顶、底面并确定其相对新老层序。

2.3.1 斜层理

斜层理由一组或多组与主层面斜交的细层组成。不同类型的斜层理，细层的倾斜方向也不同，可向同方向倾斜，也可向不同方向倾斜。斜层理能用来确定岩层顶、底面的方向，判别特征是：每组细层理与层系顶部主层面成截交的关系，而与层系底部主层面呈收敛变缓而相切的关系，弧形层理凹向顶面（图 2-5）。

（a）岩层是正常层序，顶面在左边

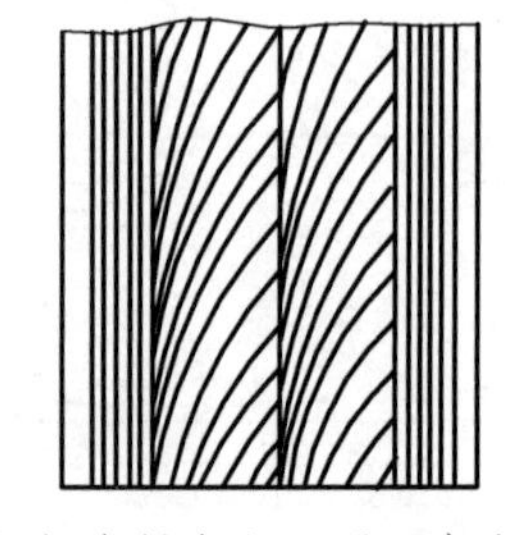

（b）岩层直立，顶面在右边

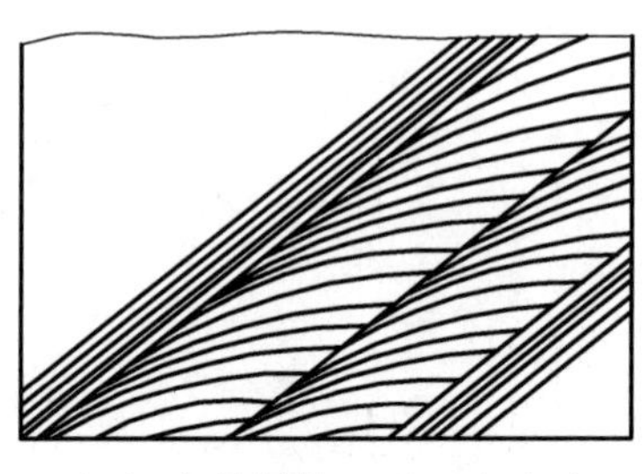

（c）岩层倒转，顶面在右边

图 2-5 根据斜层理确定岩层顶、底面（据 M. P. Billings，1947）

2.3.2 粒级层理

粒级层理又叫递变层理，是由岩石颗粒的粒度大小变化显示出来的。正常情况下，颗粒分布为下粗上细，其特点是在单层中从底到顶由砾岩或粗砂岩开始，向上递变为细砂岩、粉砂岩以至泥岩。有的由砾至泥粒级递变完整；有的不完整，只有砾—砂，或砂—泥；有的重复呈条带状出现，似间互层或韵律层。粒级层理在海相、湖相碎屑岩中很普遍。它可以是水流机械搬运分级沉积的结果，也可以是由浊流搬运形成的粒级浊积层。在相邻两粒级层之间，下层顶面常受过冲刷，因而两层在粒度上或成分上不是递变而是突变。根据粒级层理这种下粗上细粒度递变的特征，可以确定岩层的顶、底面（图 2-6）。

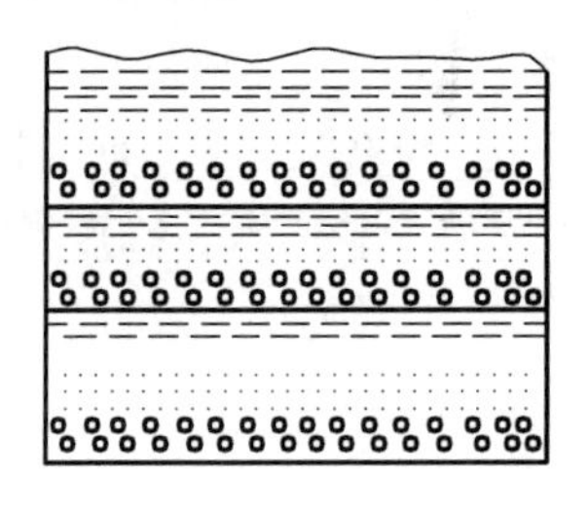

（a）水平岩层，每层自底到顶由粗变细

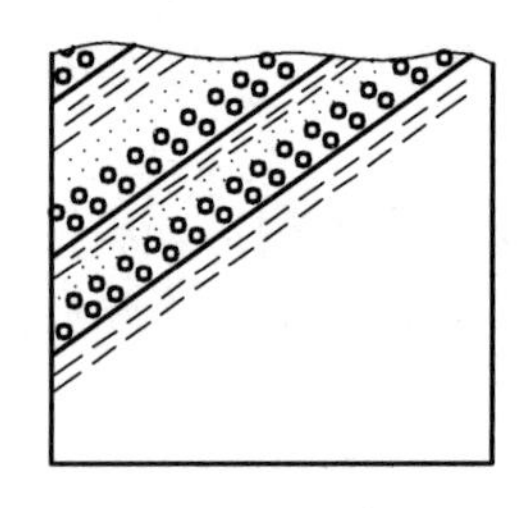

（b）正常倾斜岩层，顶面在左上方

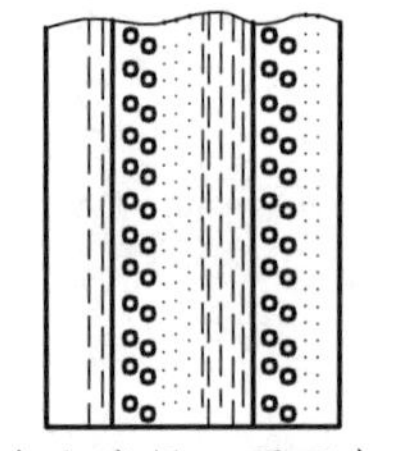

（c）直立岩层，顶面在右边

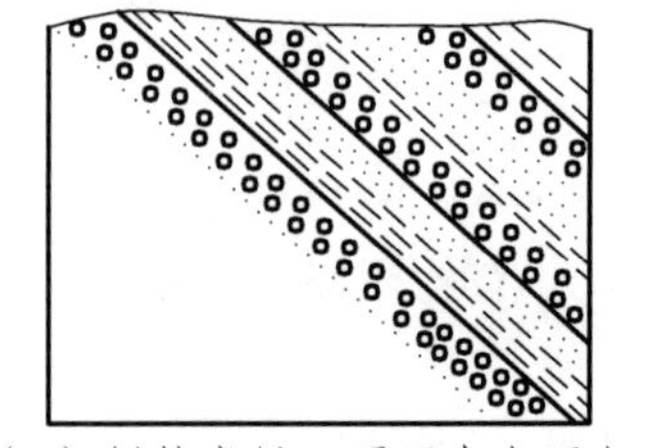

（d）倒转岩层，顶面在左下方

图 2-6 根据粒级层理确定岩层顶、底面（据 M. P. Billings，1947）

2.3.3 波 痕

波痕的成因和类型很多，能够用来指示岩层顶、底面的主要是对称型浪成波痕（图 2-7）。它的波峰呈尖棱形，波谷呈圆弧形。这种波痕无论是原形还是印模，都是波峰尖端指向岩层的顶面，圆弧形波谷凸向底面。对称型浪成波痕主要发育在粉砂岩、砂岩及碳酸盐岩的表面，在细砾岩中也可见到。

2.3.4 泥 裂

泥裂也称干裂，是未固结的沉积物露出水面后经暴晒干涸时，因收缩而形成的与层面大致垂直的楔状裂缝。泥裂常使层面构成网状、放射状或不规则分叉状的裂缝，剖面上则呈“V”形或“U”形裂口。这些裂缝被上覆沉积物填充时，就会使填充层的底面成脊形印模。无论是楔形裂缝或脊形印模，其尖端均指向岩层的底面，即指向较老岩层（图 2-8）。泥裂常见于黏土岩、粉砂岩及细砂岩层面上，偶尔也见于碳酸盐岩层面上。

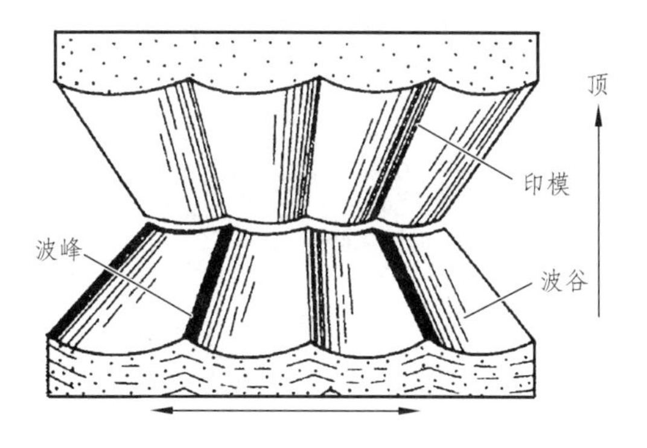

图 2-7 对称型浪成波痕及其印模
（据 R. R. Shrock，1948）

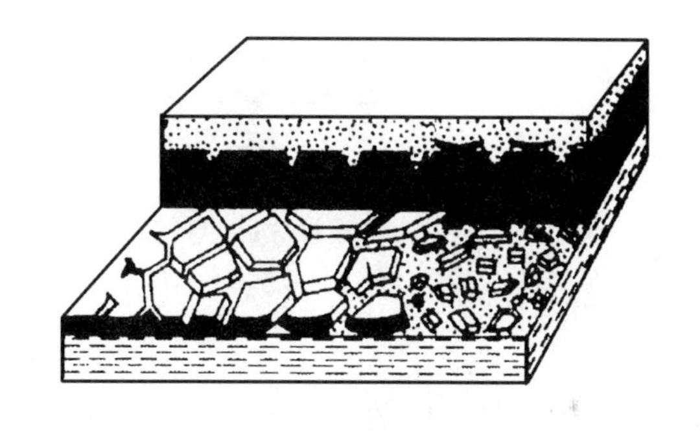

图 2-8 泥裂的立体示意
（据 R. R. Shrock，1948）

2.3.5 雨痕、雹痕及其印模

雨痕和雹痕是雨点或冰雹落在湿润而柔软的泥质或粉砂质沉积物表面上，击打出边缘略高于沉积物表面的圆形或椭圆形凹坑。雹痕较雨痕大而深，形状不规则，其边缘也较高。两种凹坑形成后又被上覆沉积物填充掩埋，成岩后使上覆岩层的底面形成圆形或椭圆形的瘤状突起印模。因此，凹坑总是分布在岩层的顶面，瘤状突起的印模则位于岩层的底面，或者说凹坑和瘤状突起印模的圆弧形面均凸向岩层的底面（图 2-9）。

2.3.6 冲刷面

固结和半固结的沉积岩层，出露水面或在水下经水流冲刷，会在沉积岩层顶面造成凹凸不平的冲刷面。此后，这些不平整的冲刷面上又堆积物质时，被冲刷下来的下伏岩层的碎块和砾石，有可能在原冲刷沟、槽、坑处又堆积下来，形成自下而上由粗变细的充填物，这种特征可以作为判别岩层的顶、底面的标志（图 2-10）。

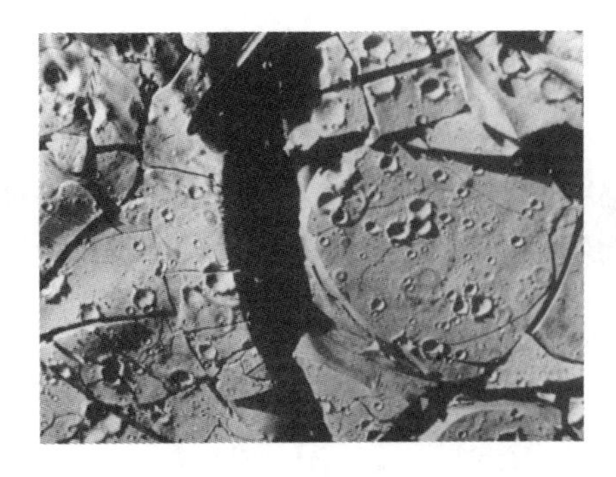
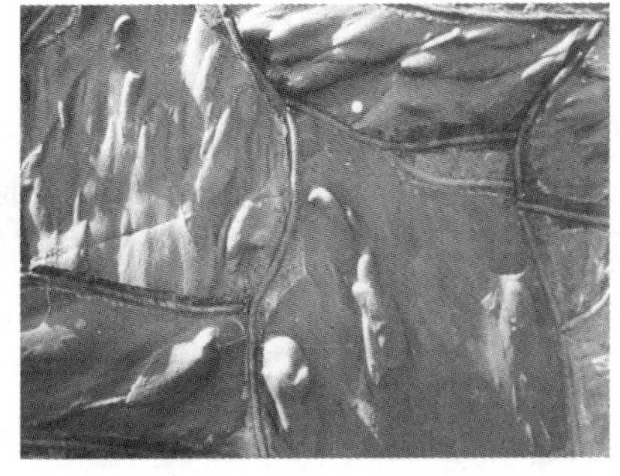

图 2-9 雨痕、泥裂及其印模

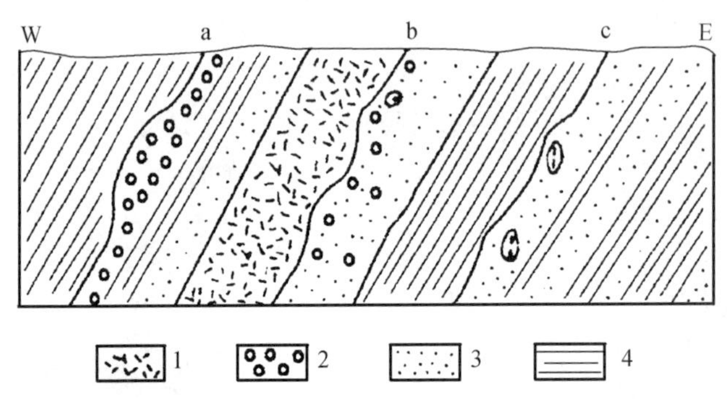

图 2-10 根据冲刷面特征确定岩层相对层序（据 M. P. Billings，1947）

1—熔岩；2—砾岩；3—砂岩；4—页岩

2.3.7 古生物化石的生长和埋藏状态

保存在岩层中的古生物化石，除了根据其种属确定地层的地质时代外，还可以根据某些化石在岩层内的埋藏保存状况和生长状态鉴定岩层的顶、底面。如珊瑚特别是群体珊瑚等底栖生物，若它们在原来生长的位置被掩埋，则其根系总是指向岩层的底面；又如由藻类生物形成的叠层石，其类型不同，形态各异，可有柱状、分枝状、锥状和瘤状，但均具有向上弯起的叠积纹层构造，其凸出方向指向岩层的顶面（图 2-11）。

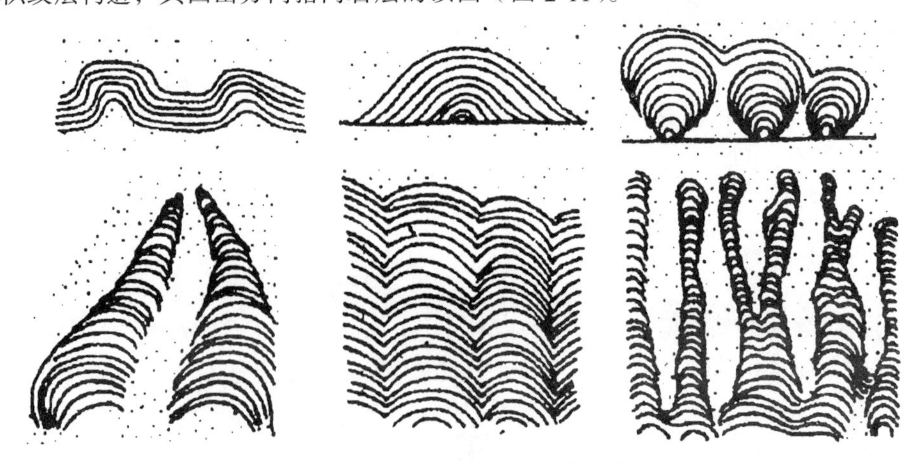

图 2-11 不同形态的叠层石纹层凸向顶面

一些平凸型或凹凸型的腕足类或斧足类化石介壳被沉积物掩埋时，大多数介壳保持着凸面向上的稳定状态埋藏，因此，其凸面指向岩层的顶面。

当古代羊齿类、苏铁类和其他种类植物的根系被掩埋时，保持其生长状态，则古植物根系的生长迹象也可以作为确定岩层顶、底面向的标志，根系分叉方向指向底面。此外，生物活动造成的遗迹化石，如三叶虫的停息迹、爬行觅食迹及潜穴的蹼状构造凹面均指示岩层的顶面。

2.4 沉积岩层的几何表示法

岩石的成层性（层理、层面），在几何学上可以称其为平面，因此，可以用一定的几何方位或几何形态表示。应用地理方位对岩石成层性的三维空间表示称为岩层的产状。

2.4.1 岩层的产状要素及测定

岩层的产状（Occurrence）指岩层在三维空间的产出状态，是以岩层面在三维空间的延伸方位及其倾斜程度来确定的，即采用岩层面的走向、倾向、倾角三个要素的数值来表示。任何面状构造或地质体界面（如褶皱轴面、断层面、岩层面、节理面等）的产状，都可以用上述产状要素来表示。

在广阔而平坦的沉积盆地（如海洋和大湖泊）中所形成的沉积岩层，其原始产状大都是水平或近于水平的。只有在沉积盆地的边缘、岛屿、水下隆起和火山锥周围边坡等局部地带，岩层才会出现一定程度的倾斜，这是原始倾斜（图 2-12）。因此，将岩层的原始产状理解为水平的。原始产状水平的岩层多在地壳运动影响下发生构造变形，形成倾斜岩层、直立岩层、倒转岩层和各种褶皱形态。下面以倾斜岩层面的产状加以说明。

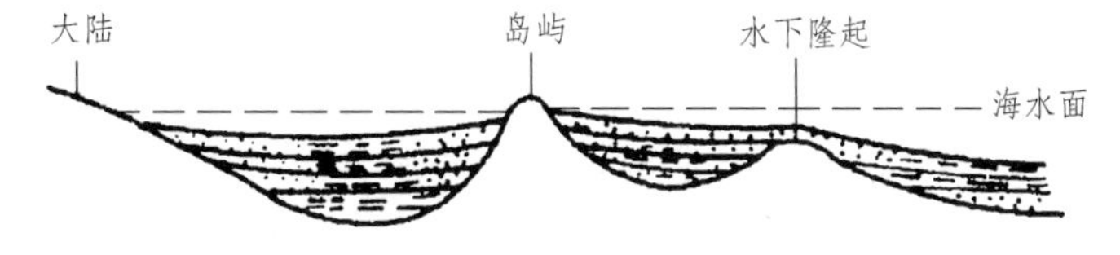

图 2-12　沉积岩层原始倾斜产状形成示意剖面图

1. *岩层的产状要素*（图 2-13）

（1）走向（Strike）。

倾斜岩层的某一层面与任意水平面的交线（或相同高度两点的连线）称为该层面的走向线（图 2-13 中的 AOB）。

一个倾斜岩层面可以和无数个不同高度的水平面相交，这些交线都是岩层的走向线（图 2-14）。因此，在一个倾斜岩层面上，可以有不同高度、互相平行的无数条走向线。由于同一条走向线上任何两点的高程相等，故在同一倾斜岩层面上，只要连接高程相同两点的直线，就是该岩层在该高度上的走向线。

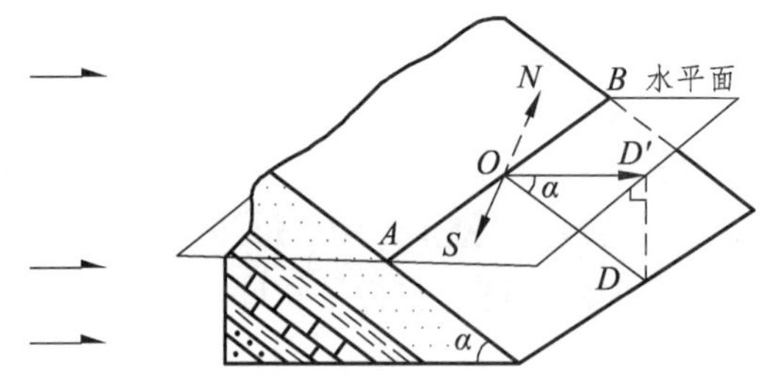

图 2-13　岩层产状要素

AOB—走向线；*OD*—倾斜线；*OD′*—倾斜线的水平投影，投箭头方向为倾向；*α*—倾角；*NS*—子午线

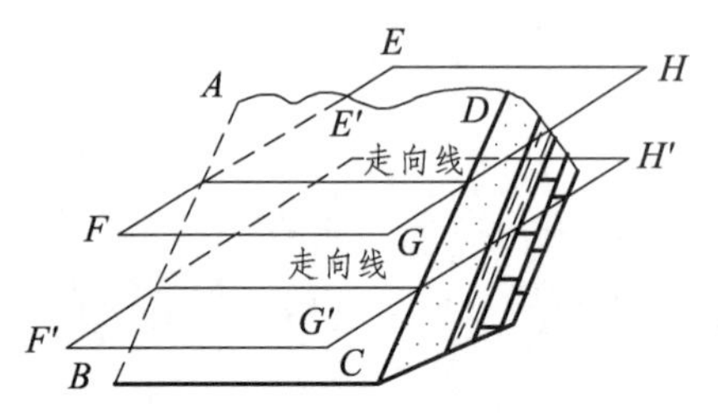

图 2-14　岩层走向线示意

ABCD—岩层层面；*EFGH*，*E′F′G′H′*—水平面

走向线的方位角（走向线与地理子午线之间的夹角）就是倾斜岩层的走向，即走向线两端所指的方向为走向，它表示岩层在空间的水平延伸方向。一条走向线有两个延伸方向，所以，岩层走向都有两个数值，两者相差 180°，它们都可以表示岩层的走向。但在实际工作中，为了使问题简化，只测量和记录一个方向。

（2）倾向（Dip）。

在岩层层面上沿倾斜方向向下引出的走向线的垂线称为倾斜线（图 2-13 中的 *OD*）。倾斜线在水平面上的投影线叫倾向线（图 2-13 中的 *OD′*），倾向线的方位角（倾向线与地理子午线之间的夹角）叫作真倾向，简称倾向。它表示的是岩层在空间的倾斜方向。

岩层的倾向有真倾向（倾向）和视倾向（假倾向）之分。在同一岩层层面上凡是不与走向线垂直的任何倾斜线均称为视倾斜线，视倾斜线在水平面上的投影叫视倾向线，视倾向线所指岩层倾斜一端的方向叫视倾向（图 2-15 中 *OC* 和 *OD*）。在一个测点上，岩层的真倾向只有一个，出现在走向的一侧，并与走向相差 90°，而视倾向总是成对并可以有无数对。

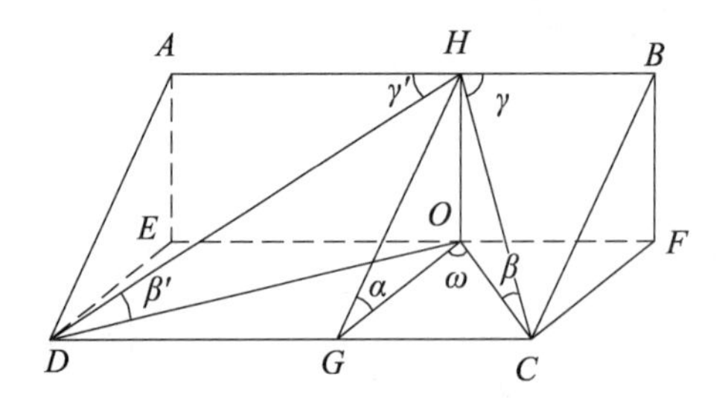

图 2-15　真倾角与视倾角的关系

ABCD—岩层层面；*CDEF*—水平面；*AB*、*CD*—走向线；*GH*—倾斜线；*CH*、*DH*—视倾斜线；*OG*—倾向线；*OC*、*OD*—视倾向线；α—倾角；β'、β—视倾角；ω—真倾向线与视倾向线之间的夹角

（3）倾角（Dip angle）。

倾角表示岩层的倾斜程度，是岩层的倾斜线和倾向线之间的夹角（图 2-13 中 α 角）。由于

岩层有真倾向和视倾向，故倾角也有真倾角与视倾角之分，视倾斜线和视倾向线间的夹角即为岩层的视倾角。在一个测点上，岩层的真倾角（倾角）只有一个，而视倾角（假倾角）却有许多，且视倾角永远小于真倾角（图 2-15）。

岩层的真倾角与视倾角的关系可用数学式表示为：

$$\tan\beta=\tan\alpha\cdot\cos\omega$$

由上面的关系式可以看出：

当 $\omega=0°$时，$\cos\omega=1$，则 $\tan\alpha=\tan\beta$。这说明在垂直岩层走向的剖面上，所见到的岩层倾角最大，即为岩层的真倾角（倾角）。

当 $\omega=90°$时，$\cos\omega=0$，则 $\tan\alpha=0$。这说明剖面方向与岩层走向平行时，无视倾角。

当 $\omega\neq0°$时，$\cos\omega<1$，则 $\tan\alpha>\tan\beta$。这说明在斜交岩层走向的剖面上，所见到的倾角都是视倾角，而且视倾角总是小于真倾角。

在野外实测地质剖面或在图上切绘地质剖面时，往往不可能使剖面线方向始终保持垂直于岩层的走向。一般规定当 $\omega>70°$时，剖面图中的岩层应采用视倾角来绘图，这就需要把岩层的真倾角按照上述公式换算成视倾角。真倾角和视倾角的换算方法除可以利用上述公式计算外，还可以利用其他方法和查表求得。

2. 岩层产状要素的测定

岩层产状要素的测定对于了解岩层空间产出状态、正确分析地质构造形态有重要作用。量测或求算岩层产状的方法较多，大体上可分为直接量测法和间接求算法两种。

（1）直接量测法。

直接量测法指在野外出露的岩层层面上直接用罗盘测量产状数据，这是常用而简便的方法。

（2）间接求算法。

多数情况下，我们并不能在野外直接测量岩层面产状，而要根据有关资料（如钻孔资料或地质图等）间接求得。间接求法有三点法、计算法或赤平投影法（详见室内实习指导）。

3. 岩层产状要素的表示方法

岩层的产状要素可用文字和符号两种方法表示。

（1）文字表示法。

文字表示法多用于野外记录、文字报告及剖面图和素描图中。由于地质罗盘的方位标记可用 90°的象限角表示，也可用 360°的圆周角表示，故文字表示法最基本的也有两种：

① 象限角表示法。

如图 2-16 所示，将方位分为 4 个象限，以北和南的方向作为 0°，根据测量结果记录岩层的走向、倾向和倾角。例如 N70°W/SW∠45°，即岩层走向为北偏西 70°，倾向南西（20°），倾角为 45°。

② 方位角表示法。

如图 2-17 所示，将方位分为 360°，以正北方向为 0°（或 360°），一般只测量和记录岩层的倾向和倾角。例如 205°∠25°，表示岩层的倾向为 205°，岩层的倾角为 25°。方位角记录方法比较简便，知道了倾向，即可换算出走向。例如岩层的倾向为 205°，加减 90°即为岩层走向。

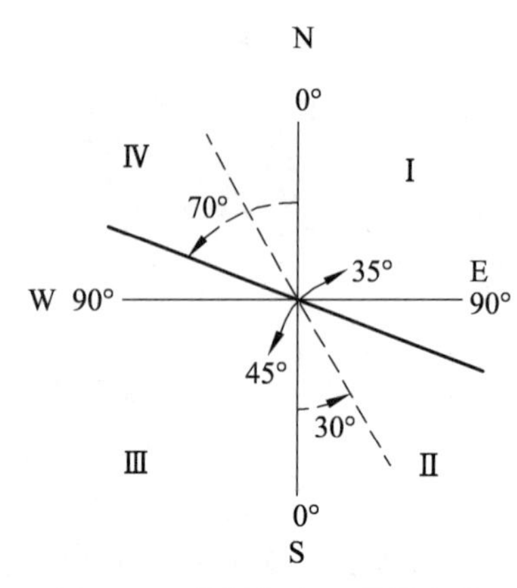

图 2-16　象限角表示岩层产状

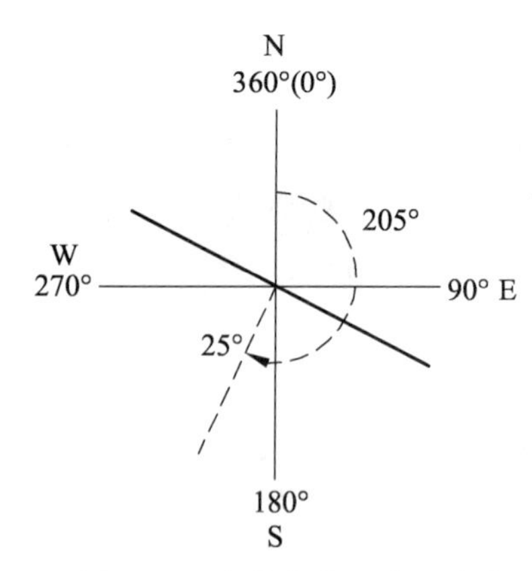

图 2-17　方位角表示岩层产状

（2）符号表示法。

在地质图上，我们常用特定的符号来表示岩层面的产状。常用的产状符号及其代表意义如下：

53° 倾斜岩层，长线表示岩层走向，短线表示岩层倾向，度数表示倾角数值（长、短线必须按实际方位标绘在图上）；

直立岩层，箭头指向较新岩层；

水平岩层（倾角 0° ~ 5°的岩层）；

70° 倒转岩层，箭头指向倒转后的倾向，即指向老岩层，度数表示倾角数值。

2.4.2　水平岩层

1. 水平岩层的概念

岩层层面保持近水平状态，即同一层面上各点海拔高度都基本相同，具这样产状的岩层称为水平岩层。水平岩层是未经构造运动的岩层，保留有原始状态。

2. 水平岩层的特征

（1）水平岩层的分布特征。

水平岩层的正常成层顺序为上新、下老。也就是说，在地层层序没有发生倒转的前提下，地质时代较新的岩层总是叠置在地质时代较老的岩层之上。当水平岩层地区未被地面河流切割或只受轻微剥蚀切割时，地面只出露上部最新的地层，在地质图上反映的全部是最上面地层；随着侵蚀、剥蚀的加宽、加深，地面出露的地层时代越来越老，上覆较新地层出露的面积也越小，地质图变得越复杂，而且较老的岩层总是出露于地形低处（如河谷、冲沟等），最新的岩层分布在山顶或分水岭上。即地层时代越老，其出露位置越低；地层时代越新，其出露位置越高。

（2）水平岩层的露头形态。

岩层的露头形态，是指把岩层在地面实际出露的情况勾绘在平面图上所呈现的形态。在地形地质图上，水平岩层的地质界线（岩层层面在地表面上的出露线，也称出露界线）与地形等高线平行或重合，而不相交（图 2-18），水平岩层的出露和分布状态完全受地形的控制。因此，水平岩层的地质界线随等高线的弯曲而弯曲，真实地反映等高线的弯曲形态。在河谷、冲沟中，地质界线延伸成“V”字形，“V”字形的尖端指向上游（图 2-18）；在山坡和山顶上，水平岩层露头的分布呈孤岛状、不规则的同心状或条带状。

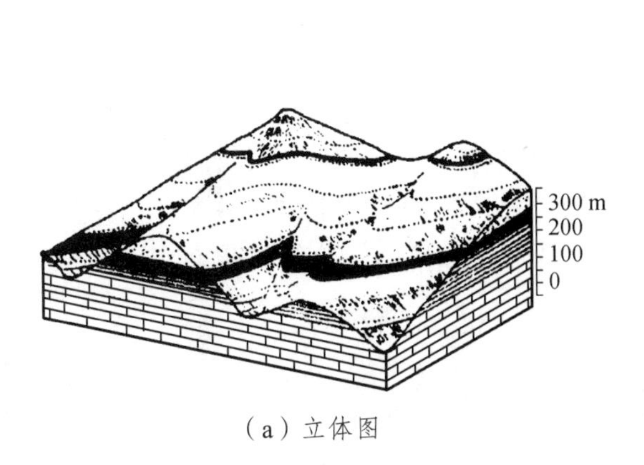

（a）立体图

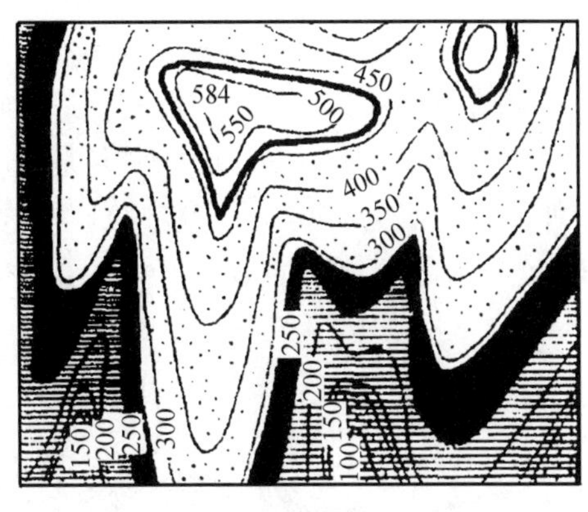

（b）平面图

图 2-18 水平岩层的出露分布特征

注：① 水平岩层层面上的各点都具有相同的海拔高度，所以只要测定出水平岩层层面在某一出露点的高程，就可沿着或平行于同高度等高线勾绘出该岩层面的界线。

② 同一个水平岩层层面必定具有相同高度，若具有不同高度，则是岩层局部弯曲变形或是其间断裂错动所致。

（3）水平岩层的厚度。

水平岩层的厚度（一般均指真厚度），就是水平岩层顶、底面之间的垂直距离，即水平岩层顶、底面的标高差（图 2-19）。因此，在地形地质图上求水平岩层厚度的方法较简单，只要知道岩层顶面和底面的高程，两者相减即得。

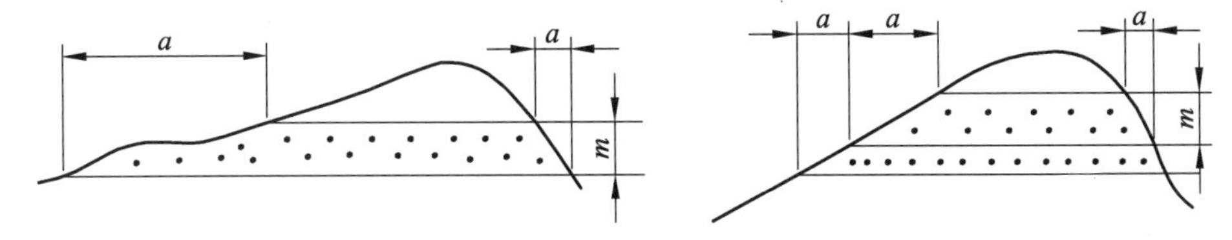

图 2-19 水平岩层露头宽度的变化

a—岩层露头宽度；*m*—岩层厚度

（4）水平岩层的露头宽度。

水平岩层的露头宽度，是指岩层在野外露头宽度的水平投影宽度，即岩层顶、底面在地面上的出露界线之间的水平距离（图 2-19）。同一岩层在地质图上的露头宽度在不同地段有宽窄变化，取决于岩层的厚度和地面的坡度（图 2-19）。当地面的坡度相同时，露头宽度取决于岩层厚度，厚度大则出露宽度大，厚度小则出露宽度小；当岩层的厚度相等时，露头宽度取决于地面坡度，坡度大则出露宽度小，坡度小则出露宽度大。

注：在直立的陡崖处，由于岩层顶、底界线垂直投影后合成一条线，其露头宽度变为零，以致在地质图上呈现出岩层尖灭的假象。

2.4.3 倾斜岩层

1. 倾斜岩层的概念

地壳运动或岩浆活动，使原始水平产状的岩层发生构造变形，引起原始产状向着某一方向倾斜，这种岩层就是倾斜岩层。倾斜岩层的岩层面与水平面有一定的交角或者说同一个岩层面上具有不同的海拔高度。倾斜岩层可以是某种构造的一部分，如为褶皱的一翼或断层的一盘（图 2-20），也可以是地壳不均匀抬升或下降所引起的区域性倾斜。

倾斜岩层在正常情况下，沿倾斜方向岩层的时代是按由老到新的顺序排列的（图 2-21）。在构造变动剧烈的地区，岩层可能发生倒转，使得老岩层覆盖在新岩层之上（图 2-22）。

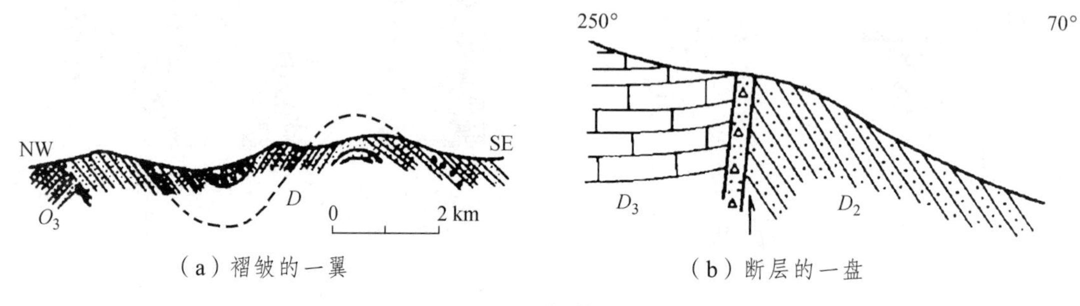

（a）褶皱的一翼　　（b）断层的一盘

图 2-20 倾斜岩层

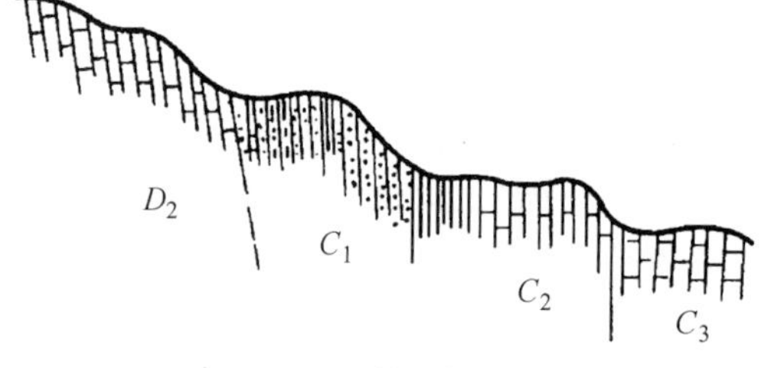

图 2-21 单斜层剖面图

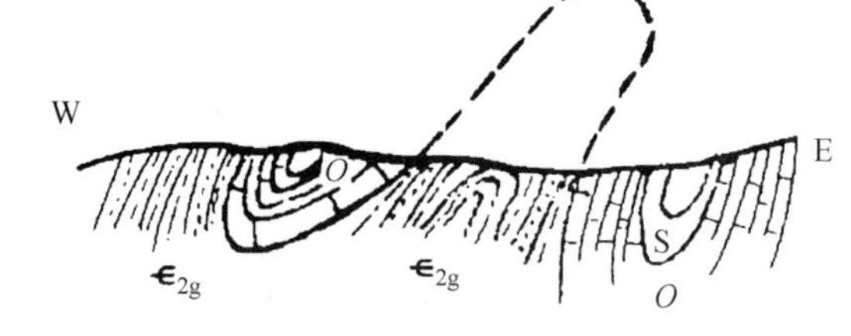

图 2-22 岩层发生倒转的背斜（老岩层覆盖在新岩层之上）

2. 倾斜岩层的特征

（1）倾斜岩层的露头形态。

倾斜岩层的露头形态取决于地形、岩层产状以及二者的相互关系。概括来说，倾斜岩层在平面上以条带状分布。当地面平坦时，产状稳定的倾斜岩层其界线是直线延伸的，岩层露头呈直线条带状分布，其延伸方向即为岩层走向（图 2-23）；当地面起伏时，倾斜岩层露头呈弯曲条带状分布，其界线与地形等高线交切，表现在岩层界线穿越沟谷或山脊时，均呈“V”字形展布，它们与地形等高线的弯曲保持一定的关系，称“V”字形法则，一般包括如下两个方面内容：

① 当岩层倾向与地面坡向相反（即逆向坡）时，岩层地质界线与地形等高线呈同向弯曲。在沟谷处，地质界线的“V”字形尖端指向沟谷的上游；而穿越山脊时，“V”字形的尖端则指向山脊的下坡，但岩层地质界线的弯曲度总是比地形等高线弯曲度小（图 2-24），即“相反相同”。

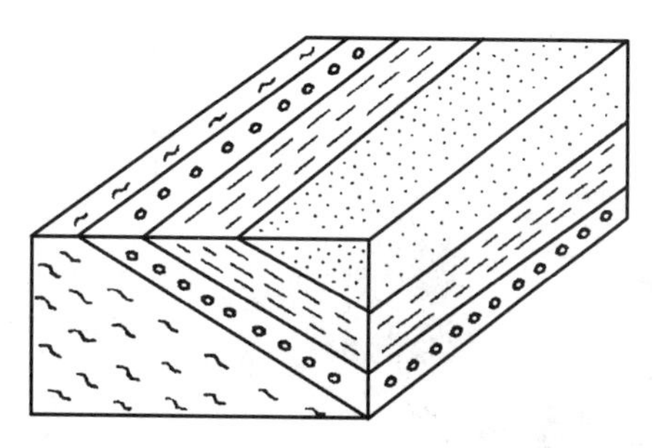

图 2-23 地面平坦时，倾斜岩层露头形态呈直线条带状分布

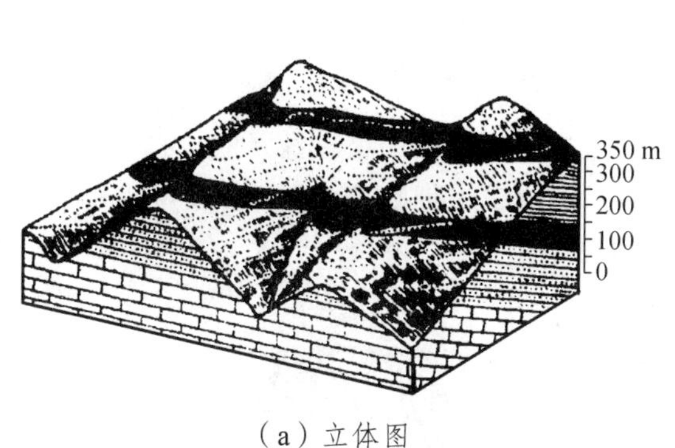

（a）立体图

（b）平面图

图 2-24 倾斜岩层露头界线形态之一（等高距以米为单位）

② 当岩层倾向与地面坡向相同（即顺向坡）时，有以下两种情况：

a. 岩层倾角（α）大于地面坡度角（β）时，岩层地质界线与地形等高线呈反向弯曲。在沟谷处，岩层界线的“V”字形尖端指向沟谷的下游；而穿越山脊时，“V”字形的尖端指向山脊的上坡（图 2-25），即“相同相反”。

b. 岩层倾角（α）小于地面坡度角（β）时，岩层地质界线与地形等高线呈同向弯曲。在沟谷处，岩层界线的“V”字形尖端指向沟谷的上游；而穿越山脊时，“V”字形的尖端指向山脊的下坡，但是其露头界线的“V”字形弯曲度大于地形等高线的弯曲度（图 2-26），即“相同相同”。

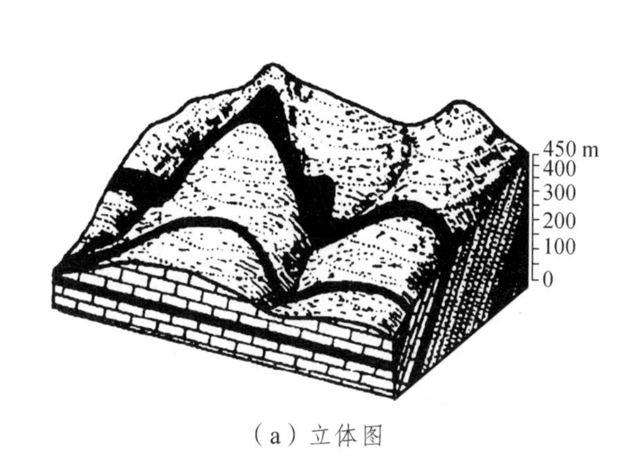

（a）立体图

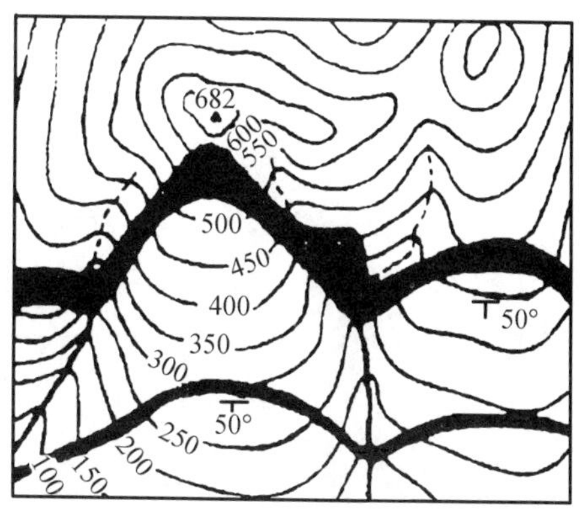

（b）平面图

图 2-25 倾斜岩层露头界线形态之二（$\alpha>\beta$）（等高距以米为单位）

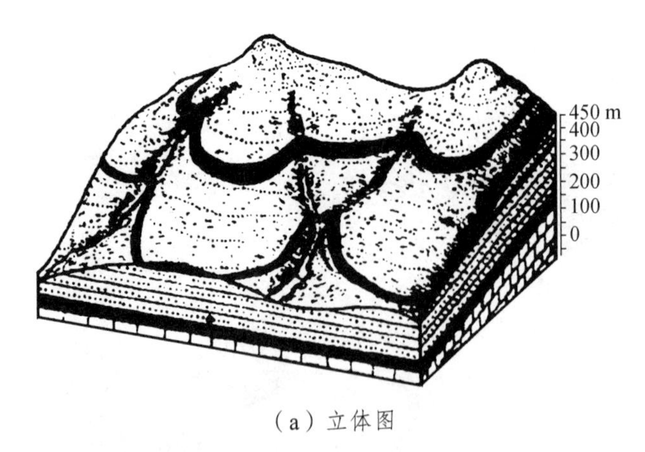

（a）立体图

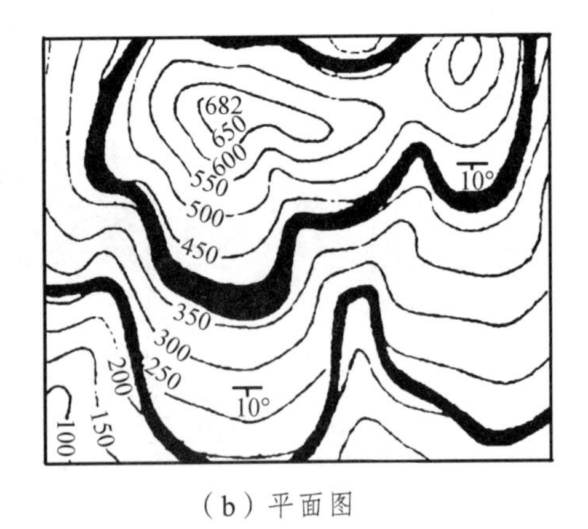

（b）平面图

图 2-26 倾斜岩层露头界线形态之三（ $\alpha<\beta$ ）（等高距以米为单位）

从图 2-24、图 2-25、图 2-26 中可知：当岩层走向与沟谷或山脊延伸方向呈直交时，“V”字形大体对称；当两者斜交时，“V”为不对称形。若岩层倾向与沟谷方向一致，倾角与坡角也相等，则露头界线沿沟谷两侧呈平行延伸（图 2-27），只在上游沟谷坡度变陡处岩层面或其他构造面横跨沟谷而出现“V”字形的露头形态。

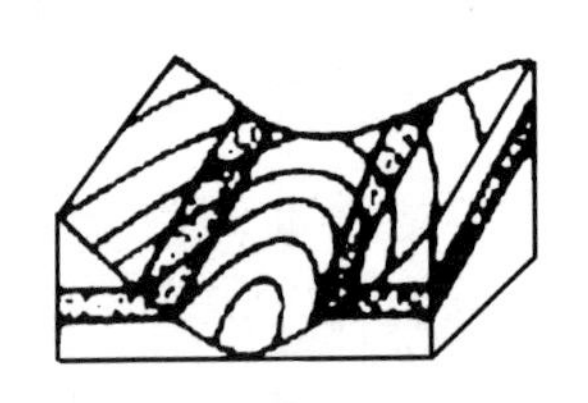

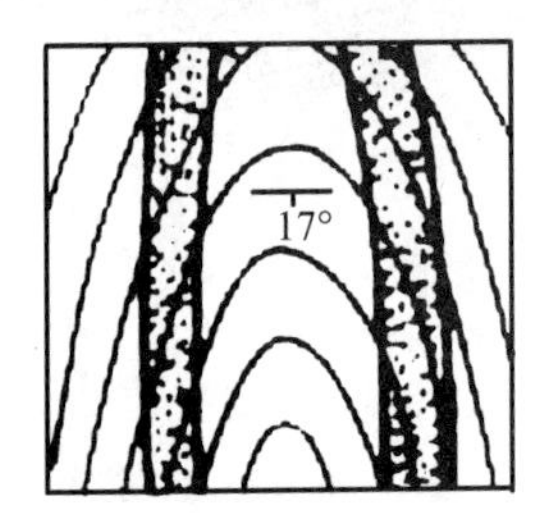

图 2-27 倾角与河谷坡角相同时的岩层分布形态

（2）倾斜岩层的厚度。

岩层除有真厚度外，还有视厚度和铅直厚度。

铅直厚度是指岩层顶、底面之间沿着铅直方向的距离（图 2-28 中的 H），它随岩层产状变化而变化，常应用于井下测算岩层的厚度。

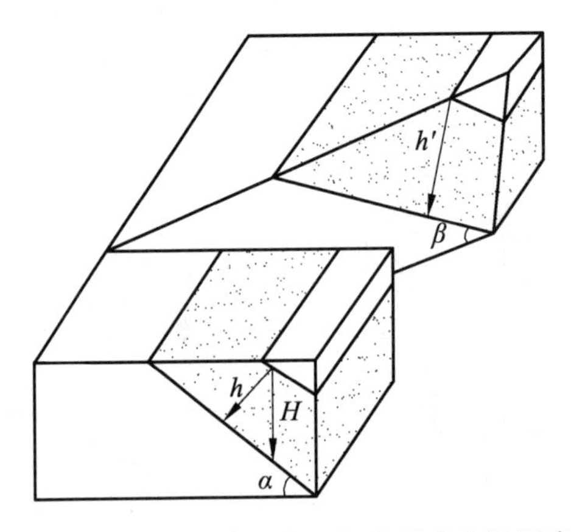

图 2-28 岩层的真厚度、铅直厚度和视厚度

h—真厚度；H—铅直厚度；h'—视厚度；α—岩层的真倾角；β—视倾角

地质工作中，经常要测量和使用岩层的真厚度。真厚度和铅直厚度的关系如下（图 2-28）：

$$h = H \cdot \cos\alpha$$

式中：h 为真厚度；H 为铅直厚度；α 为岩层真倾角。

当 α=0°时，cosα=1，即岩层水平时，铅直厚度与真厚度相等；

当 α>0°时，cosα 的值总小于 1，所以倾斜岩层的铅直厚度总大于真厚度；

当岩层产状不变时，在任何方向的剖面上量得的铅直厚度都相等。

视厚度是指在任意斜交岩层走向的剖面上，岩层顶、底界线之间的垂直距离。它不是岩层顶、底面间的垂直距离，而是野外露头上直接可见的岩层厚度。视厚度和铅直厚度的关系如下：

$$h' = H \cdot \cos\beta$$

式中：h' 为视厚度；H 为铅直厚度；β 为该剖面方向上岩层的视倾角。

因为视倾角 β 总小于真倾角 α，所以 cosβ 也总大于 cosα，故视厚度也就总大于真厚度。

故：在同一露头，真厚度最小，视厚度次之，而铅直厚度最大，即 $h<h'<H$。

倾斜岩层的厚度一般通过量测如下数据来确定：一是地形（包括坡度和坡向）；二是岩层产状（包括倾角和倾向）；三是岩层出露宽度。由于这三大因素多变，岩层的厚度和其计算方法也不相同。下面就从最简单的情况开始阐述测算岩层厚度的方法。

① 直接在野外测量厚度。当野外露头剖面与岩层走向相垂直时，也就是在垂直于岩层走向的陡崖上，或者在直立岩层的地面近水平时，可以用皮尺或钢卷尺直接测量真厚度。

② 根据钻孔资料计算。当有钻孔资料，已知岩层的铅直厚度 H 和岩层产状（主要是倾角 α），时，可用上述公式简单计算真厚度 h（图 2-28）。

③ 野外实测地层剖面。在多数情况下，岩层厚度的求得往往是通过野外地面露头实测剖面（即地质剖面丈量法），可以取得的数据有岩层露头长度（L，即在剖面线上岩层顶面到底面的实际距离）、导线上地面的坡度角（β）、岩层的倾角（α）、岩层倾向与剖面方向之间的夹角（ω）或岩层走向与剖面线之间的夹角（γ）等。根据上述数据，就可按照图 2-29 的不同情况，选用相应公式计算出岩层的真厚度（h）和铅直厚度（H）。所谓的不同情况，归纳起来有下面几种：

a. 剖面线的方向与岩层走向的关系，是直交或是斜交的。

b. 岩层的倾向与地面坡向是同向或是反向。

c. 岩层的倾角与地面坡度角是前者大于后者，或是前者小于后者。

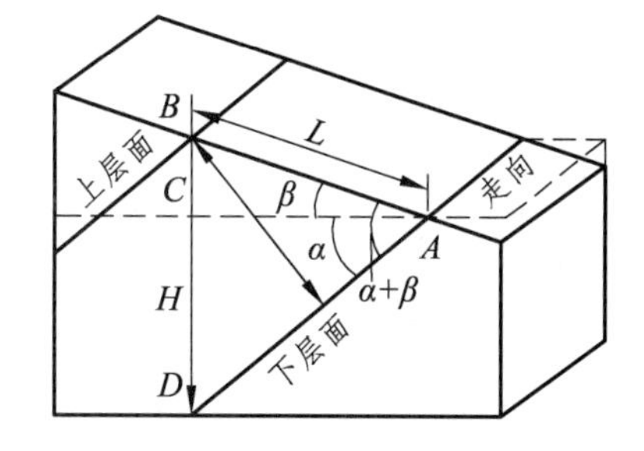

（a）地面倾斜，坡向与倾向相反

$h = L \cdot \sin(\alpha+\beta), H = L(\sin\beta + \tan\alpha \cdot \cos\beta)$

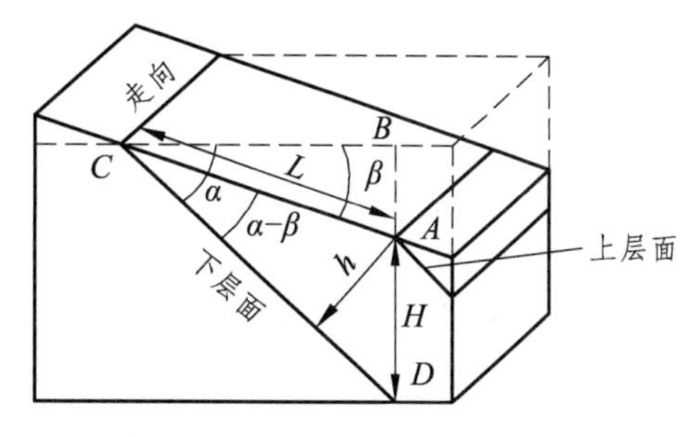

（b）坡向与倾向一致（$\alpha>\beta$）

$h = L \cdot \sin(\alpha-\beta), H = L(\tan\alpha \cdot \cos\beta - \sin\beta)$

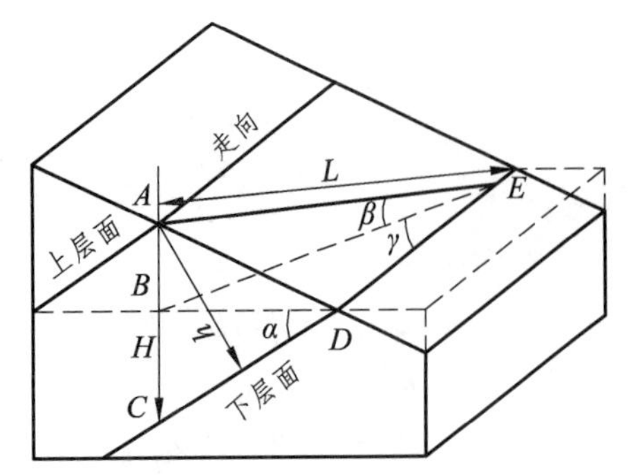

（c）剖面线斜交岩层走向，坡向与倾向相反

$h = L(\sin\alpha \cdot \cos\beta \cdot \sin\gamma + \sin\beta \cdot \cos\alpha)$，

$H = L(\tan\alpha \cdot \cos\beta \cdot \sin\gamma + \sin\beta)$

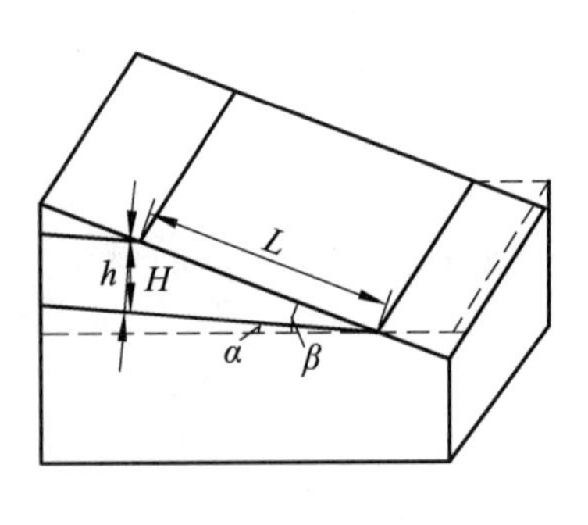

（d）岩层倾向与地形坡向相同（$\alpha < \beta$）

$h = L\sin(\beta - \alpha)$, $H = l(\sin\beta - \tan\alpha \cdot \cos\beta)$

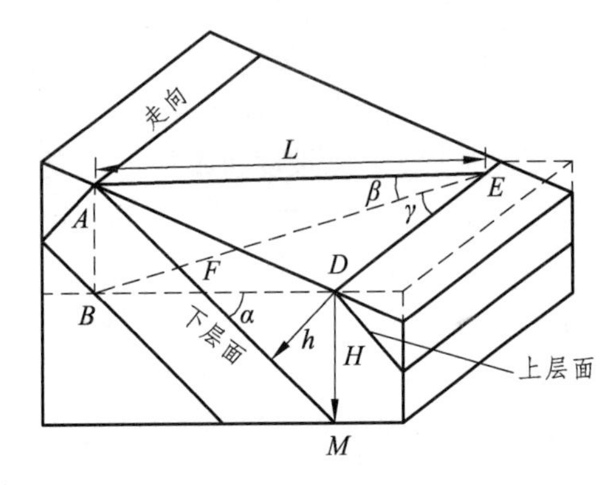

（e）剖面线与岩层走向斜交，坡向与倾向一致

（$\alpha > \beta$）

$h = L(\sin\alpha \cdot \cos\beta \cdot \sin\gamma - \sin\beta \cdot \cos\alpha)$，

$H = L(\tan\alpha \cdot \cos\beta \cdot \sin\gamma - \sin\beta)$

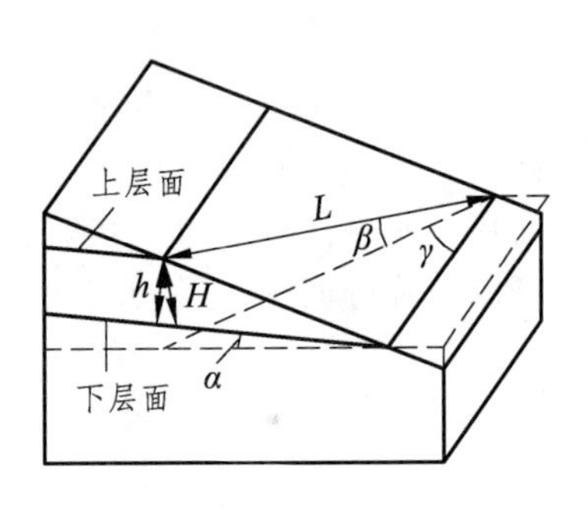

（f）剖面线与走向线斜交，倾角与坡向相同

（$\alpha < \beta$）

$h = L(\sin\beta \cdot \cos\alpha - \sin\alpha \cdot \cos\beta \cdot \sin\gamma)$，

$H = L(\sin\beta - \tan\alpha \cdot \cos\beta \cdot \sin\gamma)$

图 2-29 倾斜岩层的厚度测算公式及图解

图 2-29 中所列公式可归纳成：

$$h = L（\sin\alpha \cdot \cos\beta \cdot \sin\gamma \pm \sin\beta \cdot \cos\alpha）$$

$$H = L（\tan\alpha \cdot \cos\beta \cdot \sin\gamma \pm \sin\beta）$$

式中的“±”号视情况而定：当导线前进方向与地形坡向相反（逆向坡）时，取“+”号；当导线前进方向与地形坡向相同（顺向坡）时，取“−”号。当地面坡向与岩层倾向相反时用“+”号；当坡向与岩层倾向相同时用“−”号。计算结果是负值时，取其绝对值。

另外，利用赤平投影法可较迅速而简便地求算岩层厚度。

（3）倾斜岩层的露头宽度。

倾斜岩层的露头宽度即倾斜岩层在平面地质图上的宽度。它除受岩层的厚度及地形（坡向和坡度）影响外，还与岩层的产状（倾向和倾角）有关。三个因素中如有一个变化，露头宽度就会发生变化。

① 当地形和岩层产状不变（即 β 和 α 不变，地面坡向和岩层倾向也一定）时，岩层露头宽度取决于岩层厚度。厚者宽，薄者窄[图 2-30（a）]。

② 当地形和岩层厚度不变时，露头宽度取决于 α。当岩层层面与地面斜坡呈 90°交角时，露头宽度最窄（露头宽度小于岩层厚度）[图 2-30（b）]；当 α 达到 90°时（直立岩层），岩层露头宽度等于岩层厚度，且不受地形影响（图 2-31）；其他情况下，α 越小，露头宽度越大。

③ 当岩层产状和岩层厚度不变时，露头宽度取决于地形。若地面坡向与岩层倾向相反，则地面坡度越缓，露头越宽；地面坡度越陡，露头越窄（图 2-32）。在陡峭的山崖上，由于岩层的顶、底界线在平面上的投影重合成一条线，露头宽度为零，造成岩层在平面上“尖灭”的假象（图 2-32）。若地面坡向与岩层倾向相同（顺向坡）且在 $\alpha<\beta$ 的情况下，β 越大，则露头宽度越小。若地面坡向与岩层倾向相同（顺向坡）且在 $\alpha>\beta$ 的情况下，β 越大（但不能大于 α），则露头宽度越大（图 2-33）。

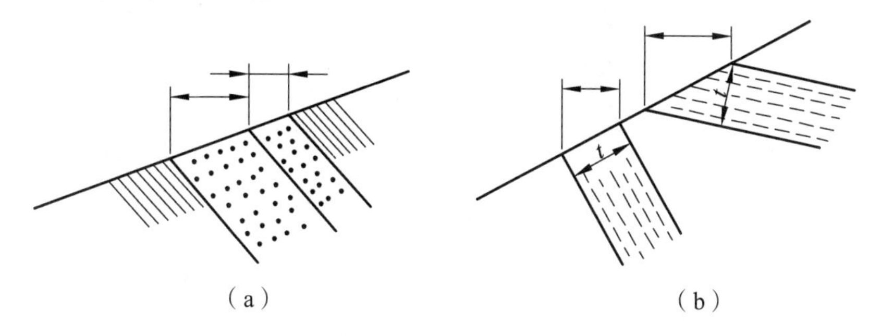

图 2-30 地形不变时露头宽度与厚度、倾角的关系

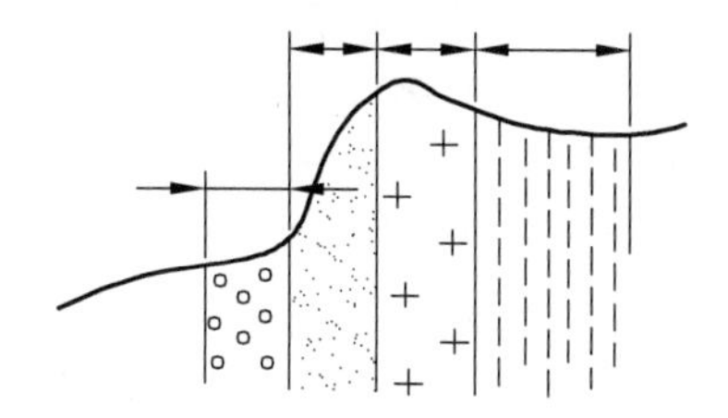

图 2-31 直立岩层露头宽度示意图

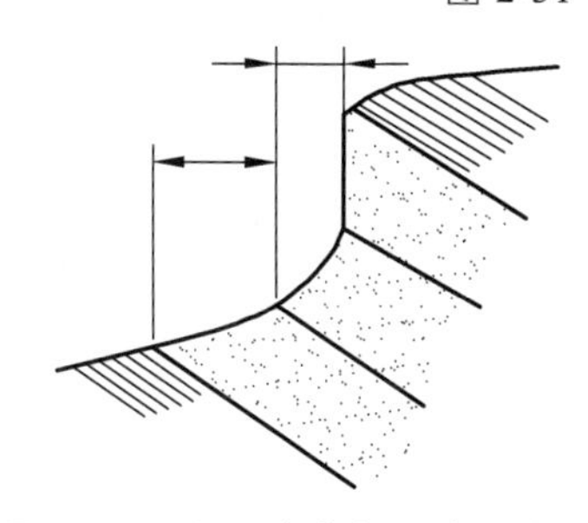

图 2-32 岩层产状与厚度不变时，露头宽度与坡度的关系示意图

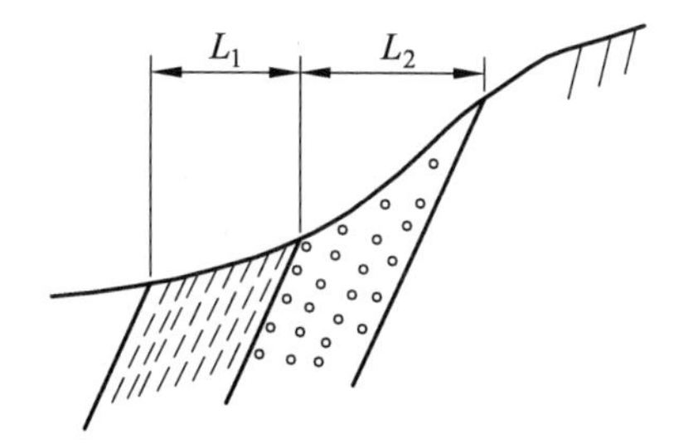

图 2-33 顺向坡且 $\alpha>\beta$ 时，露头宽度与坡角的关系

2.5 岩层的接触关系

地壳的运动与演化在地层的接触关系上有着直接的反映，通过新老岩层之间或岩浆侵入体与围岩之间在空间上的接触形式和在时间上的演化过程，可以把地壳运动直接记录下来。

地壳运动的复杂性，反映为岩层、岩体间不同类型的接触关系。

岩层的接触关系（Contact relationship of strata）包括岩层间的整合接触和不整合接触，岩体与围岩间的侵入接触和沉积接触。

2.5.1 整合接触（Conformity）

如果一个地区沉积作用不断进行，沉积物就会一层层不断堆积，这样形成的地层接触关系就是连续的。连续沉积的两套地层之间没有明显的、截然的岩性变化，它们常常是逐渐过渡的。

整合接触表现为新老地层之间的产状彼此大致平行，岩性及其所含化石是一致的或是递变的。整合接触说明在形成这两套地层的地质时期，该区的地质构造环境是稳定的。这种稳定可以是长期持续缓慢的下降，也可以是逐渐的相对上升或是相对均衡。

2.5.2 不整合接触（Unconformity）

如果一个地区沉积了一套岩层，之后又上升露出水面并遭受剥蚀，造成较长期的沉积间断，然后再重新下降接受沉积，即在先后沉积的地层之间缺失了某一时期的地层，造成上下地层时代的不连续，则上、下地层之间的这种接触关系称为不整合接触。

不整合接触可能代表没有沉积作用的时期，也可能代表以前沉积的岩石被侵蚀的时期。

不整合接触的上、下地层之间隔着一个大陆剥蚀面，这个面就叫不整合面。不整合面上常有风化剥蚀的痕迹。不整合面以下的岩系叫下伏岩系，不整合面以上的岩系叫上覆岩系。不整合面在地面上的出露线叫不整合线，它是一种重要的地质界线。

根据不整合面上、下地层的产状及其反映的地壳运动特征，不整合可进一步分为两种主要类型，即平行不整合和角度不整合（即狭义的不整合）。

1. 平行不整合（Parallel unconformity）

平行不整合又称假整合（Disconformity），是指上、下两套地层的产状基本一致或彼此平行，但二者之间缺失一些时代的地层，这两套地层之间的接触面即为不整合面（图 2-34）。

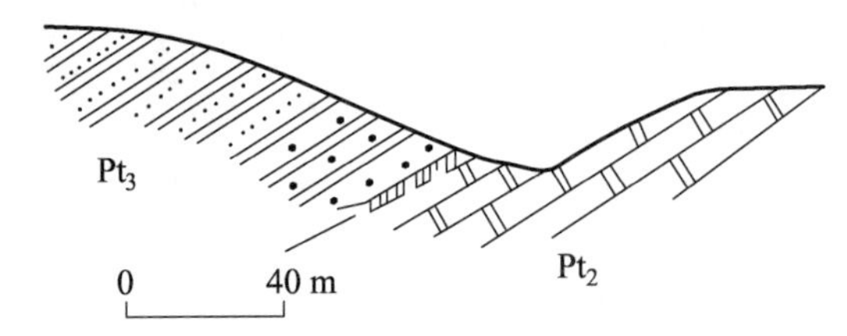

图 2-34 北京西山上元古界与中元古界之间的平行不整合接触（据谭应佳等，1987）

（1）基本特征：

① 平行不整合的存在，说明原来的沉积区曾经上升为古陆剥蚀区，在上升过程中地层没有发生明显褶皱或倾斜，只是露出水面造成沉积间断并遭受剥蚀，直到该区再度下降为沉积区，接受新的沉积。因此，平行不整合接触的上、下两套地层之间缺失了一部分地层，但彼此的产状基本一致。

② 存在地层缺失（不整合面）。在两套地层之间缺失了一些时代的地层，表明在这段时期发生过沉积间断，这两套地层之间的接触面——不整合面就代表这个没有沉积的侵蚀时期。

③ 存在底砾岩、古风化壳、古土壤层。不整合面也就是古剥蚀面，在这个面上常有底砾岩（其砾石为下伏地层的岩石碎块），有时还保存着古风化壳或古土壤层。

④ 因为不同地区下伏岩系的抗风化能力和受剥蚀程度不同，在当时的古地理和古气候条件下，各种岩层的岩性和构造受当时的差异剥蚀作用的影响，必然形成各种各样的地形特征：有的因长期的风化剥蚀，古地形被夷为平原；在碳酸盐岩发育地区，由于淋滤作用可形成喀斯特地形；有的被冲刷切割成高山等。

（2）形成过程（图 2-35）：

下降沉积→平稳上升、沉积间断和遭受剥蚀→再下降、再沉积。

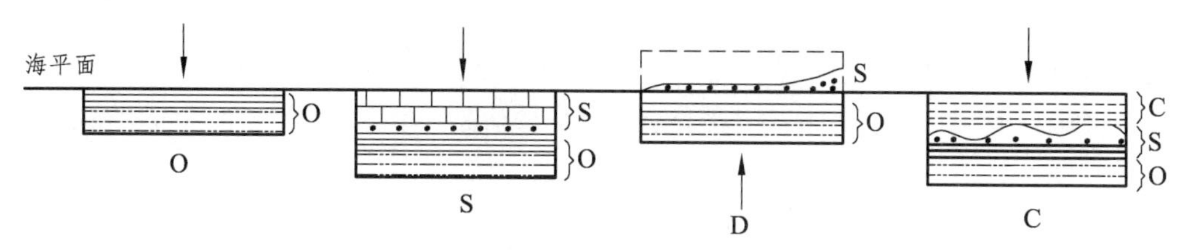

图 2-35 平行不整合的形成过程示意剖面图

（3）在地质图上的表现：

平行不整合地层在剖面图上表现为两套不同时代的地层相互平行，产状一致（图 2-34）；在平面图上两套地层的地质界线也彼此平行（图 2-36），但其间均缺失部分地层。

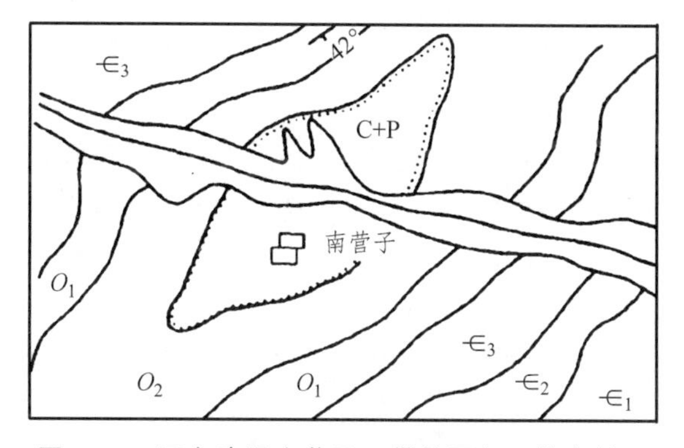

图 2-36 辽宁凌源南营子一带的平行不整合关系

2. 角度不整合（Angular unconformity）

角度不整合即狭义的不整合，是指上、下两套地层之间不仅缺失部分地层，而且上、下地层的产状也不相同（图 2-37）。

角度不整合的上覆岩系层面常与不整合面大致平行，而下伏岩系的地层层面则与不整合面呈截交关系。不整合面与下伏岩层层面所构成的锐角叫不整合角。

（1）基本特征：

① 上、下两套地层之间缺失部分地层。

② 上、下两套地层产状不相同，下伏地层通常遭到过强烈的构造变形。

③ 不整合面上常有底砾岩、古风化壳、古土壤层等。

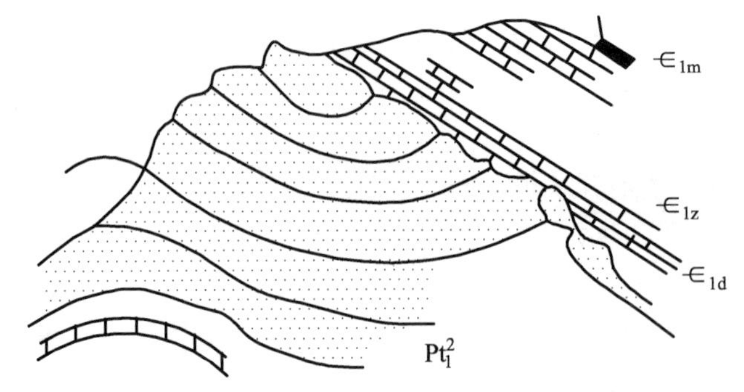

图 2-37 河南登封下寒武统与嵩山群之间的角度不整合接触（据马杏垣等，1981）

④ 上覆的较新地层的底面通常与不整合面基本平行，而下伏的较老地层层面则被不整合面截交。

（2）形成过程（图 2-38）：

下降沉积→褶皱上升（常伴有断裂变动、岩浆活动、区域变质等）、沉积间断和遭受剥蚀→再下降、再沉积。

角度不整合的存在，反映了该区在上覆地层沉积之前曾发生过褶皱等重要构造变动事件。

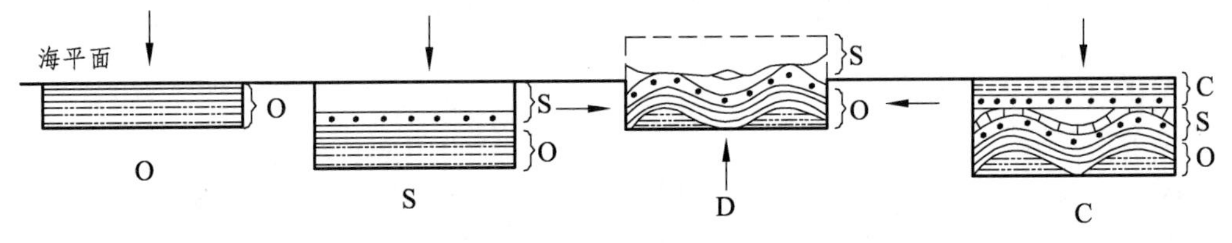

图 2-38 角度不整合的形成过程示意剖面图

（3）在地质图上的表现：

角度不整合在剖面图上表现为上覆一套较新地层的底面地质界线，即不整合线截切下伏较老地层不同层位的地质界线（图 2-37）。在平面图上表现为一条截切曲线，新地层在截切线之上，平行于截切线分布；老地层在截切线之下，常与截切线斜交（图 2-39）。截切线所反映的面为不整合面，通常以上覆地层的底面代表。

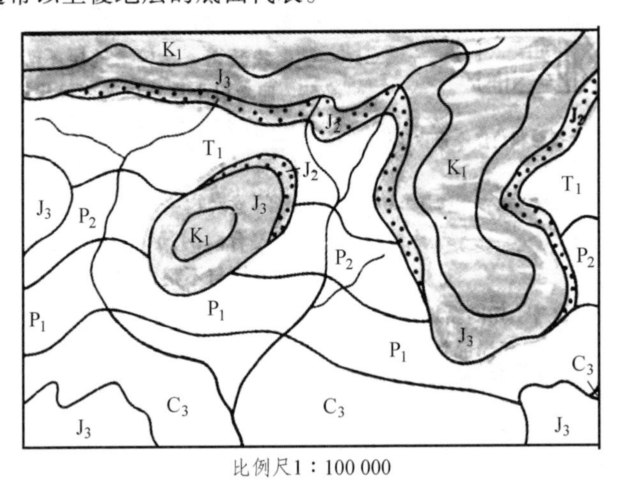

图 2-39 平面地质图上的角度不整合关系

2.5.3 侵入接触和沉积接触（图 2-40）

侵入接触（Intrusive contact）通常是由岩浆侵入地壳面形成的。被岩浆侵入的围岩可以是沉积岩、火山岩和变质岩。侵入接触的特征是：岩体切割围岩，接触带有烘烤、接触变质现象或矿化蚀变现象，岩浆沿围岩的破裂面贯入可形成岩墙、岩脉、岩枝和各种矿脉等；岩体中有围岩的碎块落入（即捕虏体），边缘有冷却边。岩浆活动的时间是在围岩形成以后，即侵入体比被侵入的围岩年轻。

沉积接触（Sedimentary contact）是指岩体经风化剥蚀后，又有沉积物质堆积其上。有人将这种不同岩类的接触关系称为异合接触（Heterolithic unconformity）。显然，不整合面之下岩体的年代老于上覆沉积岩层的时代。

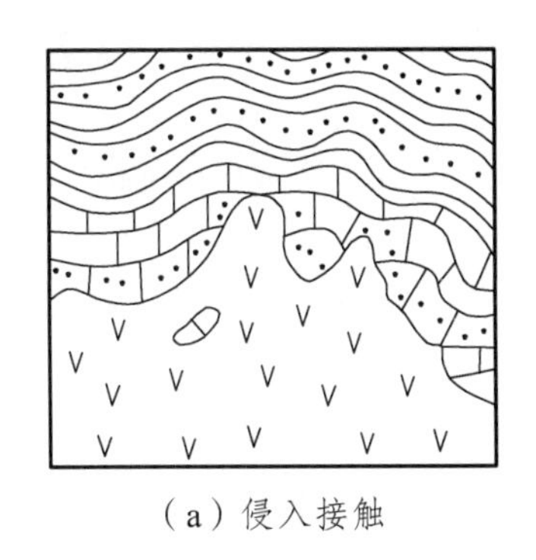
（a）侵入接触

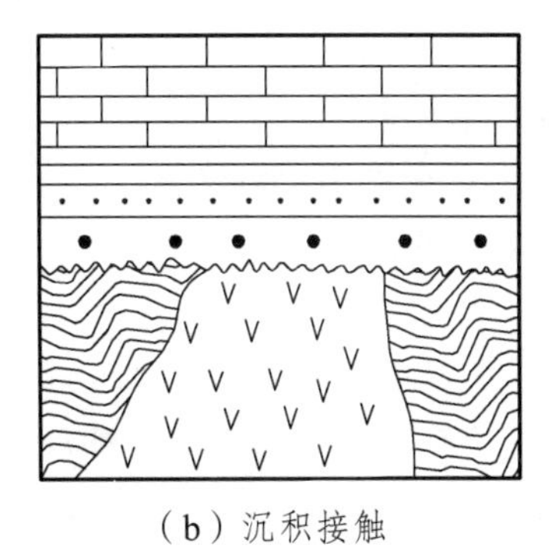
（b）沉积接触

图 2-40 岩体与围岩的接触关系

2.5.4 不整合的研究

1. 不整合存在的标志

不整合是地壳运动的产物。地壳运动可以引起自然地理环境的变化，从而影响到沉积成岩作用的变化和生物界的演化；同时，地壳运动又与岩石变形、岩浆活动及区域变质等地质作用密切相关。因此，这些与地壳运动有关的地质作用所产生的现象，都可作为确定不整合的直接或间接标志。

（1）地层古生物方面的标志。

上、下地层中的化石所代表的时代相差较远，或两者的化石反映在生物演化过程中存在不连续现象（包括种、属的突变），或两者的生物群迥然不同：这些都说明该区在下伏地层沉积后由于地壳运动使自然地理环境发生了根本变化，发生过沉积间断。对比化石和区域地层，确定在两地层之间缺失了某些层位的地层而且不是断层造成的地层缺失，则是不整合存在的确切证据。

（2）沉积方面的标志。

① 底砾岩。

由于较老地层经受长期的风化剥蚀，所以在不整合面上常有下伏地层的碎块或砂砾组成的底砾岩层，分布于水进层序的底部，厚度一般不大，这是确定不整合存在的重要沉积标志。但是，并非所有的不整合面上都有底砾岩分布。因为外动力地质作用可以把剥蚀面夷平为准平原，然后再下降接受沉积，故在远离高山的平坦地区就少见或不见底砾岩。底砾岩一般分布于被剥蚀高地周围。另外，下伏地层的岩石类型对底砾岩的存在与否也有影响。如下伏岩石是片麻岩或花岗岩等富含长石的岩类，则不整合面上常有高岭土层或长石砂岩层。

② 古风化壳。

在下伏岩层的剥蚀面上常有古风化壳、古土壤层或与古风化壳有关的各种沉积矿床，如铁、铝、锰等沉积矿床。古风化壳是在剥蚀面经长期风化、近于准平原的古地理条件下保存下来的。其形成与古气候也密切相关，如红土及红土型铝土矿是湿热气候条件下的最终风化产物。

③ 剥蚀面。

它是由于长期的风化剥蚀作用面形成的，其上常有一些冲刷溶蚀的痕迹，如溶蚀洼坑等。剥蚀面常常是起伏不平的。

④ 重矿物组合突变。

上、下两套地层中的重矿物成分和含量显著不同，表明沉积物来源和沉积环境发生了改变。

⑤ 岩性、岩相突变。

在地层剖面中，在平面图上，不整合往往造成同一时代的地层与不同时代的老地层接触。相邻地层在岩性和岩相上截然不同，这可能是不整合所致，也可能是断层所致，要注意两者的区别。若一套较新的沉积岩层覆盖在岩浆岩体或变质岩之上，中间无过渡层，上覆岩系未遭受变质，则说明两者之间经历过较长期的沉积间断。

（3）构造方面的标志。

角度不整合的构造标志主要表现在上、下两套地层产状不一致。另外，褶皱形式的明显差异及上、下岩层褶皱强弱的不同或上、下岩层的构造线方向截然改变，都可能是不整合的表现。上、下两套地层中的节理或断层的发育不同，也可以作为不整合存在的一个依据。如山西某地寒武系与元古界为不整合接触，其表现除两者岩性特征不同外，还有上覆砂页岩中发育的三组节理都延伸到下伏硅质灰岩中，而下伏硅质灰岩中发育的其他方向的节理则延至不整合面而中止。这说明该区在寒武系沉积之前上元古界已发生了构造变形，产生了几组节理，故寒武系和上元古界之间存在不整合。一般来说。不整合面以下的地层总比上覆的新地层受到的构造变形次数多，故下伏较老地层的构造要复杂些。

（4）岩浆活动和变质作用方面的标志。

不整合接触的上、下两套地层是在地壳发展的不同阶段形成的，所以它们常各有相伴生或不同特点的岩浆活动和变质作用。若侵入岩体与一套地层成侵入接触，而又被另一套地层沉积覆盖，则两套地层是不整合接触关系；两套区域变质程度差别很大的地层相接触，它们之间若不是断层关系，则存在不整合。

2. 不整合形成时代的确定

不整合的形成时代，通常是以不整合下伏地层中最新一层的时代为下限，以上覆地层中最老一层的时代为上限，其间所缺失的那部分地层所代表的时代，就是不整合的形成时代。

3　岩石变形的力学分析

地壳岩石中千姿百态、风景奇特的地质构造景观，如阿尔卑斯褶皱山系、云南石林、滇池断层崖等，都是地壳运动产生的力导致岩石发生变形（Deformation）的结果。岩石的力学性质及所处的地质环境决定着这些常见地质构造（褶皱、节理、断层）的特征。因此，要正确认识岩石变形、常见地质构造及其形成过程，必须了解力学的一些基本概念和原理。

3.1　应力分析

3.1.1 截面上的应力

应力是作用在单位面积上的内力，国际单位为帕斯卡（Pascal），简称帕（Pa）。

若内力均匀分布在截面上，则作用在截面 A 上的应力为

$$S = \frac{P}{A}$$

若内力不均匀分布在截面上，则可用微积分方法，求得每一点的应力值，即

$$S = \lim_{\Delta A \to 0} \frac{\Delta P}{\Delta A} = \frac{\mathrm{d}P}{\mathrm{d}A}$$

应力是矢量，可分为与作用面垂直的正应力 σ 和与作用面平行的剪应力 τ。

规定：压应力为正，张应力为负；逆时针剪应力为正，顺时针剪应力为负。

3.1.2　应力状态

受力物体中某点的应力状态即为三维空间中该点应力的方向与大小。对于任一给定应力状态，总有三个方向的面，它们彼此互相垂直且面上只有正应力作用（主应力），而剪应力值为零。这样的三个面称为主应力面（主平面），三个主应力面分别受到来自其法线方向上的主应力的作用。习惯上用 σ_1、σ_2、σ_3 表示最大主应力、中间主应力和最小主应力（$\sigma_1 > \sigma_2 > \sigma_3$）。

根据主应力存在的情况，可以将应力状态分为以下三种基本类型。

① 单应力状态：两个主应力为零的应力状态，只有 σ_1 存在，即

$$\sigma_1 \neq 0,\quad \sigma_2 = \sigma_3 = 0$$

② 平面应力状态：一个主应力为零的应力状态，存在 σ_1 和 σ_2，即

$\sigma_1 \neq 0$，$\sigma_2 \neq 0$，$\sigma_3 = 0$

③ 空间应力状态：三个主应力均不为零的应力状态，存在σ_1、σ_2和σ_3，即

$\sigma_1 \neq 0$，$\sigma_2 \neq 0$，$\sigma_3 \neq 0$，且$\sigma_1 > \sigma_2 > \sigma_3$

下面着重分析平面应力状态：

根据小立方体与应力的关系，平面应力状态又可分为平面主应力状态、平面纯剪应力状态和平面一般应力状态。

1. 平面主应力状态（图 3-1）

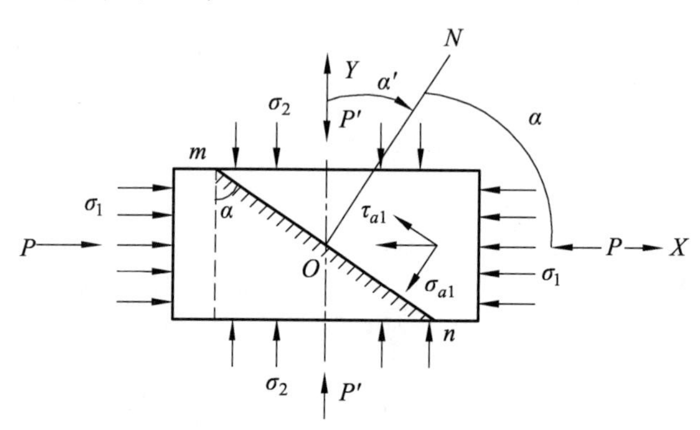

图 3-1 平面主应力状态

mn—任意斜截面；*α*—*mn* 外法线与 *X* 轴正向交角

平面主应力状态是指小立方体只受到两个垂直方向上主应力作用时的应力状态（图 3-1）。如图 3-1 所示，假定任意斜截面 *mn* 上的应力为 S_n，正应力为σ_a，剪应力τ_a，*mn* 外法线与σ_1正向交角为 *α*。σ_1、σ_2在 *mn* 面上的分量（正应力、剪应力）分别为：σ_{a1}、σ_{a2}、τ_{a1}、τ_{a2}，则有

$$S_a^2 = \sigma_a^2 + \tau_a^2 \tag{3-1}$$

$$\sigma_a = \sigma_{a1} + \sigma_{a2} \tag{3-2}$$

$$\tau_a = \tau_{a1} + \tau_{a2} \tag{3-3}$$

经推导后，即有

$$\left.\begin{aligned} \sigma_\alpha = \sigma_{\alpha1} + \sigma_{\alpha2} = \frac{\sigma_1 + \sigma_2}{2} + \frac{\sigma_1 - \sigma_2}{2}\cos 2\alpha \\ \tau_\alpha = \tau_{\alpha1} + \tau_{\alpha2} = \frac{\sigma_1 - \sigma_2}{2}\sin 2\alpha \end{aligned}\right\} \tag{3-4}$$

（1）最大和最小正应力截面。

当 *α*=0°或 180°时，cos2*α* 有最大值+1，则σ_a有最大值，截面 *mn* 上的正应力最大；

当 *α*=90°时，cos2*α* 有最小值-1，则σ_α有最小值，截面 *mn* 上的正应力最小。

所以，剪应力 τ_α值为 0 的截面是 *α*=0°、90°、180°时的截面，该截面上没有剪应力，但却有最大和最小正应力。

（2）最大和最小剪应力截面。

当 *α*=45°时，sin2*α* 有最大值+1，则τ_α有最大值，截面 *mn* 上的剪应力最大；

当 α=135°时，sin2α 有最小值-1，而 τ_α 仍有最大值。

最大剪应力截面分别是 α=45°时的斜截面 mn 和 α=135°时的斜截面 $m'n'$，其上所受到的剪应力大小相等、方向相反，均有大小为 $\frac{\sigma_1+\sigma_2}{2}$ 的正应力，且二面角为 90°。

2. 平面纯剪应力状态（图 3-2）

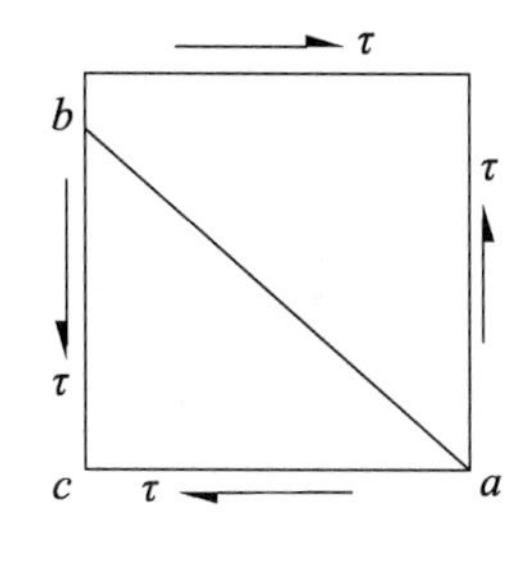

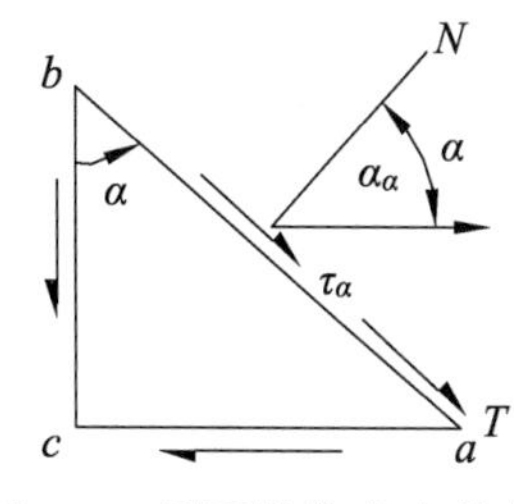

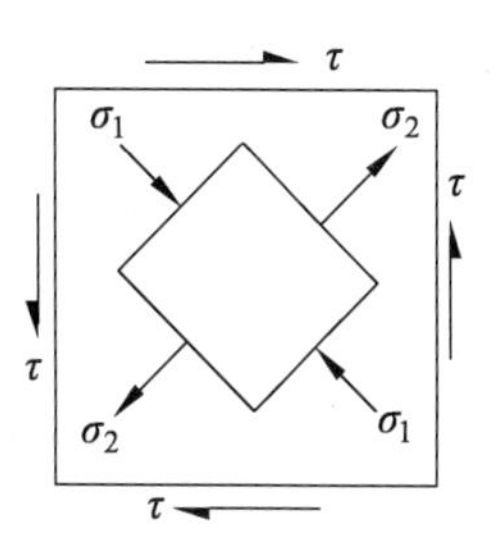

图 3-2 平面纯剪应力状态

平面纯剪应力状态是指小立方体受力的四个面只作用着剪应力，而无正应力时的应力状态（图 3-2）。

经推导，平面纯剪应力状态下，任意截面上的应力为

$$\tau_\alpha = -\tau \cdot \cos 2\alpha \tag{3-5}$$

$$\tau_\alpha = \tau \cdot \sin 2\alpha \tag{3-6}$$

当 α=45°时，σ_α=τ，为最大，同时 τ_α=0。此时的截面即为最大主应力 σ_1 作用的主平面。

当 α=135°时，σ_α=$-\tau$，为最大（负号说明是张应力），同时 τ_α=0。此时的截面即为最小主应力 σ_2 作用的主平面。

由此，σ_1 与 σ_2 的大小（等于纯剪应力 τ 的绝对值）相等，符号相反。若将小立方体顺时针或逆时针旋转 45°，则小立方体由平面纯剪应力状态变为平面主应力状态。

3. 平面一般应力状态（图 3-3）

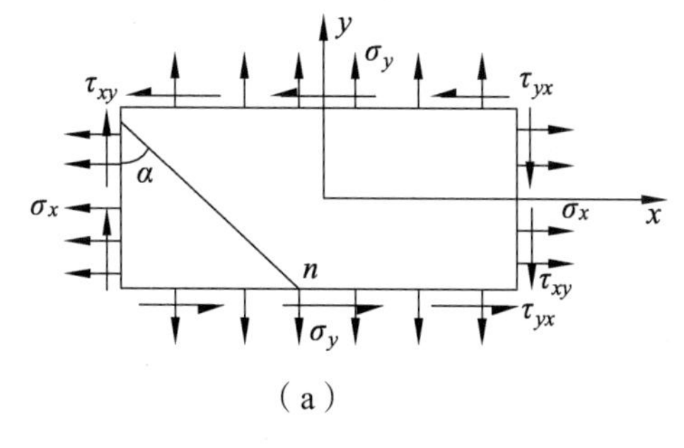

（a）

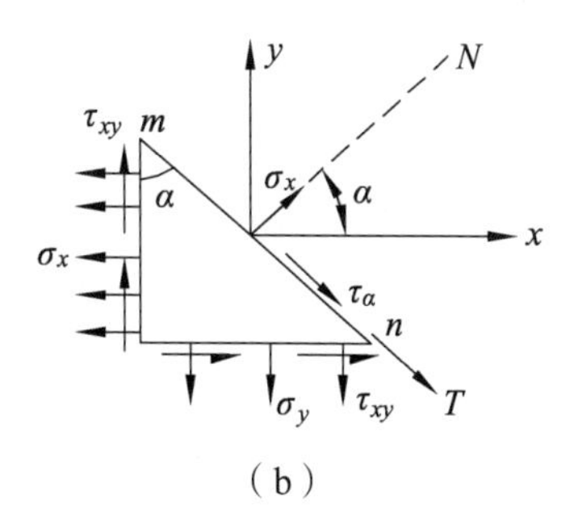

（b）

图 3-3 平面一般应力状态

平面一般应力状态是指小立方体受力的四个面与应力 σ_1、σ_2 斜交时的应力状态（图 3-3）。在小立方体受力的四个面上，同时存在正应力和剪应力的作用。

平面一般应力状态下，任意截面上的应力为

$$\sigma_\alpha = \frac{\sigma_x+\sigma_y}{2} + \frac{\sigma_1-\sigma_2}{2}\cos 2\alpha - \tau_{xy} \cdot \sin 2\alpha \tag{3-7}$$

$$\tau_{\alpha}=\frac{\sigma_{x}-\sigma_{y}}{2}\sin 2\alpha+\tau_{xy}\cdot\cos 2\alpha \tag{3-8}$$

依此，可以已知相互垂直于那个截面的一般应力，求出任意截面上的应力。

3.1.3 应力莫尔圆

$$\left(\sigma_{\alpha}-\frac{\sigma_{1}+\sigma_{2}}{2}\right)^{2}+\tau_{\alpha}^{2}=\left(\frac{\sigma_{1}-\sigma_{2}}{2}\right)^{2}$$

在以 σ 为横坐标，以 τ 为纵坐标的直角坐标系中，该式为圆的方程，其圆心为（$\frac{\sigma_1+\sigma_2}{2}$，0），半径为 $\frac{\sigma_1-\sigma_2}{2}$。此圆为平面主应力莫尔圆（图 3-4）。

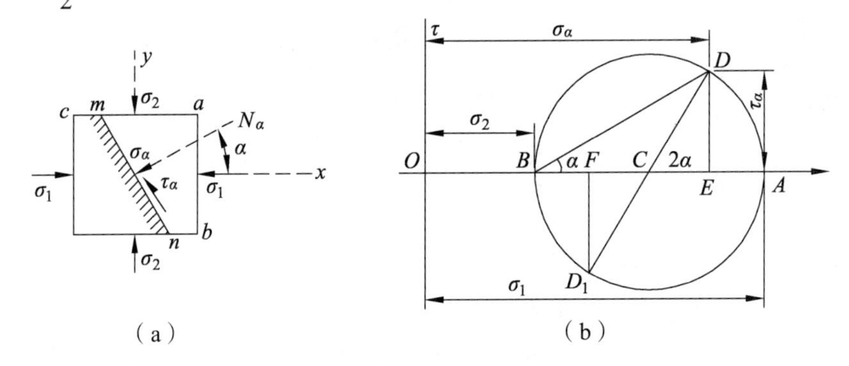

图 3-4 平面主应力莫尔圆

应力莫尔圆代表物体内一点的应力状态。经过这一点的任一截面上的应力分量 σ_α 和 τ_α 等于莫尔圆上对应点的横坐标和纵坐标。若截面法线与某一参照面的夹角为 α，则在莫尔圆上以该参照面为起点，沿相同方向旋转 2α 圆心角所到达点的横、纵坐标分别为截面上的正应力和剪应力。

3.2 应变分析

3.2.1 变形和应变

1. 变 形

当地壳中的岩石受到应力作用后，其内部各质点经受了一系列的位移，从而使岩石初始的形状、方位或位置发生了改变，这种改变称为变形（Deformation）。

岩石变形主要有线变形和剪变形两种形式（图 3-5）。

2. 应 变

岩石变形一般包括四种分量：刚性平移、刚性转动、形变和体变。

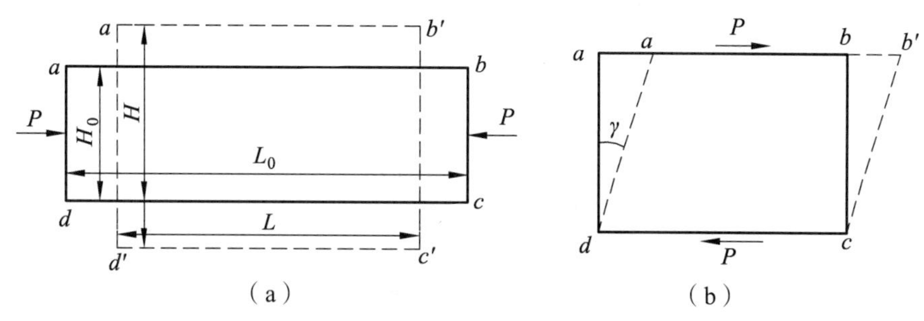

（a） （b）

图 3-5 线变形和剪变形示意

P—外力；L_0—变形前的纵向长度；*L*—变形后的纵向长度；H_0—变形前的横向宽度；*H*—变形后的横向宽度；*γ*—剪变形旋转的角度

刚性平移和刚性转动属刚性变形，它并不会改变物体的形状和大小。

形变和体变是岩石体相对于自身内部的运动，属非刚性变形。这种变形引起物体内部各质点间相对位置的变化，从而改变了物体的形状和大小，即引起了物体的应变（Strain）。所以说，应变是物体形状和大小的改变量，即表示物体受力变形的程度。

应变变形的结果是引起物体内质点之间线段长度的变化或两条相交线段之间角度的变化。前者为线应变，即对线变形的度量；后者为剪应变，即对剪变形的度量。

（1）线应变。

线应变是指物体受力变形后，所增加或缩短的长度与变形前长度的比值，即

$$\varepsilon_{纵}=\frac{L_0-L}{L}\times 100\%$$

式中 $\varepsilon_{纵}$——物体受纵向应力后的纵向应变量，以百分比计算。

规定：由压应力产生的 $\varepsilon_{压}$ 为正，由张应力产生的 $\varepsilon_{张}$ 为负。

（2）剪应变。

剪应变是指物体在剪应力或扭应力作用下，内部原来相互垂直的两条微小线段所夹直角的改变量。它是用物体变形时旋转角度的正切函数来度量的，所以又称为角应变。如图 3-5（b），γ 角的正切函数即为剪应变量，其公式为

$$\tan\gamma=\frac{aa'}{ad}$$

规定：逆时针旋转的剪应变为正，顺时针旋转的剪应变为负。

3. 应变椭球体

设想一个充了气的气球受到来自三个方向力的作用，且 $F_1>F_2>F_3$。结果是，原来圆的球体，变为三轴不等的椭球体。利用这种变形结果，可以研究岩石的变形过程。在变形前的连续介质中任意划定一个圆球体，当介质发生均匀变形时，圆球体变成了椭球体，这种椭球体称为应变椭球体。

应变椭球体有三个互成直角的对称面，这些平面相交于椭球体的 3 个主直径，这些主直径的方向叫应变主方向。平行于最大直径（*A* 轴）的方向为 λ_1 的方向，半径为 $\sqrt{\lambda_1}$；平行于中间直径（*B* 轴）和最小直径（*C* 轴）的方向分别为 λ_2、λ_3 的方向，半径分别为 $\sqrt{\lambda_2}$、$\sqrt{\lambda_3}$；λ_1、λ_2 和 λ_3 的值叫主应变。通过椭球体并包含任意两个主方向的平面叫应变的主平面（主应

变面），是 3 个互成直角的对称面，它们与应变椭球体相交成椭圆。

应变椭球的特性之一：变形后的这些应变主方向，在变形前也是正交的。

3 个主半径不等的应变椭球体都有两个过中心的截面，它们与椭球体相交成圆，叫应变椭球体的圆截面。两个圆截面的交线是 λ_2 的方向（B 轴），半径为 $\sqrt{\lambda_2}$ ，而且圆截面上所包含的线有相等的变形。

3.2.2 变形方式

1. 基本变形方式

岩石的线变形和剪变形组成了 5 种基本的变形方式（图 3-6）：

（1）拉伸：在张应力作用下的线变形。岩石沿受张应力作用的方向被拉伸，所以它的线应变的方向与最大主应变轴的方向一致。

（2）压缩：在压应力作用下的线变形。岩石沿受张应力作用的方向被压缩，所以它的线应变的方向与最小主应变轴的方向一致。

（3）剪切：在简单剪切作用下的剪变形，使岩石被剪切错动或形态发生变化。

（4）弯曲：在沿岩石长轴方向的压应力作用下或是在弯梁作用下产生的弯曲变形。在发生弯曲变形的岩石内部存在一个中和面（既不拉伸也不压缩）；在中和面外侧表现为拉伸变形，在中和面内侧表现为压缩变形。

（5）扭转：在岩石的两端，与轴线垂直的平面上各作用一对大小相等、方向相反的力偶所产生的变形，称为扭转变形。这种变形是比较复杂的，与岩石轴线平行的一系列直线都发生了斜歪；在与岩石轴线垂直的一系列横截面上都存在着剪切力，致使岩石发生剪变形。

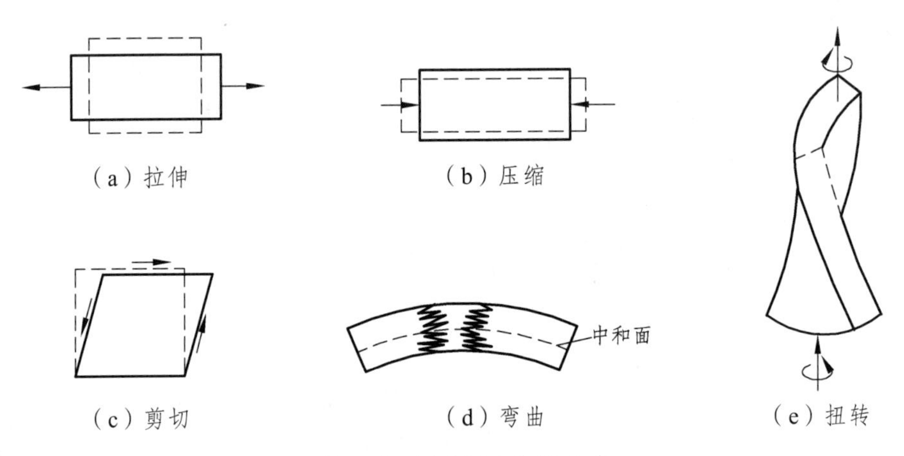

图 3-6 五种基本变形方式

2. 均匀变形和非均匀变形

上述 5 种基本方式可归结为均匀变形和非均匀变形两种类型。

（1）岩石体内各点应变特征相同的变形称为均匀变形（Homogeneous deformation）。拉伸、压缩和剪切属均匀变形。

均匀变形的特征：原来的直线，变形后仍然是直线；原来互相平行的直线，变形后仍然互相平行；任一个小单元体的应变性质（大小和方向）都可以代表整个岩石体的变形特征。

（2）岩石体内各点应变特征发生变化的变形称为非均匀变形（Heterogeneous deformation）。弯曲和扭转属非均匀变形。

非均匀变形的特征：原来的直线，变形后不再是直线；原来互相平行的直线，变形后不再互相平行。

注：均匀变形和非均匀变形是相对的概念，在讨论岩石变形时，常将整体的非均匀变形近似地看作是若干连续的局部均匀变形的总和。

3. 递进变形

岩石在受力条件不变的情况下，由初始形态变形为最终形态的过程，是由一系列连续发生的瞬时无限小应变累积的过程，此过程称为递进变形（Progressive deformation）。

岩石在递进变形过程中每一时刻的应变都包含着两种应变，即增量应变和全量应变。

增量应变指岩石在递进变形过程中任一瞬时发生的应变，也称为无限小应变或瞬时应变。

全量应变指岩石在递进变形过程中，从开始变形至任一瞬时为止所有增量应变的总和，也称有限应变或总应变。

根据增量应变和全量应变的主应力轴的关系，我们可把递进变形分为共轴递进变形和非共轴递进变形。

（1）共轴递进变形（Coaxial progressive deformation）。

纯剪变形（Pure shear）是共轴递进变形的一个典型例子（图 3-7）。

（a）表示递进纯剪切变形的初始圆。

（b）表示递进纯剪切变形过程中每一瞬时的增量应变初始圆和增量应变椭圆。*A* 轴方向的半径被拉伸；*C* 轴方向的半径被压缩；*n* 点方向的半径无伸缩；1 区被拉伸；2 区被压缩。

（c）表示递进纯剪切变形过程中每一瞬时的增量应变初始圆和最终全量应变椭圆。*A* 轴方向的半径持续被拉伸；*l* 点方向的半径，在初次增量应变时无伸缩，后来才一直被拉伸；*m* 点方向的半径，先被压缩后被拉伸，直至最终全量应变时才等于原长；*n* 点方向的半径，一直被压缩，直至最终增量应变时才无伸缩；1 区一直被持续拉伸；2 区先被压缩，后被拉伸，最终超过原长；3 区先被压缩，后被拉伸，但最终未达到原长；4 区一直被持续压缩。

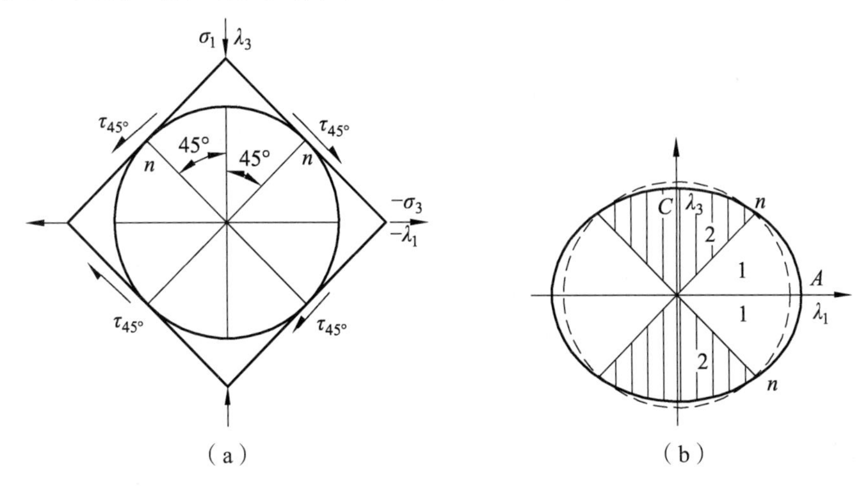

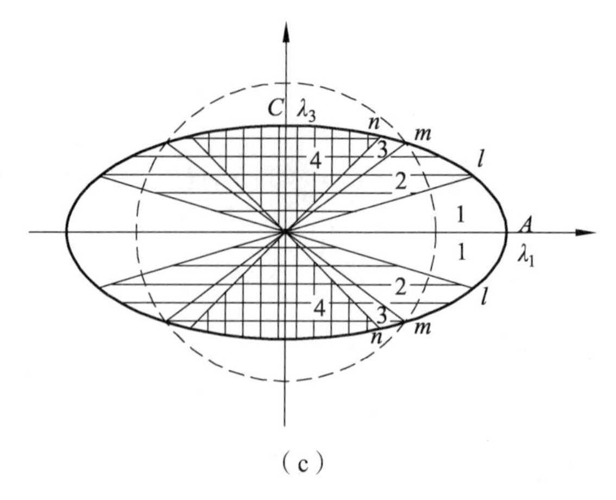

（c）

图 3-7　递进纯剪切变形分解示意

（2）非共轴递进变形（Non-coaxial progressive deformation）。

简单剪切变形（Simple shear）是非共轴递进变形的一个典型例子（图 3-8）。

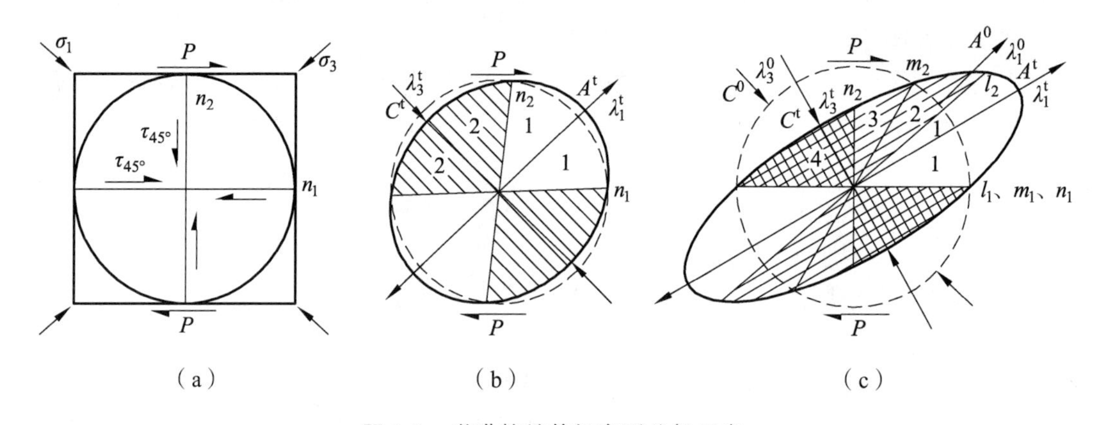

（a）　　（b）　　（c）

图 3-8　递进简单剪切变形分解示意

（a）表示递进简单剪切变形的初始圆。P 为一对顺时针扭动的力偶；σ_1、σ_3 是由力偶 P 诱导产生的最大、最小主应力；n_1、n_2 为一对共轭最大剪应力面，面上的正应力 $\sigma_{45°}$为（$\sigma_1+\sigma_3$）/2，剪应力 $\tau_{45°}$为（$\sigma_1-\sigma_3$）/2。

（b）表示递进简单剪切变形过程中每一瞬时的增量应变初始圆和增量应变椭圆。A^t 轴方向的半径被拉伸；C^t 轴方向的半径被压缩；n_1 点方向的半径无伸缩，方向不发生改变；n_2 点方向的半径也无伸缩，但在每一瞬时应变中的方向都顺着力偶方向作微量转移；1 区被拉伸；2 区被压缩。

（c）表示递进简单剪切变形过程中每一瞬时的增量应变初始圆和最终全量应变椭圆。A^T 轴方向的半径持续被拉伸；C^T 轴方向的半径持续被压缩；l_1、m_1、n_1 点方向的半径一直持续无伸缩；l_2 点方向的半径，在初次增量应变时无伸缩，后来才一直被拉伸；m_2 点方向的半径，先被压缩，后被拉伸，直至最终全量应变时才等于原长；n_2 点方向的半径一直被压缩，直至最终全量应变时才无伸缩；1 区一直被持续拉伸；2 区先被压缩，后被拉伸，最终超过原长；3 区先被压缩，后被拉伸，但最终未达到原长；4 区一直被持续压缩。

3.2.3　岩石变形阶段

岩石与其他固体物质一样，在外力作用下，一般都经历弹性变形、塑性变形和断裂变形三个阶段（图 3-9）。不同力学性质的岩石，表现出的三个变形阶段的长短和特点各不相同，如脆性岩石的塑性变形阶段较短，而韧性岩石的塑性变形阶段较长。

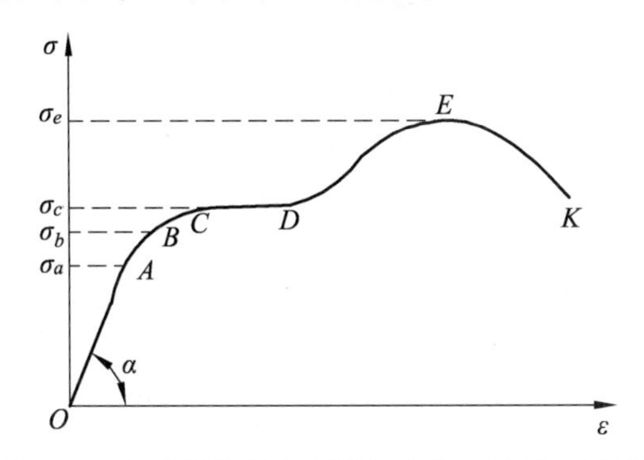

图 3-9　低碳钢拉伸变形时的应力-应变曲线示意

σ_a—比例极限；σ_b—弹性极限；σ_c—屈服极限；σ_e—强度极限

3.2.4　岩石断裂方式

同一岩石的强度极限并非定值，它受很多因素制约，在其他条件相同、不同性质的应力作用下，差别很大。在常温常压下，某些岩石的抗张强度、抗压强度和抗剪强度数值列于表 3-1 中。从表中可知，岩石的抗压强度大于抗剪强度和抗张强度。抗压强度约为抗张强度的 30 倍，为抗剪强度的 10 倍。因此，岩石的破裂主要有两种方式：张裂和剪裂。

表 3-1　常温常压下一些岩石的强度极限

岩　石	抗压强度/MPa	抗张强度/MPa	抗剪强度/MPa
花岗岩	147（37 ~ 379）	3 ~ 5	15 ~ 30
大理岩	102（31 ~ 262）	3 ~ 9	10 ~ 30
石灰岩	96（6 ~ 360）	3 ~ 6	10 ~ 20
砂　岩	74（11 ~ 252）	1 ~ 3	5 ~ 15
玄武岩	275（200 ~ 350）	—	10
页　岩	20 ~ 80	—	2

1. 张　裂

张裂的产生取决于张应力的大小。当张应力达到或超过岩石的抗张强度时，岩石便沿着垂直拉伸 σ_3 方向发生破裂，即位移是垂直破裂面沿着拉伸方向发生的。不同的应力作用方式，均可产生张裂，形成张裂面（图 3-10）。

2. 剪　裂

剪裂的产生取决于剪应力的大小。当剪应力达到或超过岩石的抗剪强度时，岩石便沿着与σ_1、σ_3均斜交的面上发生剪切破裂。不同的应力作用方式，均可产生剪裂，形成剪裂面（图3-11），剪裂面一般与最大主应力方向的夹角小于45°。

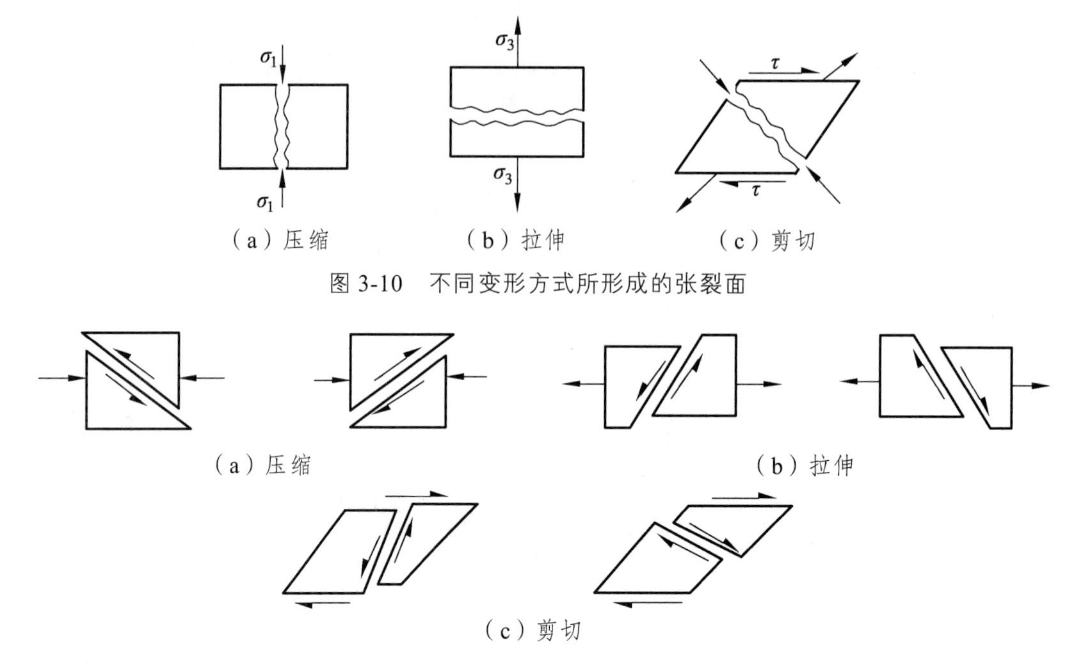

图 3-10 不同变形方式所形成的张裂面

（a）压缩 （b）拉伸

（c）剪切

图 3-11 不同变形方式所形成的剪裂面

岩石的力学性质不同，破裂方式也就不同。对韧性较强的岩石，当张应力达到强度极限时，先出现细颈化现象，而后沿细颈处发生断裂，断口呈半锥状，锥顶处材料被拉细而断，圆锥面则是剪裂特征而并非张裂，总体表现出剪裂和张裂联合作用的特点；对脆性强的岩石，则不出现细颈化现象，多直接表现为张裂。

3. 剪裂角分析

当岩石剪切破裂时，剪裂面常成两组共轭出现，这两组剪裂面称为共轭剪切破裂面。包含最大主应力轴σ_1的两个共轭剪裂面的夹角称为共轭剪裂角，最大主应力轴σ_1方向与剪切破裂面之间的夹角称为剪裂角（θ），见图3-12。

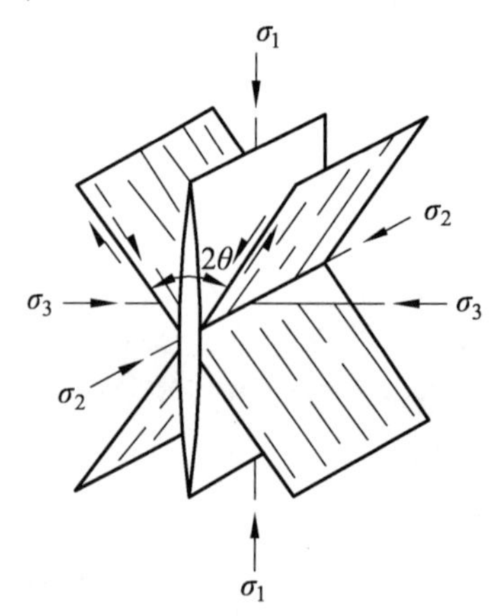

图 3-12 主应力与破裂面方位关系（据朱志澄、宋鸿林，1990）

从应力分析可知，最大剪应力作用面应位于 σ_1 和 σ_3 轴之间的平分面上，并与它们呈 45°角，剪切破裂最可能沿这些面发生。但从野外观察和实验来看，事实并非如此。共轭剪切破裂角常小于 90°，通常约为 60°，故剪裂角常小于 45°。岩石在高温高压条件下，其剪裂角都是增大的，并逐渐接近 45°；但只要岩石还保持固体状态，则开始破裂时，形成的两组共轭剪切破裂面与最大主应力轴的夹角就不会超过 45°。只有当破裂后发生递进变形或在受到其他因素影响的情况下，有时才会在岩石中出现剪裂角大于 45°的现象。

4 褶 皱

褶皱（Fold）是地壳上最常见的最基本的地质构造形态，是地壳构造中最引人注目的地质现象，尤其在层状岩层中表现最为明显。原始产状水平的岩层，因受力形成的一系列波状弯曲，叫作褶皱构造，但岩石仍保留连续性和完整性。

4.1 褶皱几何描述

4.1.1 褶皱相关概念

1. 褶 皱

褶皱是指层状岩石的各种面受力后所产生的弯曲变形现象，是岩石塑性变形的具体表现。形成褶皱的面（称变形面或褶皱面）绝大多数是层（理）面。

2. 褶 曲

褶曲是褶皱构造的基本单位，即褶皱构造的每一个单独的弯曲。褶曲的基本单位有背斜和向斜。

背斜（Anticline）：地层向上弯曲，中间地层老，两侧地层新（图 4-1A）。

向斜（Syncline）：地层向下弯曲，中间地层新，两侧地层老（图 4-1B）。

褶皱=n 个褶曲（n=1，2，⋯）=向斜+背斜。

若地层的新老关系不清，则分别称背形（Antiform）和向形（Synform）。

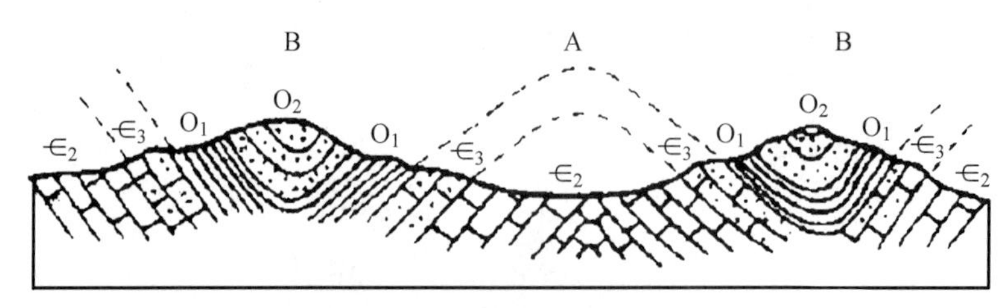

图 4-1 褶皱的基本类型

A—背斜构造；B—向斜构造

3. 背斜、向斜的形态

背斜、向斜是指其构造形态而言，切不可理解为地貌形态上，背斜向上拱一定成山，向斜向下弯就一定成谷。

背斜、向斜和地形上的山和谷不是对应关系，由于后期的风化剥蚀作用，背斜处于现今地形上的谷地，向斜位于山顶的现象也是很常见的（图 4-1）。

多数情况下，背斜的形态为背形，称为背形背斜（简称背斜），是指岩层向上弯曲而凸向地层变新的方向，以较老地层为核的褶皱[图 4-2（a）]；向斜的形态为向形，称为向形向斜（简称向斜），是指岩层向下弯曲而凸向地层变老的方向，以较新地层为核的褶皱[图 4-2（c）中的 *Z*]。但在有些复杂情况下，背斜的形态可以是向形，称为向形背斜，是指地层向下弯曲而凸向地层变新的方向，但核部仍为老地层的褶皱[图 4-2（c）中的 *X*]；向斜的形态可以是背形，称为背形向斜，是指地层向上弯曲而凸向地层变老的方向，但核部仍为新地层的褶皱[图 4-2（b）、图 4-2（c）中的 *Y*]。

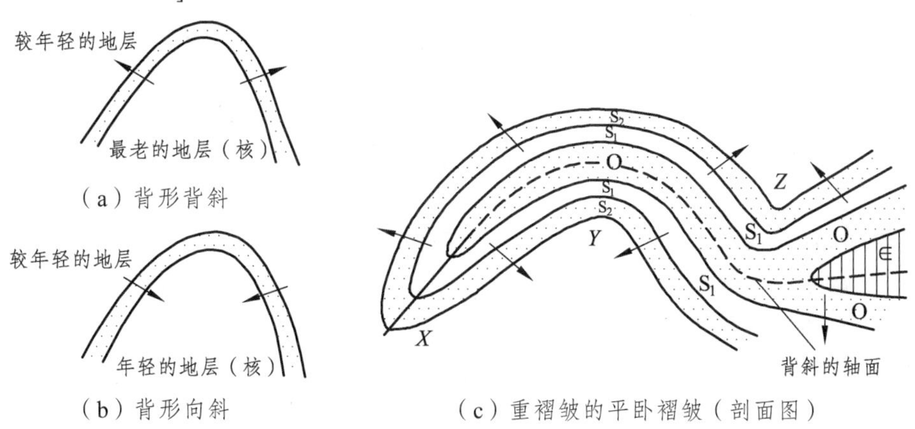

图 4-2 褶皱的类型（据 R. G. Park，1983 修改）

X 是向形背斜；*Y* 是背形向斜；*Z* 是向形向斜；↗指向地层变新方向

4.1.2 褶皱要素

褶皱要素是指褶皱的各个组成部分（图 4-3），主要有以下 8 种。

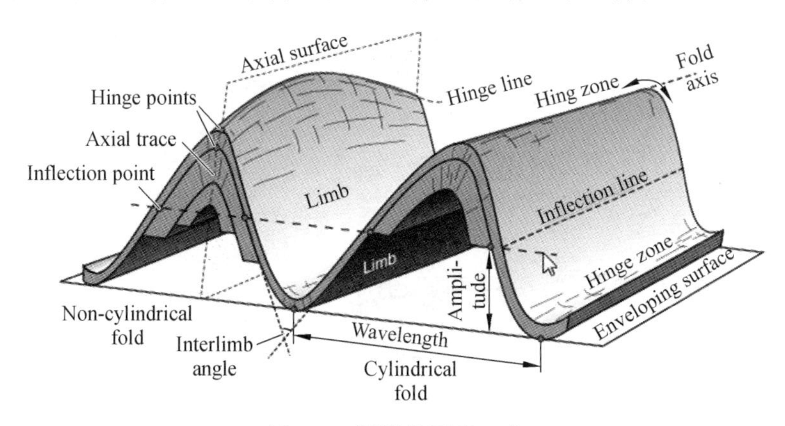

图 4-3 褶皱的要素示意

（1）核部（Core）：褶皱中心部位的岩层，一般常指经剥蚀后出露在地表面的褶皱中心部分的地层，也可简称为核。

（2）翼部（Limb）：褶皱核部两侧的地层，也可简称为翼。

（3）翼间角（Interlimb angle）：两翼相交的二面角。

（4）转折端（Hinge zone）：褶皱从一翼过渡到另一翼的弯曲部分。

（5）枢纽（Hinge line）：同一褶皱面上各最大弯曲点的连线，或称枢纽线。它可以是直线，也可以是曲线或折线；可以是水平线，也可以是倾斜线。它是代表褶皱在空间起伏状态的重要几何要素，其产状用倾伏角和倾伏向表示。

（6）轴面（Axial plane）：各相邻褶皱面的枢纽连成的假想几何面称为褶皱轴面，或称枢纽面。轴面可以是平面，也可以是曲面。轴面的产状与任何构造面的产状一样是用走向、倾向和倾角来确定的。

（7）轴迹（Axial trace）：轴面与包括地面在内的任何平面的交线均可称为轴迹。如果轴面是规则平面，则轴迹为一条直线；如果轴面是曲面，则轴迹是一条曲线。在平面上，轴迹的方向代表着褶皱的延伸、展布的方向。

（8）脊（Ridge）和槽（Trough）：背形的同一褶皱面上的最高点为脊，它们的连线为脊线；向形的同一褶皱面上的最低点为槽，它们的连线为槽线。脊线或槽线沿着自身的延伸方向，可以有起伏变化。

褶皱的大小用波长和波幅来确定。在正交剖面上连接各褶皱面拐点的线称为褶皱的中间线。波长（Wavelength）是指一个周期波的长度，即等于两个相邻的同相位拐点（相间拐点）之间的距离，也可以是相邻顶（或枢纽点）或相邻槽之间的距离。波幅（Amplitude）是指中间线与枢纽点之间的距离。

4.1.3 褶皱形态描述

正确地描述褶皱形态是研究褶皱的基础。描述褶皱就是要描述褶皱的要素特征并测量其产状，而这些要素特征和其产状通常在剖面中显示出来，以构成褶皱的剖面形态。褶皱的剖面形态是表现褶皱构造在三维空间中的几何形态的重要方式。研究褶皱常用的剖面有水平剖面、铅直剖面（横剖面）和正交剖面（横截面）。铅直剖面（Vertical section）是垂直于水平面的剖面；正交剖面（Profile）是垂直于枢纽的剖面。图 4-4 表示褶皱在水平剖面、铅直剖面和正交剖面上的空间关系。

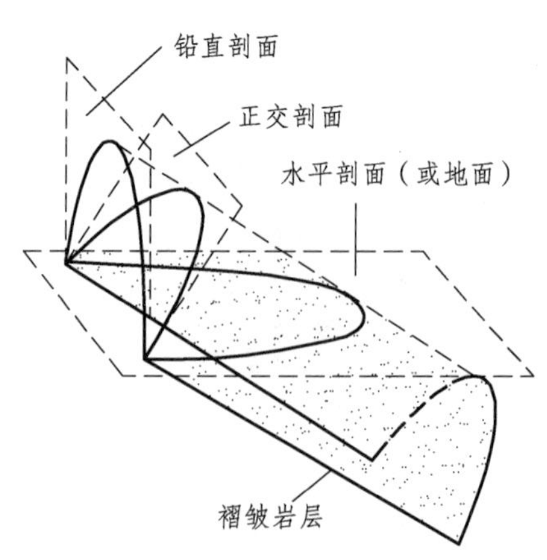

图 4-4 褶皱的水平剖面、铅直剖面和正交剖面

同一褶皱在不同方向和不同位置的剖面上表现出的形态各不相同，通常采用横剖面和平面来观察和反映褶皱的形态特征。因此，褶皱的形态分类一般也以这两个剖面上所观察到的形态特征来划分。

1. 横剖面图上褶皱形态的描述

（1）根据轴面产状及两翼产状特点分类。

① 直立褶皱（Upright fold）：轴面直立，两翼倾向相反，倾角相等[图 4-5（a）]。

② 斜歪褶皱（Inclined fold）：轴面倾斜，两翼倾向相反，倾角不等[图 4-5（b）]。

③ 倒转褶皱（Overturned fold）：轴面倾斜，两翼向同方向倾斜，有一翼地层层序倒转[图 4-5（c）]。

④ 平卧褶皱（Recumbent fold）：轴面近水平，一翼地层正常，另一翼地层倒转[图 4-5（d）]。

⑤ 翻卷褶皱（Overthrown fold）：轴面弯曲的平卧褶皱[图 4-5（e）]。

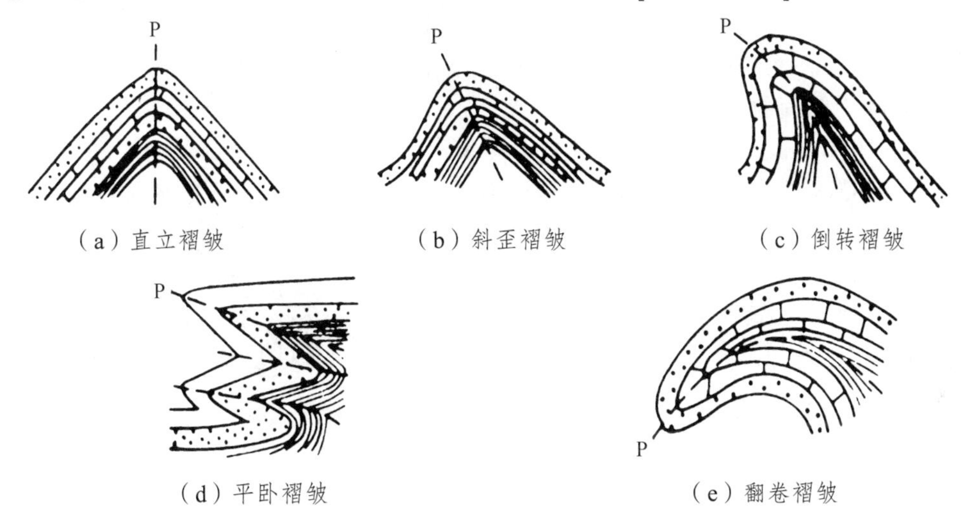

图 4-5 轴面和两翼产状不同的褶皱图示

P—轴面（或正交剖面上的轴迹）

（2）根据翼间角大小分类（图 4-6）。

① 平缓褶皱（Gentle fold）：翼间角 120° ~ 180°。

② 开阔褶皱（Broad fold）：翼间角 70° ~ 120°。

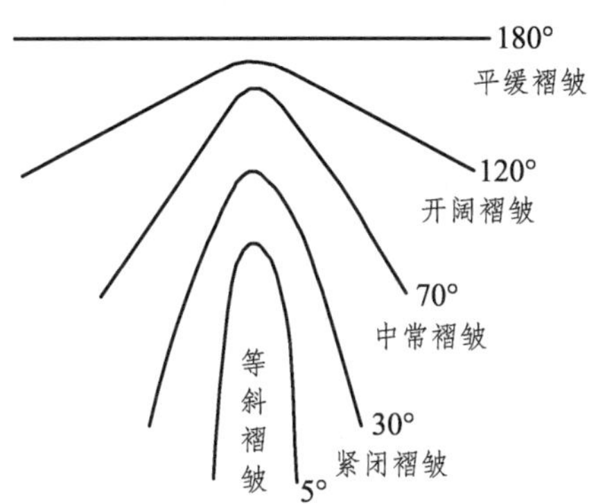

图 4-6 不同翼间角的褶皱分类描述

③ 中常褶皱（Normal fold）：翼间角 30° ~ 70°。

④ 紧闭褶皱（Tight fold）：翼间角 5° ~ 30°，也称闭合褶皱。

⑤ 等斜褶皱（Isoclinal fold）：翼间角近于 0°，两翼近于平行。

褶皱翼间角的大小反映该褶皱的紧闭程度，亦反映了褶皱变形的程度。在出露良好、近于正交的剖面露头上，翼间角可直接测量，但通常是测量褶皱两翼的产状，再利用赤平投影的方法求得。

（3）根据褶皱面的弯曲形态分类。

① 圆弧褶皱（Curvilinear fold）：褶皱岩层（褶皱面）或转折端呈圆弧形弯曲[图 4-7（a）]。

② 尖棱褶皱（Chevron fold）：两翼平直相交，转折端呈尖角状（往往只是一点），且两翼等长[图 4-7（b）]。

③ 箱状褶皱（Box fold）：两翼陡，转折端平直，褶皱呈箱状，常常具有一对共轭轴面[图 4-7（c）]。

④ 扇状褶皱（Fan fold）：两翼岩层均倒转，褶皱面呈扇状弯曲[图 4-7（d）]。背斜的两翼向轴面方向倾斜，而向斜的两翼却向两侧倾斜。由背斜构成的扇形褶皱称为正扇形构造，由向斜构成的扇形褶皱称为反扇形构造。

⑤ 构造阶地（Structural terrace）：陡倾斜褶皱岩层中一段突然变缓，形成台阶状弯曲。

⑥ 挠曲（Flexure）：在平缓的岩层中一段岩层突然变陡而表现出的褶皱面的膝状弯曲[图 4-7（e）]。

（a）圆弧褶皱

（b）尖棱褶皱

（c）箱状褶皱

（d）扇状褶皱

（e）挠曲

图 4-7　褶皱的弯曲形态

（4）根据对称性分类。

① 对称褶皱（Symmetrical fold）：褶皱的轴面为两翼的平分面，在剖面上两翼互为镜像[图 4-8（a）、（b）]。

② 不对称褶皱（Asymmetrical fold）：褶皱轴面与该褶皱包络面斜交，而且两翼的长度和厚度不相等[图 4-8（c）、（d）]。

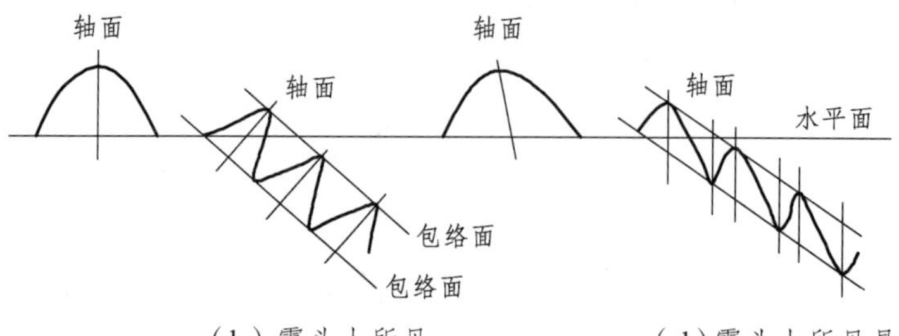

（a）对称背斜（直立）

（b）露头上所见是不对称褶皱，实际上是对称褶皱

（c）不对称背斜

（d）露头上所见是对称褶皱，实际上是不对称褶皱

图 4-8　褶皱的对称性分类

（5）根据形态关系分类。

① 协调褶皱（Harmonic fold）：也叫调和褶皱，该褶皱的各岩层弯曲形态基本保持一致或呈有规律的弯曲和变化，彼此协调一致。

常见的协调褶皱有平行褶皱（Parallel fold）和相似褶皱（Similar fold）两种，前者也叫同心褶皱或等厚褶皱（图 4-9），其特点是褶皱各岩层作平行弯曲，真厚度基本保持不变，各岩层具有共同的曲率中心，但曲率半径不等。这种褶皱常出现在浅部的强硬岩层中。后者是指各岩层经过弯曲后，上下层面弯曲成相似形状的一种褶皱（图 4-10），其特点是褶皱的各岩层具有大致相等的曲率半径和相似的构造形态，但曲率中心却不是共同的。褶皱两翼厚度变薄，顶部和槽部岩层厚度加大（属顶厚褶皱的一种），但沿轴面方向的视厚度各处近似相等。这种褶皱常发育于软弱岩层中，出现在中部及较深构造层次中。

图 4-9　平行褶皱（据 G. H. Davis，1984）

图 4-10　相似褶皱（J. G. Ramasy，1967）

② 不协调褶皱（Disharmonic fold）：褶皱中各岩层的弯曲形态特征极不相同，其间有明显

的不协调突变现象。

常见的不协调褶皱有层间牵引褶皱和底辟构造。褶皱的不协调现象是很普遍的，在变形强烈地区、变质岩区或褶皱各岩层岩石力学性质差异较大的地区均常发育不协调褶皱。

2. 平面上的褶皱形态的描述

（1）根据褶皱的某一岩层（褶皱面）在地面（平面）上出露的纵向长度和横向宽度之比，可将褶皱描述为以下 4 种。

① 线状褶皱（Linear fold）：长与宽之比超过 10∶1 的各种狭长形褶皱（图 4-11）。

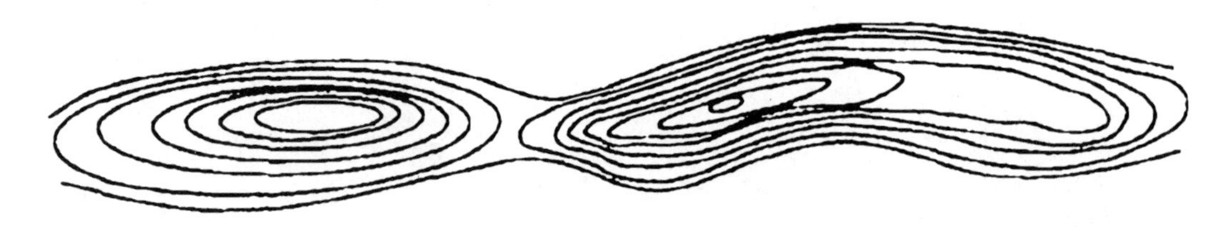

图 4-11　地图上的线状褶皱

② 长轴褶皱（long axis fold）：长与宽之比介于 10∶1 到 5∶1 的褶皱。

这两类褶皱反映了褶皱形成时处于强烈挤压状态。由于这种褶皱常伴有断裂破坏，所以对油气聚集不利。

③ 短轴褶皱（Brachy fold）：长与宽之比介于 5∶1～3∶1 的褶皱构造，包括短轴背斜和短轴向斜（图 4-12）。

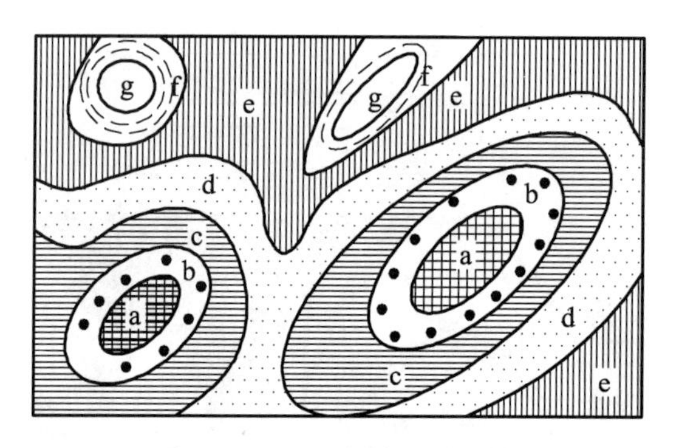

图 4-12　平面上的短轴褶皱

a、b、c、…g—地层层序

④ 等轴褶皱：长与宽之比小于 3∶1 的褶皱构造，等轴背斜又称穹隆构造（Dome），褶皱层面呈浑圆形隆起[图 4-13（a）]；等轴向斜又称构造盆地（Structural basin），褶皱层面从四周向中心倾斜[图 4-13（b）]。

（2）根据褶皱几何形态及枢纽产状描述褶皱。

① 圆柱状褶皱[图 4-14（a）]。

从几何学观点出发，一条直线平行自身绕转轴移动而形成的弯曲面称为“圆柱状褶皱”。其特点是，褶皱的轴线和枢纽平行并均呈直线。

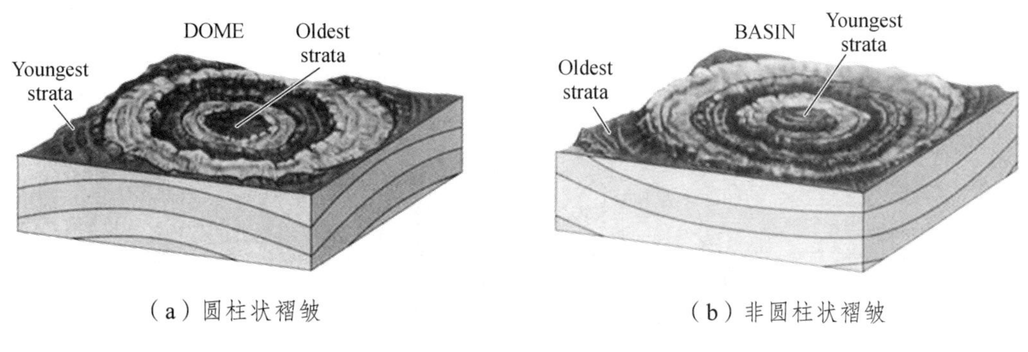

（a）圆柱状褶皱　　（b）非圆柱状褶皱

图 4-13　平面上的等轴褶皱

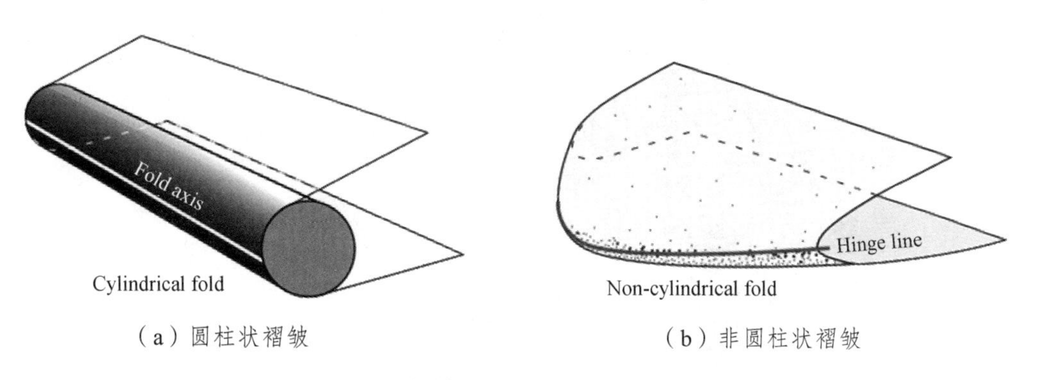

（a）圆柱状褶皱　　（b）非圆柱状褶皱

图 4-14　圆柱状和非圆柱状褶皱的几何形状

② 非圆柱状褶皱[图 4-14（b）]。

凡不具上述特征的褶皱，则属于“非圆柱状褶皱”。非圆柱状褶皱中的一种特殊形态是圆锥状褶皱，其形态可以看成是一直线一端固定地以某一角度绕转轴旋转而成。

当然，地壳中的大多数褶皱从整体上来看，都是非圆柱状褶皱，即褶皱的枢纽和轴线并不都是互相平行或都呈直线，而是褶皱延伸一定距离之后，其方位和形态就可能发生变化，甚至褶皱完全消失。

4.2　褶皱分类

4.2.1　里查德分类

Richard（1971）在总结前人关于褶皱产状分类的基础上，根据褶皱轴面倾角、枢纽倾伏角和侧伏角这三个变量绘制了一个三角网图，从而对褶皱产状可作三维定量研究（图 4-15）。图上的 *AB* 边与 *BC* 边等度数相连的线代表轴面等倾角线；*AC* 边各度数与 *B* 点的连线为枢纽在轴面上的等侧伏角线；*AC* 边与 *BC* 边等度数（并结合与轴面产状的关系）相连的曲线表示枢纽等倾伏角线。图 4-16 为图 4-15 的简化，并附上各类褶皱的立体图及相应的赤平投影图。

根据褶皱轴面产状和枢纽产状，里查德将褶皱描述为如下 7 种主要类型：

（1）直立水平褶皱（图 4-16 Ⅰ 区）：轴面近于直立（倾角为 80° ~ 90°），枢纽近于水平（倾伏角为 0° ~ 10°）。

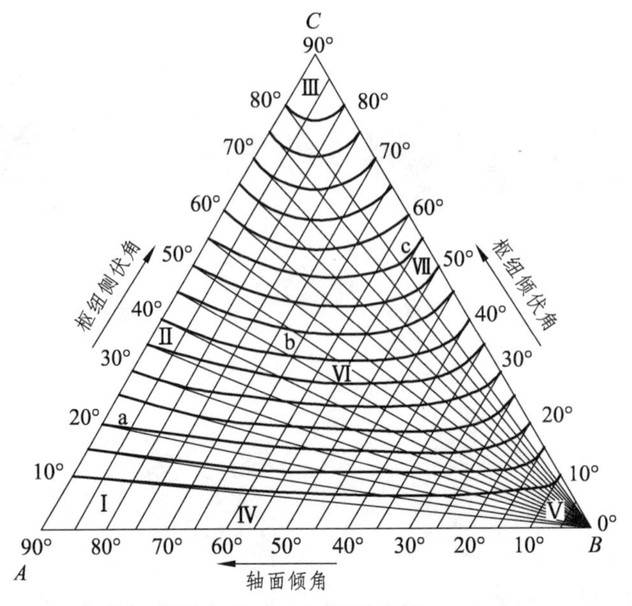

图 4-15　褶皱三维形态类型三角网图（据 M.J.Richard，1971）

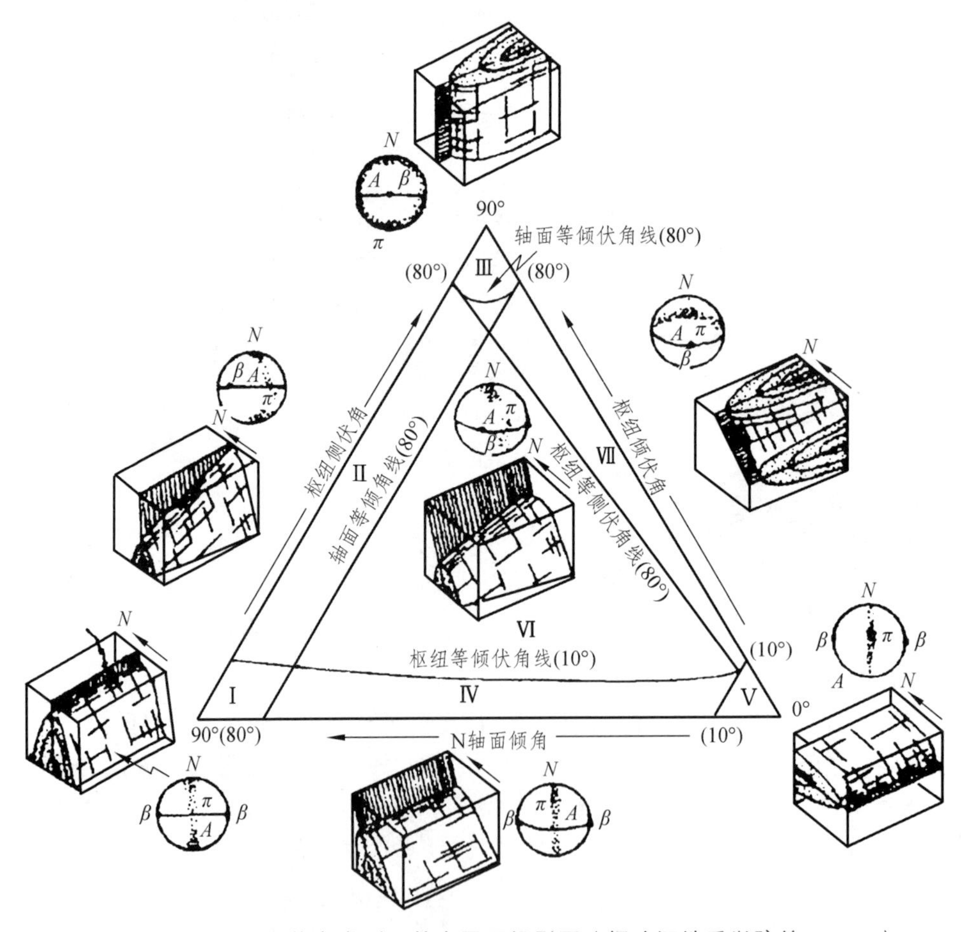

图 4-16　褶皱的三维状态类型及其赤平面投影图（据武汉地质学院等，1979）

Ⅰ～Ⅶ—褶皱产状类型分区；β—枢纽极点；A—轴面投影大圆；π—褶皱面的 π 圆（环带）

（2）直立倾伏褶皱（图 4-16Ⅱ区）：轴面近于直立（倾角为 80°～90°），枢纽倾伏角为 10°～80°。

（3）倾竖褶皱（直立褶皱）（图 4-16Ⅲ区）：轴面与枢纽均近于直立（倾角和倾伏角为 80°～90°）。

（4）斜歪水平褶皱（图 4-16Ⅳ区）：轴面倾斜（倾角为 10°～80°），枢纽近水平（倾伏角为 0°～10°）。

（5）平卧褶皱（图 4-16Ⅴ区）：轴面和枢纽均近于水平（倾角和倾伏角均为 0°～10°）。

（6）斜歪倾伏褶皱（图 4-16Ⅵ区）：轴面倾斜（倾角为 10°～80°），枢纽也倾伏（倾伏角为 10°～80°），但二者倾向和倾角均不一致。

（7）斜卧褶皱（重斜褶皱）（图 4-16Ⅶ区）：轴面倾角和枢纽倾伏角均为 10°～80°，而且二者倾向基本一致，倾斜角度也大致相等，即枢纽在轴面上的倾伏角为 80°～90°。

4.2.2 兰姆赛分类

Ramsay（1967）提出了按岩层面等倾斜线的排列方式进行褶皱分类。任何褶皱岩层的形态主要取决于岩层顶底面倾斜变化率的相对关系。等倾斜线就是一种可以用来描述岩层褶皱形态的层面倾角变化率的标志。它的排列形式决定了褶皱岩层的形态特征，并且与岩层在褶皱中的厚度变化也有一定关系。等倾斜线是指相邻层面上切线倾角相等的切点的连线。其作法如下（图 4-17）：

（1）在顺枢纽倾伏方向拍摄的照片上或在地质图作出的横截面图上，用透明纸描绘出所要研究的某一褶皱岩层的顶、底面，并准确地标绘出轴迹和实地的水平线。

（2）以标出的水平线或轴迹相垂直的直线为基准，按一定角度间隔（如以 5°或 10°为间隔）在褶皱岩层的顶、底面上各作一系列相同倾角的切线。

（3）连接顶、底相邻褶皱面上切线倾角相同的两个切点的直线，就是所求等倾斜线。

褶皱岩层的厚度变化用褶皱翼部岩层厚度与褶皱枢纽部位岩层的厚度之比来表示：

$$t'=t_\alpha/t_0$$

式中：t_α 表示褶皱轴面直立时倾角为 α 的翼部岩层的厚度，是褶皱层上下界面等倾斜切线间的垂直距离；t_0 表示褶皱枢纽部位岩层的厚度；t'表示某一褶皱层不同倾角（α）处的厚度比。

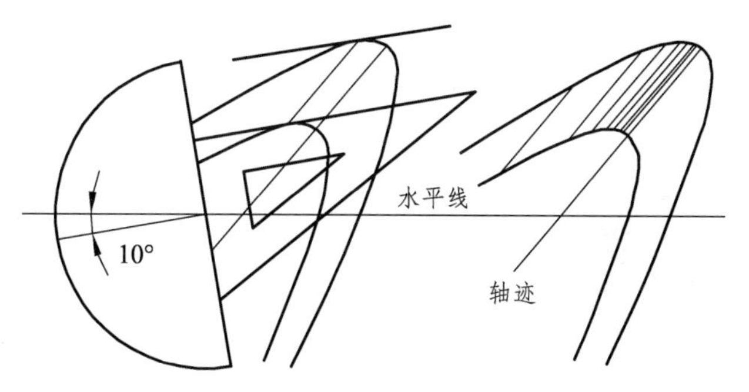

（a）以水平线为基准线绘制等斜线

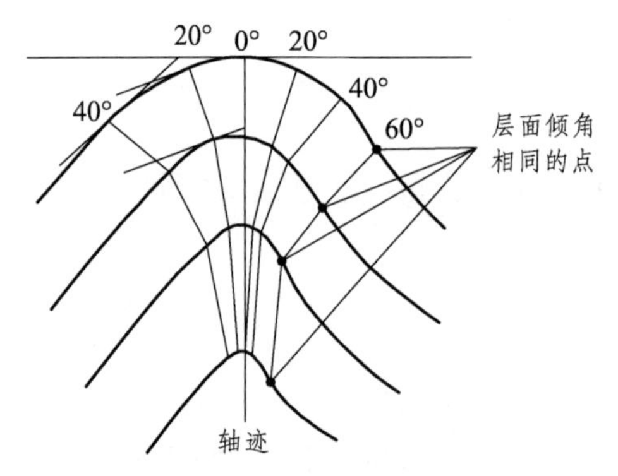

（b）以轴迹的垂直线为基准线绘制等斜线

图 4-17 等倾斜线绘制方法图示（据 Ramasy，1967；D. M. Ragan，1973）

兰姆赛根据褶皱等斜线形式和厚度变化参数所反映的相邻褶皱曲率关系把褶皱分成3类5型，具体内容为（图 4-18）：

Ⅰ类[图 4-18（a）、（b）、（c）]：等斜线向内弧收敛，内弧的曲率总是大于外弧的曲率。根据等斜线的收敛程度，再细分为 3 个亚型：

$Ⅰ_A$型：等斜线向内弧强烈收敛，各线长短差别极大，内弧曲率远大于外弧曲率，为典型的顶薄褶皱。

$Ⅰ_B$型：等斜线也向内弧收敛，并与褶皱面垂直，各线长短大致相等，褶皱层真厚度不变，内弧曲率仍大于外弧曲率，为典型的平行褶皱或等厚褶皱。

$Ⅰ_C$型：等斜线向内弧轻微收敛，转折端等斜线比两翼附近的等斜线要略长一些，反映两翼厚度有变薄的趋势，内弧曲率略大于外弧曲率，为平行褶皱向相似褶皱的过渡形式。

Ⅱ类[图 4-18（d）]：等斜线相互平行且等长，褶皱层的内弧和外弧的曲率相等，即相邻褶皱面倾斜度基本一致，为典型的相似褶皱。

Ⅲ类[图 4-18（e）]：等斜线向外弧收敛、向内弧散开，呈倒扇状，即外弧曲率大于内弧曲率，为典型的顶厚褶皱。

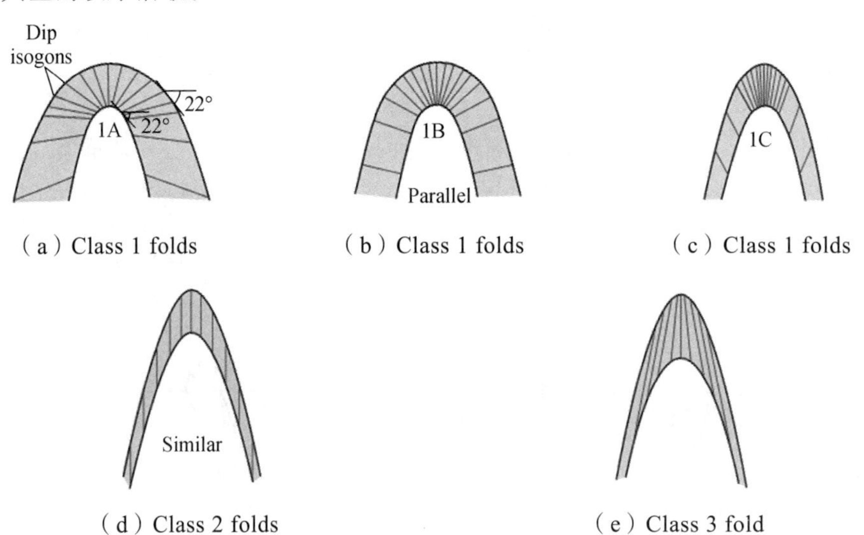

（a）Class 1 folds （b）Class 1 folds （c）Class 1 folds

（d）Class 2 folds （e）Class 3 fold

图 4-18 按等斜线的褶皱分类

自然界中，多数褶皱都可归属上述 3 类之中，但也存在着更为复杂的褶皱类型。

用等斜线的分类可以比较精确地测定褶皱的几何形态，且可以描述绝大多数的褶皱形态，因而得到了广泛应用。

4.3 褶皱组合类型

在地壳中，各种各样的褶皱大多数不是单个、孤立地出现的，往往是不同形态、不同规模和级次的褶皱以一定的组合形式分布于不同的构造地区。因此，我们需要研究褶皱的组合形式（Association types）。然而，并非任何褶皱都可以随意组合，只有同一地壳运动时期的同一构造应力场作用下所形成的具有力学成因联系的一系列褶皱才能组合起来。以下重点介绍褶皱在平面上和横剖面上的组合形式。

4.3.1 褶皱在平面上的组合形式

（1）平行褶皱群：一系列背斜和向斜相间平行排列（图 4-19），它们显示出区域性水平挤压的特征。

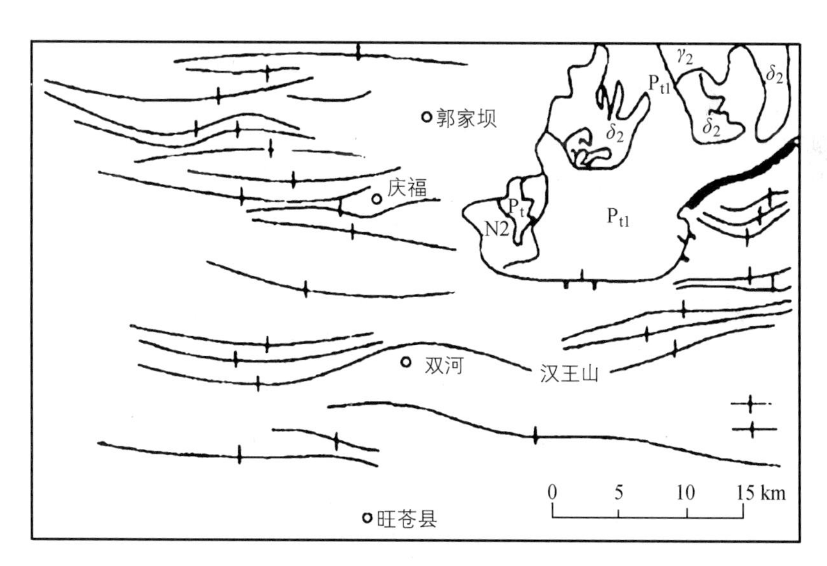

图 4-19 四川旺苍附近的平行褶皱群

（2）枝状褶皱群：一个主褶皱沿其延伸方向分为若干分枝小褶皱。

（3）雁行褶皱群：一个地区内一系列背斜和向斜相间平行斜列如雁行，例如柴达木盆地中的褶皱群（图 4-20），这是区域性水平力偶作用形成的。

（4）帚状褶皱群：一系列褶皱呈弧形扫帚状排列。这类褶皱群在一端收敛，在另一端散开，这是区域性水平旋扭运动造成的。广西巴马帚状构造就是其中一例（图 4-21）。

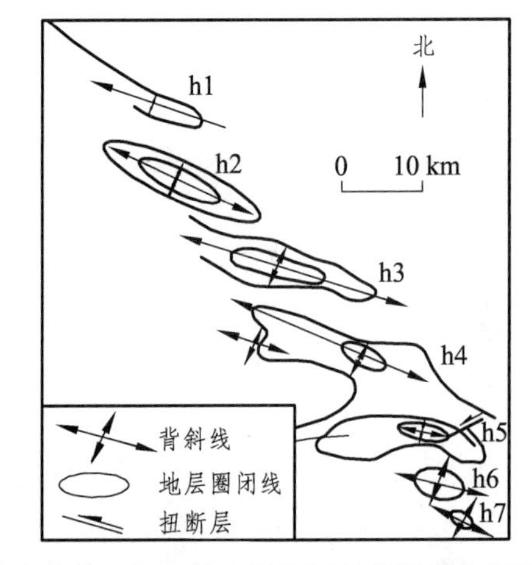

图 4-20 青海柴达木黄瓜梁—甘森地区雁行背斜群（据孙殿卿等，1958）

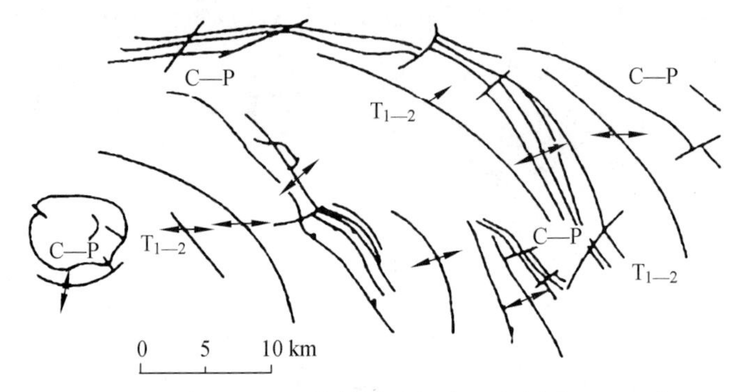

图 4-21 广西巴马帚状构造（据广西区测队，1975）

（5）弧形（状）褶皱群：一系列褶皱呈弧形排列，这是区域性不均匀水平运动引起的（图 4-22）。

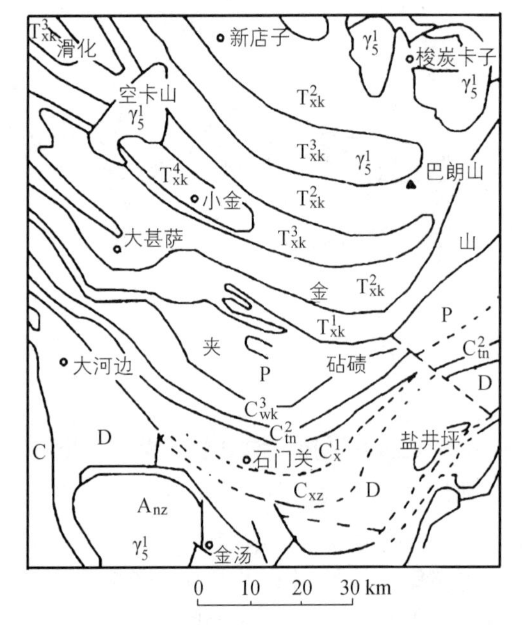

图 4-22 四川西部金汤附近地质图（据四川省地质图，1964）

（6）穹隆和构造盆地：大都是形态简单、平缓或开阔的褶皱，平面组合往往没有特别明显的规律性，轴线并无一定的方向。

4.3.2 褶皱在横剖面上的组合类型

1. 阿尔卑斯式褶皱（Alpinotpye folds）——复式褶皱

阿尔卑斯式褶皱又称为线形褶皱、全形褶皱，为平行式的褶皱组合，其典型特征是由一系列彼此平行排列、延续时间很长、相间同等发育的复背斜和复向斜组成。

复背斜（Anticlinorium）和复向斜（Synclinorium）是一个两翼被一系列次级褶皱所复杂化了的大型褶皱构造。复背斜和复向斜统称为复式褶皱（Compound folds）。

各次级褶皱与总体背斜和向斜常有一定的几何关系。一般认为，典型复式褶皱的次级褶皱轴面常向该复背斜或复向斜的核部收敛（图 4-23）。不过，实际上许多复背斜和复向斜都经历过多次构造运动，导致其次一级褶皱产状和形态极为复杂，在平面上，次级褶皱的轴线延伸方向近于平行。

（a）复背斜　　（b）复向斜

图 4-23　复背斜和复向斜

在野外和在地质图上认识复背斜和复向斜，主要根据区域性新老地层的分布特征进行。例如，在一个褶皱带中，如果中央地带的次级背斜核部地层较两侧次级背斜核部地层老，则为复背斜；反之，则为复向斜。

复背斜和复向斜常形成于强烈水平挤压的构造环境中，也常分布在这种构造活动地带，如我国喜马拉雅山和欧洲的阿尔卑斯山等褶皱带中都有这类褶皱。

2. 侏罗山式（Jura-tpye folds）——隔挡式褶皱和隔槽式褶皱

侏罗山式褶皱为准平行式褶皱组合，其与阿尔卑斯褶皱的重要不同在于相间的背斜和向斜的紧密陡倾和开阔平缓程度不同。隔挡式褶皱和隔槽式褶皱是侏罗山式褶皱的典型样式。

隔挡式褶皱（Ejecrive fold）又称梳状褶皱，由一系列平行的紧闭背斜和开阔平缓向斜相间排列而成（图 4-24）。四川盆地东部的一系列北北东向褶皱的组合就是这类褶皱的典型实例。

隔槽式褶皱（Trough-like bald）是由一系列平行的紧闭向斜和平缓开阔背斜相间排列而成的构造（图 4-25）。其向斜紧闭且形态完整，呈线状排列，背斜则平缓开阔，呈箱状。黔北—湘西一带的褶皱就属于这种类型。

隔挡式褶皱与隔槽式褶皱的共同特点是背斜和向斜平行相间排列，但是背斜和向斜变形特点截然不同。

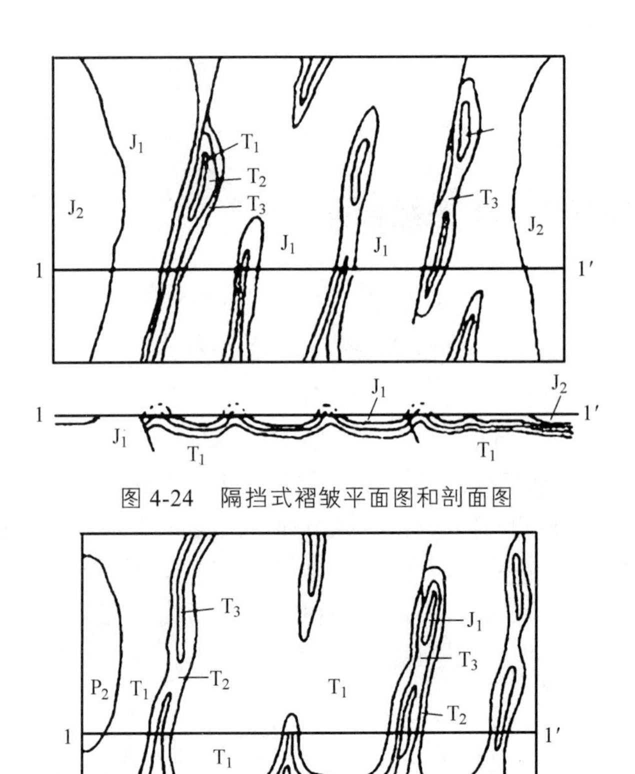

图 4-24 隔挡式褶皱平面图和剖面图

图 4-25 隔槽式褶皱平面图和剖面图

3. 日耳曼式褶皱（Germanotpye folds）——短轴状隆起构造

日耳曼式褶皱又称断续褶皱或自形褶皱，其特征是背斜和向斜的发育程度不相等，主要体现为孤立分散的短轴状隆起构造。此类隆起式背斜褶皱大多没有向斜对应出现，且其群体定向排列较差，产出于相对稳定的构造区内部、近水平岩层广泛发育地区。这类构造在德国的一些地区表现比较典型。

4.4 褶皱形成机制

千姿百态的褶皱到底是怎样形成的，它们经历了哪些变形过程，褶皱的形成受到哪些因素和条件的影响，褶皱的形态、产状和分布特点与形成方式之间有哪些内在联系等，这些问题都将关系到褶皱形成机制。

对于同一个褶皱形态，其形成机制可能是多种方式共同作用。例如箱状褶皱，就可能是上顶作用、挤压作用、下降作用或区域升降作用之中的一种或几种联合作用的结果。再如一个水平岩层形成波状起伏的褶皱，不单纯是塑性变形结果，也不单纯是岩层受挤压而形成弯曲的简单过程。因为岩石变形既受构造应力场制约，又受岩石力学性质和变形环境的影响。

也就是说，褶皱成因各异，有着不同的形成条件、不同的形成作用和形成方式。所以，对褶皱形成机制的研究尚处于积极探索阶段。

4.4.1 纵弯褶皱作用（Buckling）

岩层受到顺层挤压力的作用而产生褶皱，称为纵弯褶皱作用。这种作用最大的特点是岩层沿轴向发生缩短，而地壳中的水平运动是造成这种作用的主要地质条件。它发育于地壳活动带和浅部带。自然界中大多数褶皱是由纵弯褶皱作用形成的。

单层岩石受轴向挤压发生纵弯曲时的应力和应变分布特点如图 4-26 所示：最初为圆形的圆圈变成了椭圆，弯曲层面的外凸一侧受到平行于弯曲弧的引张而拉伸，而内凹一侧则受到平行于弯曲弧的挤压而压缩，二者之间有一个既无拉伸也无压缩的无应变的中和面。中和面的位置随着弯曲的加剧和曲率的增大而逐渐向核部迁移。

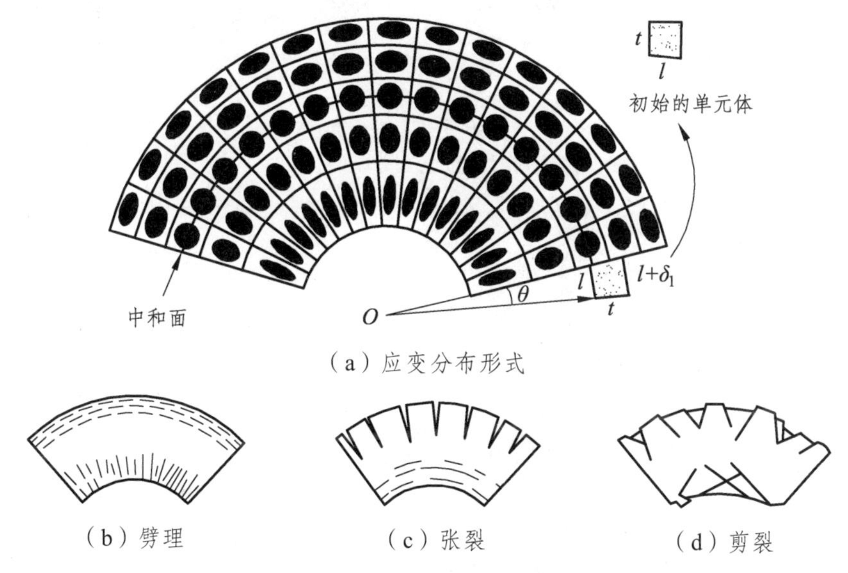

图 4-26 单层纵弯曲的应变分布（据 J.G.Ramsay 等，1987）

当单一岩层或彼此黏结很牢成为一个整体的一套岩层受到侧向挤压形成纵弯曲时，在不同部位可能产生各种内部小构造（图 4-27）。如岩层韧性较高，褶皱的外凸侧受侧向拉伸而变薄，内凹部分因压缩、压扁（压扁面垂直层理）而变厚[图 4-27（b）]；如为较脆性的岩层，在外凸部分常形成与层面正交、呈扇形排列的楔形张节理或小型正断层，甚至地堑或地垒，内凹部分因挤压面形成逆断层[图 4-27（c）]；若微层理发育较好，在内凹一侧也可形成小褶皱[图 4-27（d）]。

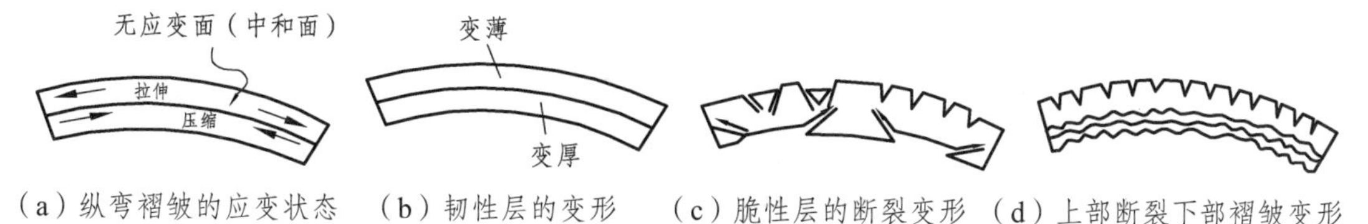

图 4-27 单层纵弯曲的应变状态及内部小构造（据 M. P. Billings，1972）

当一套多层岩石受纵弯褶皱作用而发生弯曲时，不存在整套岩层的中和面，而因韧性不同以弯滑作用或弯流作用的方式形成褶皱。

1. **弯滑作用**（Flexural slipping）

弯滑作用是指一系列岩层通过上、下岩层之间的层间滑动而弯曲成为褶皱。其主要特点如下：

（1）各单层有各自的中和面，而整套褶皱岩层没有统一的中和面。各相邻层面相互平行（形成平行褶皱），褶皱各部位之厚度大体相等。

（2）相邻岩层的层间滑动方向为各相邻上层相对向背斜转折端滑动，各相邻下层相对向向斜转折端滑动（图 4-28）。

（a）弯曲前

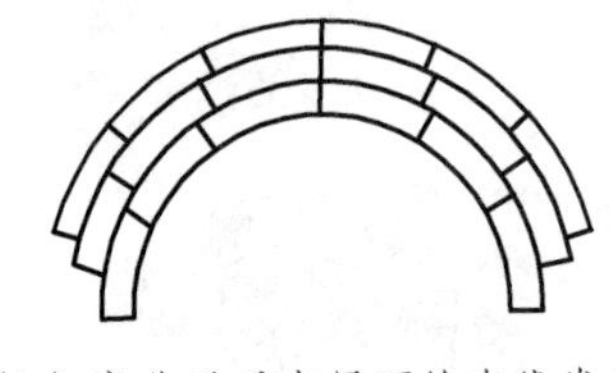

（b）弯曲后垂直层面的直线发生错位所反映的层间滑动特点

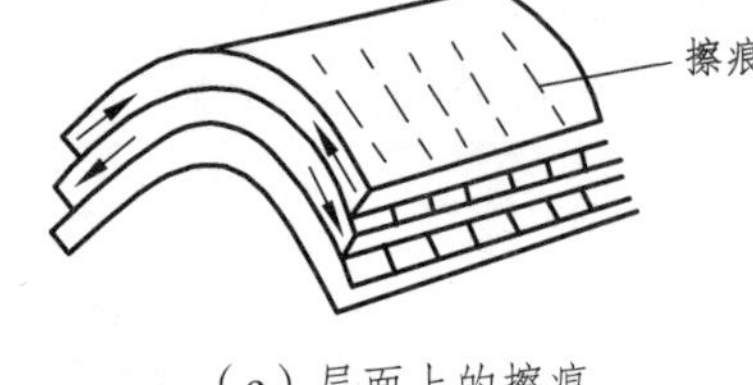

（c）层面上的擦痕

图 4-28　纵弯作用时的层间滑动及其擦痕

由于层间滑动作用，一方面，强硬岩层在翼部可能产生旋转剪节理、同心节理及层间破碎带和层间劈理（图 4-29），且在滑动面上留下与褶皱枢纽近直交的层面擦痕[图 4-28（c）]；另一方面，由于两翼的相对滑动，岩层往往在转折端形成空隙，造成虚脱现象（图 4-30），可在此形成鞍状矿体。

（3）当两个强硬岩层之间夹有韧性岩层（塑性层）时，若发生纵弯褶皱作用，在弯滑作用下（坚硬层的相对滑动），常形成不对称的层间小褶皱（图 4-31）。这种褶皱的轴面与上、下岩层面所夹的锐角指示相邻岩层的滑动方向（如图 4-31 箭头所示），人们常用层间褶皱所示的滑动方向来判断岩层的顶、底面，从而确定岩层层序的正常或倒转以及背斜和向斜的位置。

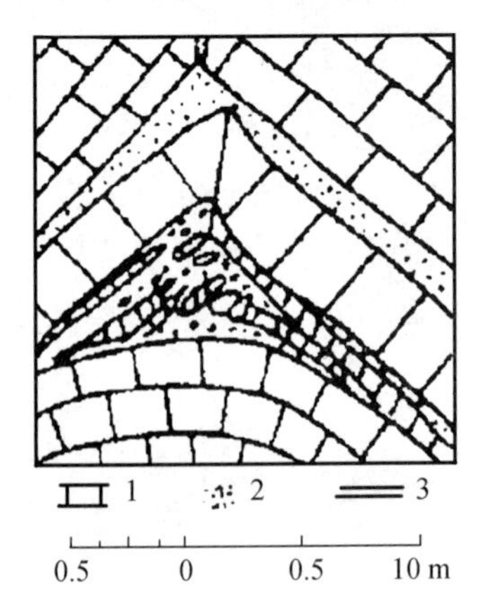

图 4-29　背斜枢纽部位强岩层的断裂破碎现象（俄罗斯，1958）

1—石灰岩；2—泥灰岩；3—断层

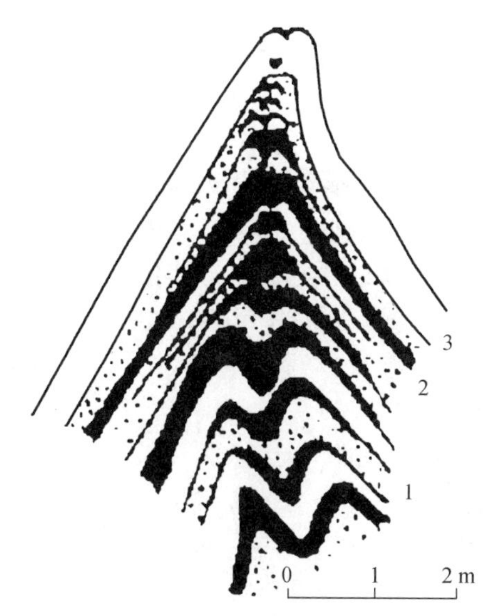

图 4-30 虚脱现象（河北）

1—硅质灰岩；2—碳质页岩；3—白云质灰岩

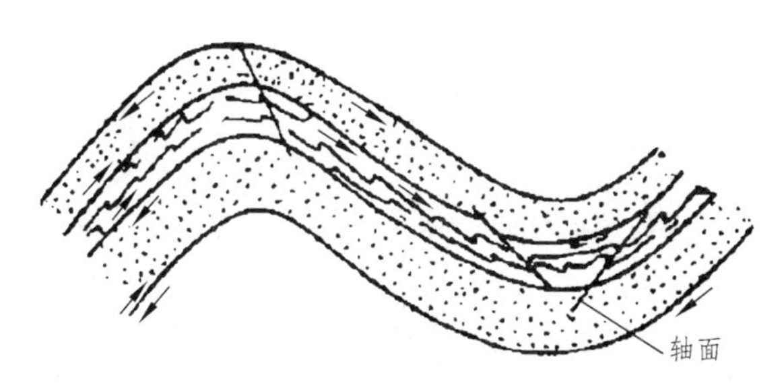

图 4-31 纵弯褶皱的弯滑作用所形成的层间小褶皱
（据 F. W. Spencer，1997）（箭头表示岩层滑动方向）

2. 弯流作用（Flexural flow）

纵弯褶皱作用使岩层产状弯曲变形时，不仅发生层间滑动，而且某些岩层的内部还出现物质流动现象，这种由于岩层内部物质流动而形成的褶皱作用称为弯流作用。其特点如下：

（1）大都发生在脆性原层之间的塑性层内（如泥灰岩、盐层、煤层、黏土岩层等）。

（2）层内物质流动方向一般是从翼部流向转折端，致使岩层在转折端处不同程度地增厚，在翼部相对变薄，从而形成相似褶皱或顶厚褶皱（横弯褶皱作用时相反）。

（3）当软硬互层的岩层受到顺层挤压时，硬岩层仍形成平行等厚褶皱，软岩层因流动形成顶厚褶皱。这样出现顶厚与等厚两种褶皱同生共存的现象。

（4）由于层内物质塑性流动，可能产生线理、劈理或片理等小型构造，如夹有脆性薄岩层，则可形成构造透镜体。

（5）如果发生层间差异流动，则在主褶皱翼部和转折端形成从属褶皱（从属褶皱是指与主褶皱有成因联系并有一定几何关系的次级小褶皱），其形态和产状显示出层内物质向转折端流动的特征。

4.4.2 横弯褶皱作用（Bending）

岩层因受到与层面垂直方向上的挤压而形成褶皱的作用称为横弯褶皱作用。这种褶皱常见于地壳稳定区和地壳坚硬区，其褶皱形态一般较缓和，褶皱两翼岩层不存在挤压收缩现象。

因岩层的原始状态多近于水平，故横弯褶皱作用的挤压也多自下而上。产生这种力的原因，包括地壳的差异升降运动、岩浆的顶托或上拱作用、岩盐层及其他高塑性岩层的底辟作用以及沉积、成岩过程中产生的同沉积压实作用等。这种作用在地壳中是局部的，较为次要。横弯褶皱作用也会引起弯滑作用和弯流作用两种方式，但是，它们与纵弯褶皱作用有明显的不同，其特点如下：

（1）横弯褶皱的岩层整体处于拉伸状态，所以不存在中和面。

（2）横弯褶皱作用所形成的褶皱一般为顶薄褶皱，尤其是由于岩浆侵入或高韧性岩体上拱造成的穹隆更明显（图 4-32），在这种情况下，顶部不仅因拉伸而变薄，而且还可能造成平面上的放射状张性断裂或同心环状张性断裂，如为矿液充填，就会形成放射状或环状矿体。

（3）横弯褶皱作用引起的弯流作用是使岩层物质从转折端向翼部流动（易形成顶薄褶皱）。韧性岩层在翼部由于重力作用和层间差异流动可能会形成轴面向外倾倒的层间小褶皱（图 4-32），其轴面与主褶皱的上、下层面的锐夹角指示上层顺倾向滑动，下层逆倾向滑动。

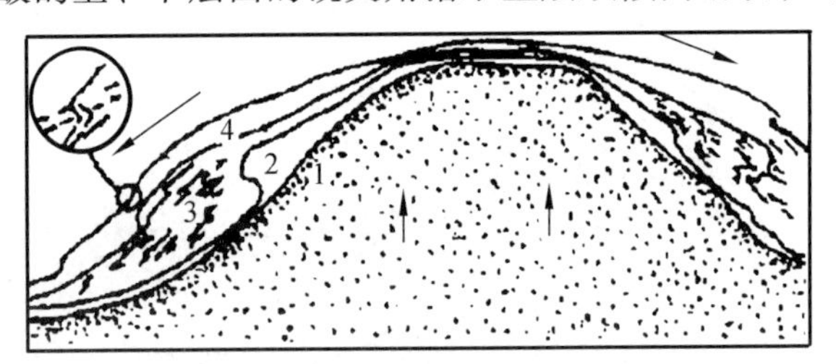

图 4-32 横弯褶皱作用引起的弯流作用（据武汉地质学院等，1979）
（层间小褶皱轴面产状正好与纵弯弯滑引起的层间小褶皱轴面产状相反）

（4）横弯褶皱作用一般形成单个褶皱，尤其以弯隆或短轴背斜最为常见，很少形成连续的波状弯曲。

4.4.3 剪切褶皱作用（Shear folding）

剪切褶皱作用又称滑褶皱作用，发育于强烈活动的构造带和地下深处。这种作用使岩层沿着一系列与层面不平行的密集剪切面发生有规律的差异性滑动而形成褶皱。剪切褶皱作用的特点如下：

（1）剪切褶皱作用形成的褶皱并非岩层的真正弯曲变形，而是岩层沿密集破裂面发生的有规律的差异滑动造成的锯齿状弯曲外貌。

（2）剪切褶皱的典型形式是相似褶皱，也就是在横剖面上平行于轴面（也是滑动面）方向所量得的视厚度，在褶皱的各部位基本相等，但是真厚度为顶部大、两翼小。

（3）在剪切褶皱作用中，岩层面不起任何控制作用，滑动也不限于层内，而是穿层的。此时，岩层面只作为被动地反映差异滑动结果的标志，故有人又称之为被动褶皱作用。应注意差异滑动和弯滑作用的区别，前者滑动面不是原生面，是非顺层的切面，滑动作用不受层面控制。

（4）剪切褶皱作用多产生在变质岩地区，在变质岩中普遍发育的劈理或片理面常作为差异滑动面。

4.4.4 柔流褶皱作用（Flow folding）

柔流褶皱作用是指高韧性岩层（如岩盐、石膏、黏土、煤层等）或岩石处于高温高压环境下变成高韧性流体，受到外力的作用而发生类似黏稠的流体那样的流动变形，从而形成复杂多变的褶皱，如盐丘构造中的膏盐层、变质岩和混合岩化的岩体中有些长英质脉岩受力流变而成的肠状褶皱。

4.4.5 膝折褶皱作用（Kinking）

膝折褶皱作用是一种兼具弯滑褶皱作用和剪切褶皱作用两种特征的特殊褶皱作用，它主要发生在岩性较均一的脆性岩层或面理化岩石中，如在硅质板岩、硅质层中最为发育。岩层在一定围岩限制下，受到与层理平行或稍微斜交的压应力作用，使岩层发生层间滑动，但又受到某些限制，常常使滑动面发生急剧转折，即围绕一个相当于轴面的膝折面转折而成尖棱褶皱。这种褶皱既有平行褶皱的特征，又有相似褶皱的特点。

4.5 叠加褶皱

叠加褶皱又称重褶皱，是已经褶皱的岩层再次弯曲变形而形成的褶皱，多发育于变形作用强烈而复杂的地区或造山带内。叠加褶皱反映了多期、多阶段变形的产物。

4.5.1 叠加褶皱基本形式

Ramsay 总结的两期褶皱叠加的四种基本形式因其系统性和全面性而广为引用，成为经典的两期褶皱叠加形式（图 4-33）：

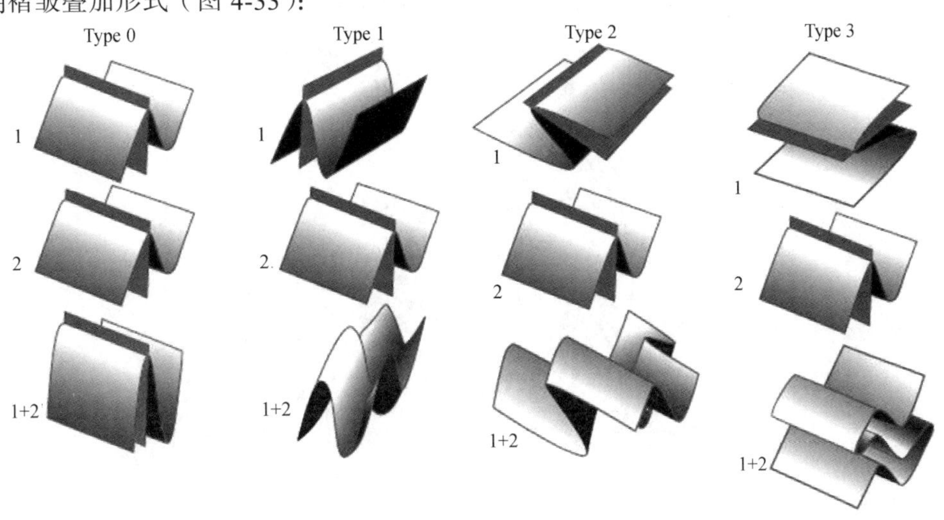

图 4-33　两期褶皱叠加的主要形式（据 J. G. Ramasy，1967）

1. 类型 0 无效叠加作用

两期褶皱相互作用没形成一般认为叠加褶皱所具有的几何现象，所产生的三维几何特征实际上与单期变形产生的褶皱构造相似。如果两期褶皱具有相同的波长，那么最终的形态取决于两个叠加波形的同相或不同相关系。或者同相波形叠加而仅导致褶皱振幅增大（图 4-33 类型 0 或图 4-34），或者不同相波形相互抵消而使褶皱消失，或者是上述两者之间的过渡。如果两期褶皱波长不同，则可能形成各种类型的多级协调褶皱。这种叠加形式虽然从理论上存在，但目前还没有这方面的报道。

2. 类型 1 穹隆-盆地形式

晚期褶皱的最大应变轴（或流动方向 a_2）与早期褶皱的轴面平行或低角度相交，但两期褶皱的中间应变轴（B_1 与 b_2）（平行褶皱枢纽）高角度相交或垂直。这种叠加形式相当于所谓的“横跨褶皱”或“斜跨褶皱”。早期褶皱一般为轴面近于直立的较开阔褶皱，被后期褶皱叠加后，轴面形态变化不大，但枢纽被弯曲呈有规律的波状起伏，常见的形态为一系列穹隆和构造盆地相间的构造（图 4-33 类型 1、图 4-34）。两期背形叠加形成穹隆构造，两期向形叠加形成构造盆地，晚期背形横过早期向形或者晚期向形横过早期背形时，背形枢纽倾伏，向形枢纽仰起形成鞍状构造。

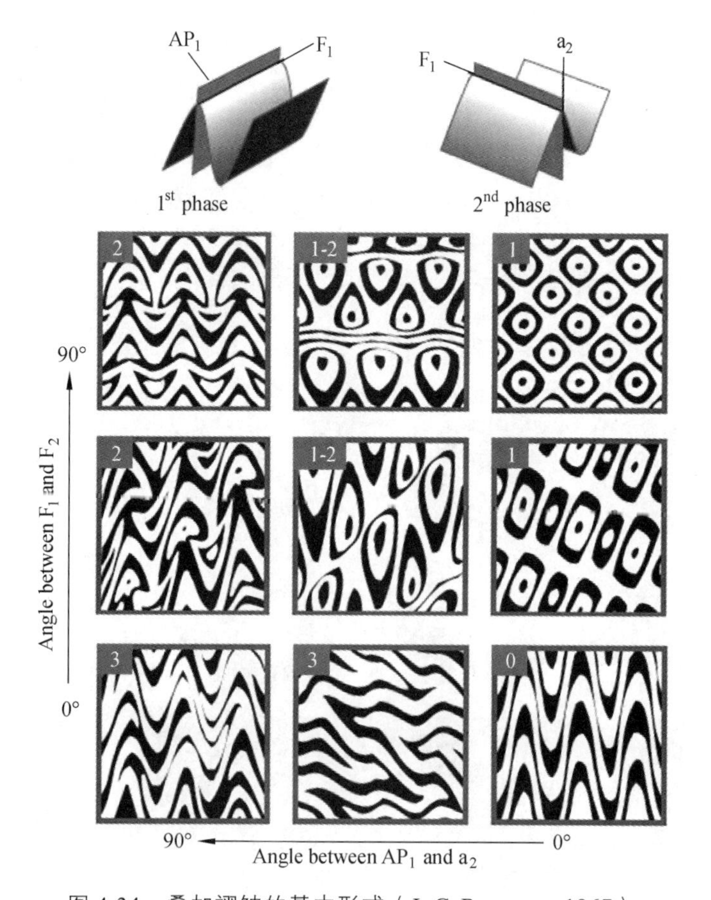

图 4-34 叠加褶皱的基本形式（J. G. Ramasy，1967）

穹隆和构造盆地的存在并不完全意味着叠加褶皱事件，上文所述的底辟褶皱或底辟构造也可以形成类似的样式。但不同的是两期叠加变形事件形成的穹隆和构造盆地具有高度的几何规律，叠加褶皱内与两期变形有关的褶皱通常在样式、波幅、波长及伴生的小型构造方面均与底辟褶皱和底辟构造有系统的差别。

3. 类型 2 穹隆状-新月状-蘑菇状形式

晚期褶皱的最大应变轴（a_2）与早期褶皱轴面夹角很大，两期褶皱枢纽（代表中间应变轴 B_1 与 b_2）呈中等或大角度相交。这时早期褶皱轴面和枢纽均发生强烈弯曲（图 4-33 类型 2），在水平切面则形成复杂的新月形、蘑菇形等图形（图 4-34）。

4. 类型 3 收敛-离散形式（共轴叠加褶皱）

晚期褶皱的最大应变轴 a_2 与早期褶皱的轴面夹角很大，但两褶皱的枢纽近于平行，此时早期褶皱的轴面发生弯曲而枢纽不发生弯曲。这种叠加形式在横截面上可以出现双重转折和钩状闭合等形态（图 4-33 类型 3）。

4.5.2 叠加褶皱的野外观察

在野外识别和确定叠加褶皱存在的主要标志包括：

（1）重褶现象，在褶皱的同一切面上，不仅有先存褶皱轴面的重新弯曲，而且还有褶皱面或褶皱岩层的双重转折现象。

（2）新生构造有规律地变化，新生叶理和线理一般代表一期构造变形，它们有规律地弯曲一般意味着新生褶皱变形面在新的构造应力场中的又一次弯曲变形，如轴面叶理的弯曲、置换作用形成似层理的重褶皱以及褶皱枢纽有规律的变位等。

（3）两组不同类型且不同方位的叶理或线理有规律地交切。

（4）陡倾伏褶皱的广泛发育也是叠加褶皱可能存在的标志之一。

4.6 褶皱野外观察研究

4.6.1 露头区褶皱类型的确定

1. 野外露头上直接观测

对具体的褶皱构造，我们可通过很多方法确定它们的类型和特点，但其中最简单、最有效、最直接的方法莫过于野外露头观测，也就是在野外一切天然和人工露头的地方（相当于不同方向的切面）直接观察它们的形态，并测定褶皱的产状和各种要素。

对于规模较小出露完整的褶皱，有时可以从露头直接量得该褶皱的轴面和枢纽，但对于那些规模较大而出露又不完整的褶皱，或褶皱的一部分被土壤覆盖，或由于其他原因观测不全的褶皱，往往需要系统地测量岩层的产状，并用计算或赤平投影的方法较准确地确定轴面和枢纽的产状。

在野外露头上，还要进行记录、描述、野外素描和照相等，从而尽可能全面地搜集宝贵的第一手资料。

2. 查明地层层序和追索标志层

查明地层层序是研究褶皱和区域构造的基础，因此，首先要进行地层研究，根据古生物和岩石沉积特征查明其时代层序，进行地层划分，或根据岩石中各种原生构造及伴生小构造（如层间小褶皱、节理、劈理等）来查明岩层相对顺序，区别层序正常和倒转的地层；然后根据地层对称重复的关系确定背斜和向斜的所在位置，通常背斜核部地层较老，而向斜核部地层较新。

为了查明褶皱的规模和形态，还应追索标志层，圈出标志层的出露界线，测量其产状变化。在查明地层层序或追索标志层时，要注意转折端的研究。因为无论褶皱两翼岩层层序是否正常，在转折端处总是正常的，所以转折端的研究可以帮助确定地层层序。另外，由于平面转折端形态和剖面转折端形态基本一致，所以它有助于确定褶皱的形态类型（详见地质图的分析部分）。

3. 分析褶皱内部构造

（1）利用层间褶皱确定主褶皱的轴面。

当一套岩层弯曲时，两个坚硬岩层间塑性岩层在上、下两层之剪切力偶作用下，发生两翼不对称的层间褶皱。层间小褶皱的轴面总是与上下坚硬岩层面斜交，其锐夹角指示相邻岩层的相对滑动方向（纵弯褶皱作用为前提）。除了翻卷褶皱等，一般情况下可依据这种层间滑动规律来判断岩层顶、底面，从而确定地层层序是正常或倒转，以及背斜和向斜的相对位置。图 4-35 就是根据残破褶皱的层间小褶皱来判断主褶皱的原理示意图。

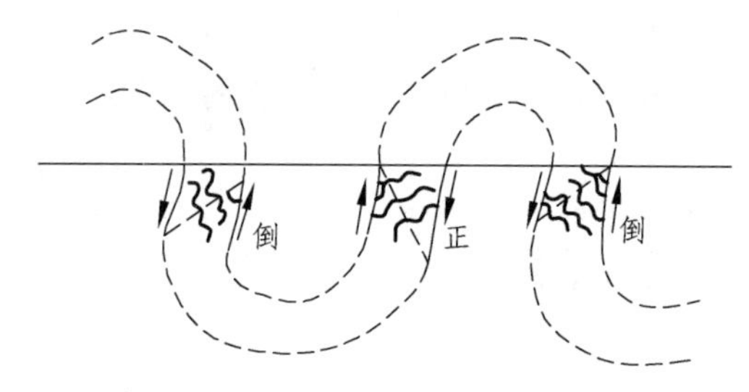

图 4-35　利用层间小褶皱确定地层层序及恢复残破褶皱

（2）用错动的岩脉来判断褶皱构造。

若岩层受纵弯褶皱作用之前已有节理或沿节理充填其他物质（如方解石、石英等），当岩层发生弯曲时，随着层间滑动节理或岩脉被一一错开，其错开的方向与层面上发生的剪切力的方向是一致的，在背斜两翼自下而上向远离槽部方向错动。图 4-36 表示根据岩脉错动关系来恢复褶皱构造的情况。

4. 分析褶皱区域地质图

褶皱构造在地质图上的表现状态，主要取决于它们的几何形态。但是在地质图上分析和研究构造特征时，不仅要考虑其形态特征，还必须同时考虑地层的层序（新老关系）、岩层产状的变化、枢纽的起伏、轴面及轴线的分布状况以及地形条件等。

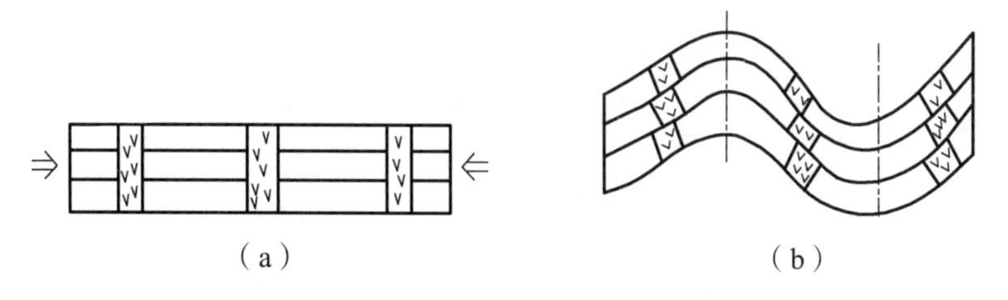

图 4-36 根据岩脉错动恢复褶皱构造

（1）背斜、向斜的分析。

褶皱构造在地质图上的最基本的表现特征是新老地层分布的对称性。如果岩层产状与水平面斜交，背斜在地质图上表现为老的地层位于核部，新的地层分布在两翼，呈对称分布；向斜则恰好相反，新的地层存在于褶皱中心，而两侧对称分布着相对较老的地层。若在地质图的相应位置上标有岩层产状，则配合起来分析更容易确定背、向斜。图 4-37 表示在没有地层时代、产状及地形的地质图上可能得出的多种结论。

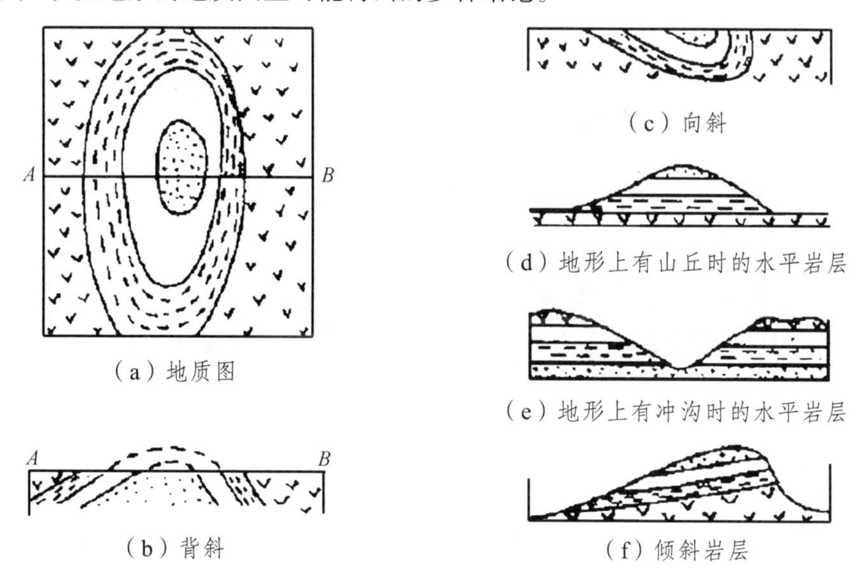

图 4-37 在未知地层时代、产状及地形的地质图上推测的可能情况

（2）褶皱两翼陡缓和倒转翼的分析。

如果在地质图上标有产状符号，可直接认识两翼产状及其变化情况；若缺少产状符号，则可根据两翼岩层露头宽度的差异来定性分析两翼的相对陡缓。

在地形平坦的前提下，如果两翼岩层的厚度和倾角都相等，则两翼岩层的露头宽度亦应相等；如果两翼厚度相等而倾角不等，则岩层在地质图上表现为较陡的翼露头窄、较缓的翼露头宽。因此，根据两翼地层露头的宽窄和倾斜方向，不难分析直立褶皱和斜歪褶皱（图 4-38）。倒转褶皱的倒转翼在地质图上也有一定的反映。由于倒转翼的岩层从翼部向倾伏端方向倾角由缓变陡，所以到倾伏转折端（地层为正常层序）附近总有一段产状是直立的。因此，在褶皱倾伏端和倒转部分的岩层露头宽度相对较大，而直立部分宽度最窄。根据这一特点，在地质图上可以分析由翼部向转折端过渡处，岩层露头出现最窄一段的那一翼为倒转翼。

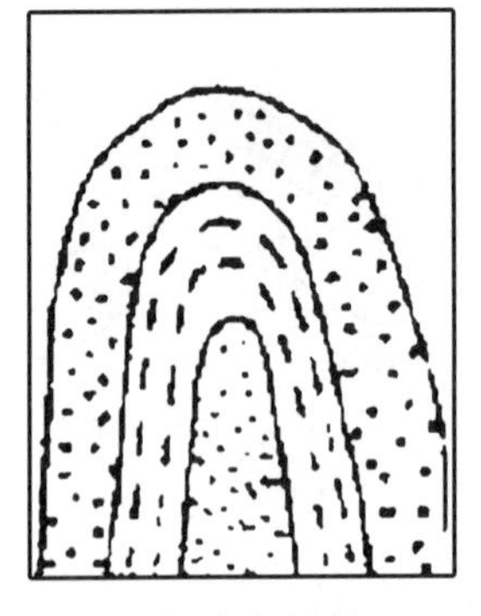

（a）直立褶皱

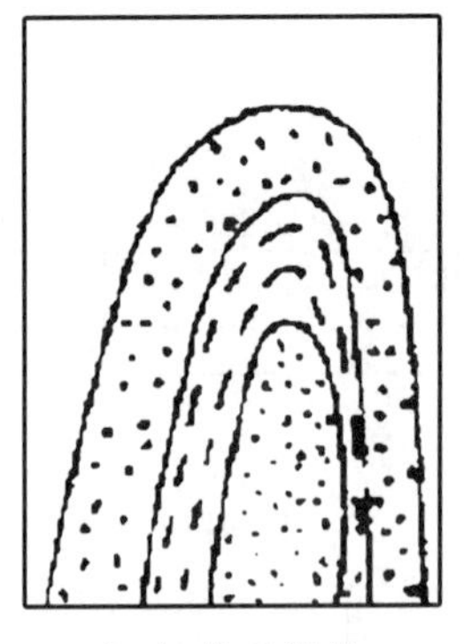

（b）斜歪褶皱

图 4-38　直立、斜歪褶皱在地质图上的表现

（3）褶皱枢纽产状的分析。

褶皱的枢纽在空间的产状不同，褶皱两翼岩层在地质图上分布的情况也各不相同。当褶皱构造被水平面切开后，如果枢纽是水平的，两翼岩层将成平行条带状延伸[图 4-39（a）]并与轴线平行。

当褶皱的枢纽发生倾斜时，一组连续的褶皱在地质图上，岩层分布形态为“W”形状[图 4-39（b）]，其中每一“V”字形就是一个褶皱，弯转的部分就是褶皱在平面上的转折端。

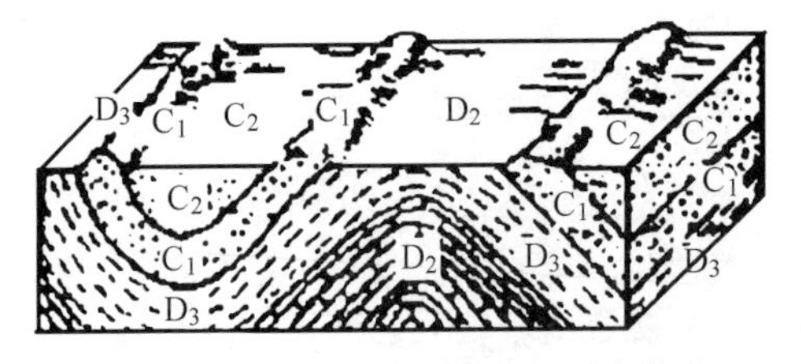

（a）平行的两翼岩层反映枢纽为水平

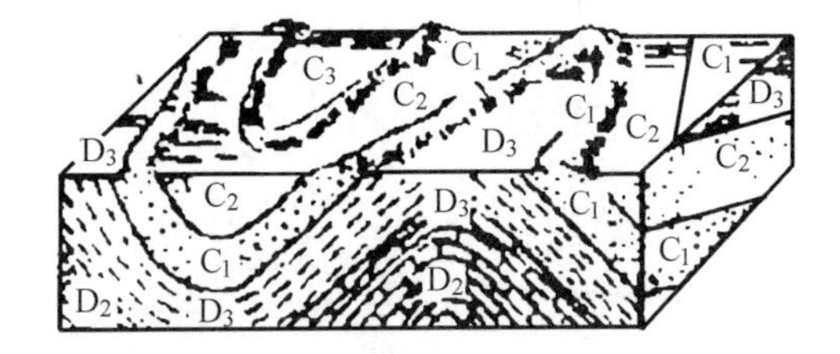

（b）不平行的两翼岩层反映枢纽为倾伏

图 4-39　两翼岩层的分布特点反映枢纽产状

褶皱平面转折端的形态（地质图上）分析，也有助于确定褶皱类型。弯曲形态为浑圆状时，褶皱的形态类型一般为圆滑褶皱；转折端的形态为方形时，一般为箱状或屉状褶皱；转折端的平面形态为折线状时，一般为尖棱褶皱（图 4-40）。

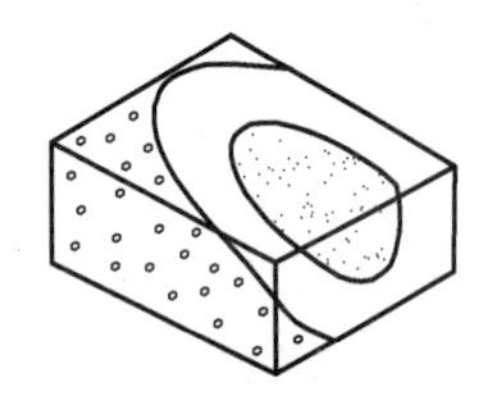

（a）圆弧向斜

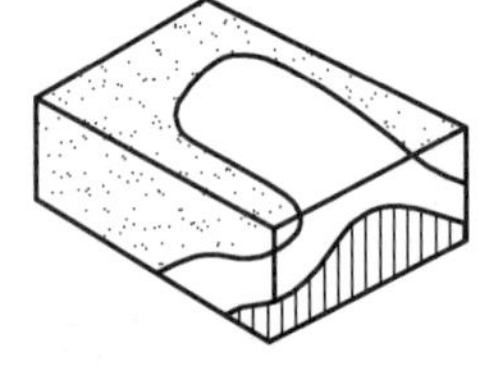

（b）箱状背斜

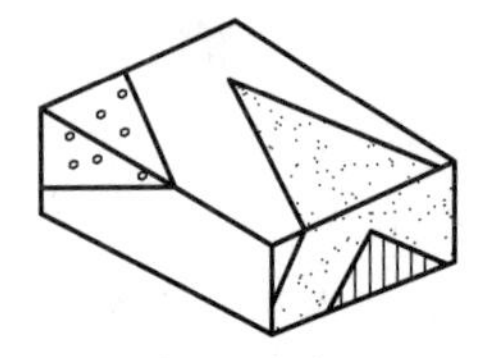

（c）尖棱背斜

图 4-40　褶皱转折端形态

（4）褶皱的轴迹与轴面的分析。

如前所述，在地形平坦的条件下，枢纽呈水平状态时，轴迹与两翼地质界线的延伸方向

平行；枢纽倾伏时，若为两翼对称的直立褶皱，则轴迹在平面上成为两翼的平分线，若两翼倾角不等时，轴迹靠近陡翼一边。

地面近水平、轴面近直立、枢纽倾伏较缓的褶皱，在地质图上两翼岩层界线转折点的连线大体为该褶皱的轴迹，转折端的方向也大致反映枢纽的倾伏方向。对于斜歪倾伏褶皱，尤其是斜卧褶皱和形态较复杂的褶皱，成地形复杂、起伏较大的褶皱，则地质图上其两翼岩层露头线转折点的连线与枢纽方向不一致。图 4-41 表示一个斜卧褶皱，从地面（假设平坦）上看，岩层露头转折端点连线表现出向南倾伏，但枢纽实际倾伏方向却是正东，两者相差 90°。

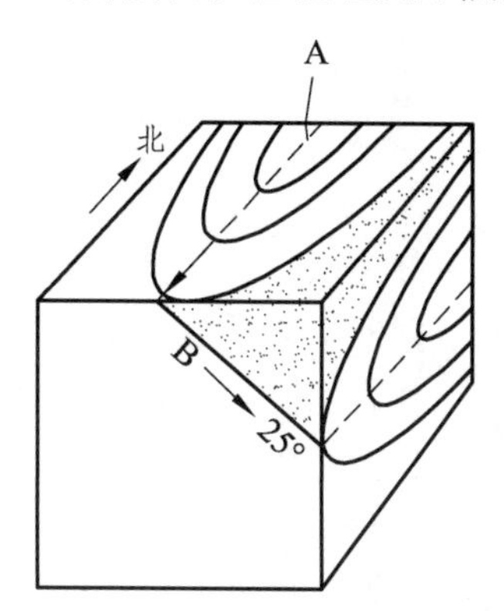

图 4-41 斜卧褶皱立体示意

在地质图上，我们也可从两翼产状大致判断轴面产状。若两翼倾向、倾角基本相同，则轴面产状与两翼产状基本一致。对于两翼产状不等或一翼倒转的褶皱，其轴面大致是向缓翼方向倾斜，轴面倾角大小介于两角之间。

以上均为在地面平坦的前提下讨论的平面情况。实际上，由于风化剥蚀，地面这一天然切面必然会起伏不平，而且可以从任意方向切割和反映褶皱构造。如图 4-42 所示，虽是一个简单的圆柱状褶皱，但在不同方向的切面上所出露的形态就大不相同，地面可以是其中的任一面。因此可认为，褶皱在地面上的露头形态只是褶皱在该方向面上的地形效应，是褶皱不完整甚至是被歪曲了的形象。故野外工作时，必须详细观测、综合分析各侧面的形态。

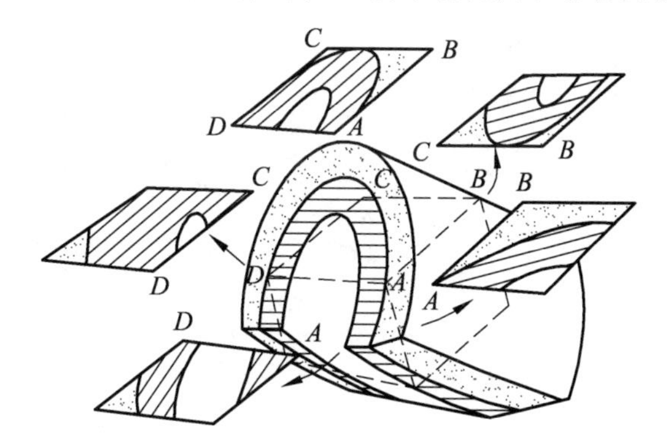

图 4-42 同一褶皱在不同方位切面上的出露形态示意图

4.6.2 地下褶皱构造的研究方法

关于露头区地下构造的研究，除了覆盖区地下构造研究的那些方法、手段之外，还可根据地表出露的构造特征大体推测深入地下的情况。对褶皱构造来说，可以从褶皱的地表形态特征推断它向地下延伸的变化。如根据地面出露特征分析为顶薄褶皱，则可据此推断其两翼岩层向深部很可能变厚、变陡；如为相似褶皱且整套岩性也较一致，则褶皱形态可能延伸到一定深度还基本不变；如地表观测为平行褶皱，则褶皱曲率向深部变大或变小，整个褶皱不可能延伸很深。由于形成褶皱的诸方面因素之差异，其形态、大小及隆起幅度和高点位置等，都会随着埋深的增加可能发生变化。

4.6.3 褶皱形成时代的研究

1. ***角度不整合分析法***

根据地层不整合面的存在以及不整合面上、下褶皱形态是否连续一致，我们可以推断包括褶皱在内的各种构造形成时代的上限和下限。如果不整合面以下的地层均褶皱，而其上的地层未褶皱，则褶皱运动应发生于不整合面下伏的最新地层沉积之后和上覆最老地层沉积之前；如果不整合面上、下地层均褶皱，而上下地层即不整合面的褶皱方式又都完全一致，则褶皱运动是后来发生的；如果不整合面上、下地层均褶皱，但褶皱方式、形态又都互不相同，则至少发生过两次褶皱运动；如果一个地区的地层有两个角度不整合面，且两个不整合面上、下地层均褶皱，则该区发生过三次或更多次褶皱运动。

如图 4-43 所示，图中存在两个不整合面（划分三个构造层）：一是中、下侏罗统与下伏地层的接触面；另一是古新统与下伏地层的接触面。根据褶皱形成时代的确定原则，本地区至少发生过两次构造运动（褶皱变动）。最下伏构造层经受两次褶皱作用，一次为晚二叠世之后、早侏罗世之前，另一次发生在晚白垩世之后、古新世之前。中部构造层只经历了一次褶皱变动，即经过第二次构造运动形成褶皱。最上覆构造层，即古新统地层没有经受构造运动，故保持水平状态。

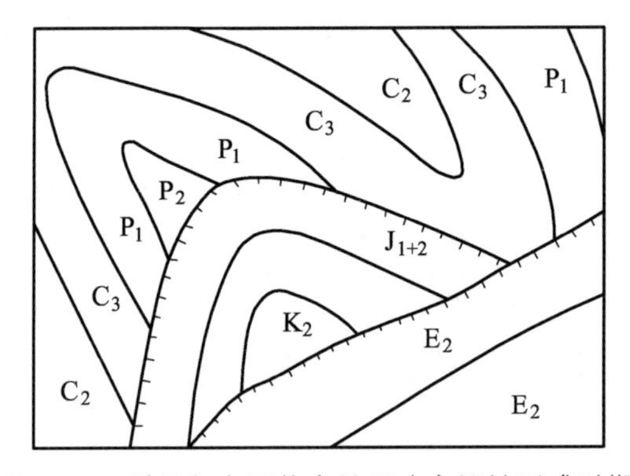

图 4-43　利用角度不整合关系确定褶皱形成时期

2. ***岩性厚度分析法***

同沉积背斜是在地层一方面沉积一方面基底又不断隆起的条件下形成的，因此顶部地层薄，而向两翼地层逐渐加厚，顶部地层倾角小，而两翼倾角逐渐变陡，顶部地层颗粒粗，向两翼粒度逐渐变细等，根据地层剖面中的上述变化特点也可以推断同沉积褶皱的形成时期。

此外，褶皱的形成时期还可根据与褶皱相接触的岩浆岩体的同位素年龄来加以间接确定；根据褶皱的重叠现象，我们可以分析多期褶皱的存在及各期褶皱的相对先后顺序，其方法较多，主要是在变质岩地区使用。

4.6.4 褶皱构造对工程建设的影响

褶皱构造对工程的影响程度与工程类型及褶皱类型、褶皱部位密切相关，对于某一具体工程来说，所遇到的褶皱构造往往是其中的一部分，因此褶皱构造的工程地质评价应根据具体情况作具体的分析。在褶皱的翼部主要是单斜构造中倾斜岩层引起的顺层滑坡问题。倾斜岩层作为建筑物地基时，一般无特殊不良的影响，但对于深路堑、高切坡及隧道工程等则有影响。对于深路堑、高切坡来说，当路线垂直于岩层走向，或路线与岩层走向平行但岩层倾向与边坡倾向相反时形成反向坡，就岩层产状与路线走向的关系而言，对边坡的稳定性是有利的；当路线与岩层走向平行且岩层倾向与边坡倾向一致时形成顺向坡，稳定性较差，特别是当边坡倾角大于岩层倾角时且有软弱岩层分布在其中时，稳定性最差。对于隧道工程来说，从褶皱的翼部通过一般较为有利。如果中间有软弱岩层或软弱结构面时，则在顺倾向一侧的洞壁，有时会出现明显的偏压现象，甚至会导致支护结构的破坏，发生局部坍塌。

5 节 理

岩石因受力而破裂的现象称断裂，产生的构造称断裂构造。断裂构造使岩石的连续性和完整性遭到破坏，并可使破裂面两侧岩块沿破裂面发生位移。

凡破裂面两侧的岩石沿破裂面没有发生明显的相对位移或仅有微量位移的断裂构造，叫节理(Joint);若破裂面两侧的岩石沿破裂面发生较大和明显相对位移的断裂构造，叫断层(Fault)。

本章主要介绍节理，断层则在下章做重点阐述。

5.1 节理相关概念

5.1.1 节 理

节理又称为裂缝或裂隙，它们是岩石受力发生破裂，两侧的岩石沿破裂面没有发生明显位移的一种断裂构造。

5.1.2 节理面

节理构造的破裂面叫节理面。节理面的产状反映了节理在空间的位态，仍用走向、倾向和倾角来表示。

5.1.3 节理组

同一时期、相同应力作用下产生的方向相互平行或大致平行、力学性质相同的节理组合成为一个节理组。其排列形式有平行型和斜列型。如在同一时期内由侧向拉伸的张应力作用所产生的若干节理，其方向大体一致，组合成一个节理组，为平行型的排列方式；如由扭动作用诱导的张应力造成的若干节理，也组合成一个节理组，它们的方向虽然彼此平行，但其排列型式为斜列型。

5.1.4 节理系

同一时期、相同应力作用下产生的两组或两组以上的节理组合成为一个节理系。其排列形式有“X”形、环形、放射形等。共轭剪节理即为同一时期的剪应力作用所产生的两组节理，相交成“X”形，故称为“X”形节理系或交叉形节理系；穹隆构造地区常见到的许多方向不同的节理呈环状或放射状分布，它们均系同一时期的张应力作用造成的，可分别组合成环形或放射形节理系。

注：不是任何方向相同的节理均可归为一个节理组，也不是任何方向不同而又交叉排列的两组节理均可称为“X”形节理系；在一个节理组或一个节理系中不可能同时存在两种力学性质不同的节理。这是野外研究节理组合必须掌握的基本原则。

节理发育的基本特征是分布普遍、发育不均同时又具有方向性和组系性。单个节理的形态是多样的，有平直，有弯曲，亦有呈锯齿状的。

根据节理的规模及其连通情况，一般来说，大节理的渗透性较高，而小节理的渗透性较低。节理中的充填物有硅质、铁质、钙质、泥质等，一般以硅质充填的节理渗透性较紧，以泥质充填的较疏松，铁质和钙质充填介于两者之间。碳酸盐岩地区的节理常被钙质充填。

岩性特征及构造发育部位的不同也影响节理的发育。如酒泉盆地鸭儿峡构造砂岩中的节理每米多于 90 条，页岩中的节理每米少于 20 条。

同一岩层在不同的构造部位，节理的发育程度亦不相同，在构造轴部比在构造翼部大。

5.2 节理分类及特征

节理形成的原因很多，按节理形成与岩石形成的时间先后关系，可将节理分为原生节理（Primary joints）和次生节理（Secondary joints）两个基本类型。原生节理是在成岩过程中形成的。次生节理是在岩石形成以后形成的。

5.2.1 岩浆岩中原生节理的分类

1. 喷出岩体的原生破裂构造

柱状节理是玄武岩中常见的一种原生破裂构造。柱状节理面总是垂直于熔岩的流动层面，在产状平缓的玄武岩内，若干走向不同的这种节理常将岩石切割成无数个竖立的多边柱状体，因而称柱状节理（图 5-1）。

图 5-1 柱状节理

柱状节理的形成与熔岩流冷凝收缩有关，熔岩流动面即为冷凝面，因此，柱状节理面往往垂直于冷凝面。在一个冷凝面上，熔岩围绕若干冷缩中心冷凝收缩，从而在两个相邻冷缩中心连线的方向上产生张应力，柱状节理就是一系列垂直于若干张应力的方向上形成的张节理。从理论上说，一个冷凝面上各向相等的张应力的解除是通过三组彼此呈 120° 交角的无数规则分布的张节理的形成而实现的，因此，柱状张节理的横断面一般应为等六边形。但这种理想的情况比较少见，所以，柱状节理的横断面除了六边形以外，由于熔岩物质的不均一性等因素的影响，其横断面有四边形、五边形或七边形等多种形态。

2. 侵入岩体的原生破裂构造

Cloos H. 将侵入岩体的原生破裂构造划分为下列几种（图 5-2）：

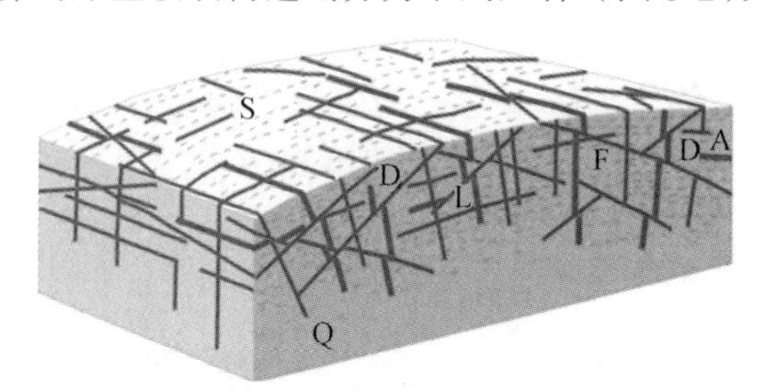

图 5-2 侵入岩的原生破裂构造

S—纵节理；D—斜节理；Q—横节理；L—层节理；F—流面；A—流线

（1）横节理（Q 节理）。

横节理的节理面与流线相垂直，产状较陡，节理面粗糙，没有擦痕面，发育于侵入岩体顶部，可能是由于未冷凝的岩浆向上挤压作用产生的侧向水平拉伸作用形成的，属于张节理性质。横节理为较早期发生的节理，常被残余岩浆和岩浆期后热液物质充填。横节理的产状随流线的产状变化而变化。横节理也可能是由于岩浆流动导致水平拉伸作用所形成的。

（2）纵节理（S 节理）。

纵节理面平行于流线而垂直于流面。节理产状较陡，节理面也较粗糙并不显擦痕，发育于侵入岩顶部流线平缓的部位，其形成可能与侵入岩体沿自身的长轴方向发生的拉伸作用有关。其性质也是张节理，但不如横节理发育，节理内可充填残余岩浆和岩浆期后热液物质。

（3）层节理（L 节理）。

层节理面平行于流面和流线，节理面产状平缓，大致平行于接触面，多发育在岩体的顶部并与接触面平行。层节理可能是由于岩浆在垂直于围岩的接触面上冷却收缩而产生的破裂构造，所以也是张节理性质，常被细晶岩或伟晶岩脉充填。

（4）斜节理（D 节理）。

斜节理面与流线和流面都斜交，是两组共轭的“X”交叉节理，其锐角等分线平行于流线方向，反映了变形时岩石塑性较大。节理面光滑，常见错动，节理面上有擦痕和镜面发育。节理内常被岩脉和矿脉充填，并切割较早期的横节理和纵节理。因此，斜节理形成时期最晚。斜节理往往发育在侵入体顶部，它们被认为是沿铅直挤压作用所产生的一对共轭剪裂面发展而成的，所以斜节理属剪节理性质。斜节理的进一步发展，可演化为正断层。

（5）边缘张节理。

在侵入岩体陡倾的边缘接触带内发育一组向岩体中心倾斜的斜列式的张节理称为边缘张节理。边缘张节理是由于向上流动的岩浆同已经冷凝的岩体边缘之间出现的差异剪切运动所诱发的张应力的作用而形成的。Cloos H. 等利用塑性黏土层下面的活塞缓缓上升的实验，成功地重现了边缘张节理的形成过程。活塞的上升就相当于岩浆向上流动，因而两侧相对下降形成上下剪切作用，边缘张节理内常有矿脉充填。

（6）边缘逆断层。

在深成侵入岩体陡倾斜侧出现的逆断层叫边缘逆断层。边缘逆断层的位移量很小，但是效应较大。Cloos 认为边缘逆断层是在岩浆上升过程中，岩体边缘形成的剪切破裂面发育而成的。沿边缘逆断层本身还可能产生次一级的羽状剪节理。此外在岩体顶部由于侧向拉伸还会形成顶部平缓正断层。

5.2.2 次生节理的分类

次生节理的形成可由构造运动引起，也可由非构造运动的其他因素引起。因此，次生节理按照其形成的动力来源的不同又可分为非构造节理和构造节理（Structure joints）。

1. 非构造节理

非构造节理是指在外动力地质作用下形成的节理，又称外生节理。如岩石因温度变化引起体积不均匀的膨胀和收缩而产生的风化节理、冰川运动和冰劈作用形成的节理、洪水引起的滑坡以及人工爆破等原因引起的节理均属非构造节理。非构造节理一般分布不广，局限于一定岩层或一定深度之内，或局限于某一现象附近，其特点就是发育的范围和深度有限，与各级各类构造无规律性关系，产状和方位极不稳定，以张裂为主。

2. 构造节理

构造节理是指由内动力地质作用（主要是构造运动）产生的节理，又名内生节理。构造节理形成和分布也有一定的规律性，分布范围往往很广，其特点是发育的范围和深度较大，与区域构造或局部构造存在一定的关系。它往往与褶皱和断层紧密相伴，成因密切，方位和产状稳定。

构造节理的分类主要依据两个方面：几何分类、成因分类。前者考虑节理与所在岩层或其他构造的几何关系，后者考虑节理形成的力学性质；但两者并非截然无关，几何分类是成因分类的基础，根据节理的形态特征和展布规律，可以推断节理成因。

（1）几何分类。

节理是一种小型构造，经常同其他较大型构造（如褶皱、断层）相伴出现，或作为它们的派生构造存在，并与岩层有一定的相关关系。因此，几何分类的主要标志就是节理与其他构造在空间方位上的关系。

① 根据节理与所在岩层产状要素的关系（图 5-3），构造节理可分为以下 4 类：

a. 走向节理：节理走向与所在岩层走向大致平行。

b. 倾向节理：节理走向与所在岩层倾向大致平行（即与岩层走向大致垂直）。

c. 斜向节理：节理走向与所在岩层走向斜交。

d. 顺层节理：节理面大致平行于岩层层面。

以上分类适合于对发育在倾斜岩层地区的节理进行分类。

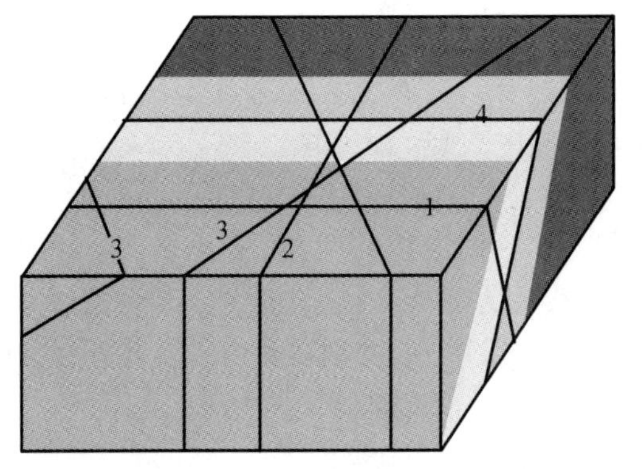

图 5-3 根据节理与所在岩层产状关系的节理分类

1—走向节理；2—倾向节理；3—斜向节理；4—顺层节理

② 根据节理走向与区域构造线或局部构造线的关系，如与区域褶皱的枢纽方向、主要断层走向或其他线性构造延伸方向的关系（图 5-4），构造节理可分为以下 3 类：

a. 纵节理：节理走向与区域构造线走向大致平行。

b. 斜节理：节理走向与区域构造线走向斜交，即两者既不平行又不垂直。

c. 横节理：节理走向与区域构造线走向大致垂直。

以上分类适合于对发育在褶皱岩层地区的节理进行分类。

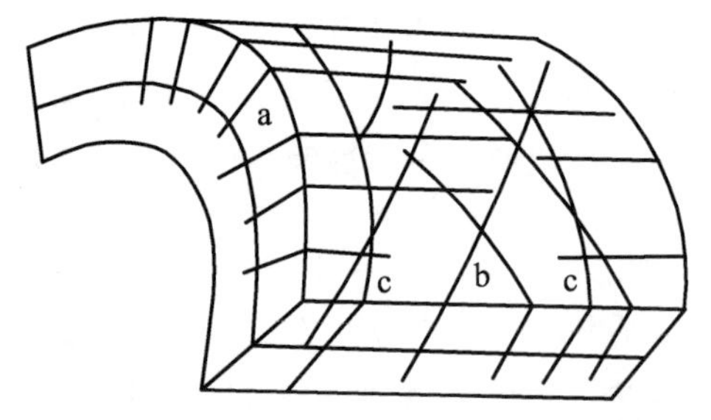

图 5-4 根据节理与所在岩层产状关系的节理分类

a—纵节理；b—斜节理；c—横节理

（2）力学成因分类（图 5-5）。

构造节理都是在一定条件下受力的作用而产生的。从应力角度考虑，直接形成节理的应力只有两种，即剪应力和张应力。因此，节理按力学成因分类可分为剪节理和张节理。

① 剪节理。

剪节理是由剪裂面进一步发展而成的，一般是两组同时出现，相交成“X”形。因为剪节理是成对出现的，故常被称为共轭节理或“X”形剪节理。它们的夹角分别为最大主应力（σ_1）和最小主应力（σ_3）所平分，即分别为最小应变轴（C 轴）和最大应变轴（A 轴）所平分，且两组剪节理的交线平行于中间主应力（σ_2）方向即中间应变轴（B 轴）方向。

a. 剪节理与主应力轴的关系。

剪节理是由于剪应力作用而形成的节理，其两侧岩块沿节理面有微小剪切位移或有微小剪切位移的趋势，位移的方向与 σ_2 垂直。剪节理面则与 σ_2 平行，与 σ_1、σ_3 呈一定的夹角。根据库仑-莫尔理论，岩石内两组初始剪裂面的交角常以锐角指向最大主应力方向，故共轭剪切破裂角常小于 90°（常为 60°左右），两剪裂角则小于 45°。

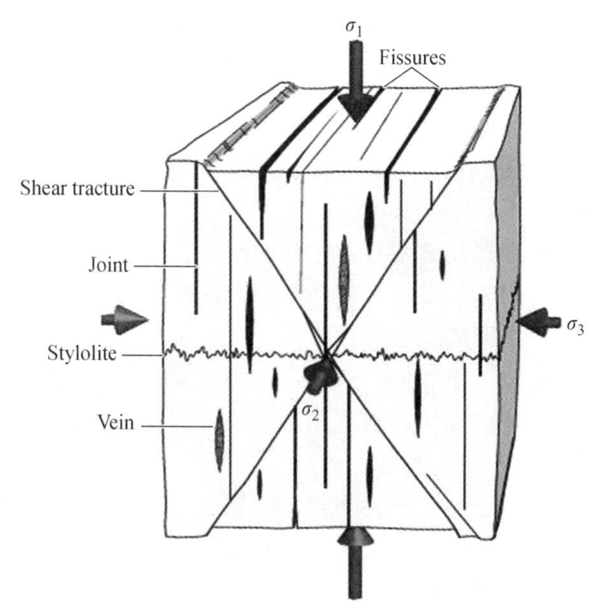

图 5-5 根据力学成因的节理分类示意图及缝合线构造

b. 剪节理的主要特征：

· 剪节理产状较稳定，沿走向和倾向延伸较远，但穿过岩性差别显著不同的岩层时，其产状可能发生改变，反映岩石性质对剪节理方位有一定程度的影响。

· 剪节理面平直光滑，这是由于剪节理是剪破（切割）岩层而不是拉破（裂割）岩层。

· 在砾岩、角砾岩或含有结核的岩层中，剪节理同时切过胶结物及砾石或结核。由于沿剪节理面可以有少量的位移，因此常可借助被错开的砾石确定其相对移动方向。

· 剪节理面上常有剪切滑动时留下的擦痕、摩擦镜面，但由于一般剪节理沿节理面相对移动量不大，因此在野外必须仔细观察。擦痕可以用来判断节理两侧岩石的相对移动方向。

· 由于剪节理是由共轭剪切面发展而来的，所以常成对出现（图 5-5）。典型剪节理常组成 X 形共轭节理系，X 形节理发育良好时，可将岩石切割成菱形、棋盘格状的岩块或这种类型的柱体（图 5-6、图 5-7）。不过在某些地区，两组剪节理的发育程度可以不等。

图 5-6 由两组剪节理组成的共轭“X”形节理

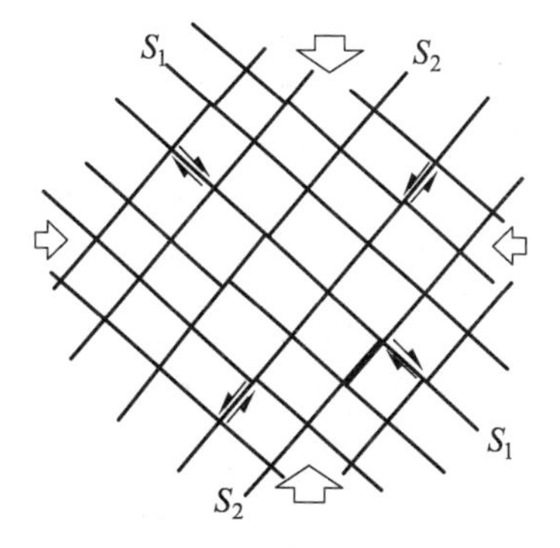

图 5-7 X 形共轭节理及其相对运动方向

X 形共轭节理系两组节理的交角，在一般情况下，锐角等分线与挤压应力方向一致，钝角等分线与引张应力方向一致。

· 剪节理两壁之间的距离较小，常呈闭合状。后期风化、地下水的溶蚀作用或后期应力作用方式的改变可以扩大剪节理的壁距。

· 剪节理排列往往具有等距性，即相同级别的剪节理常有大致等距离的发育分布规律（图5-6、图5-7）。

· 剪节理一般发育较密，即相邻两节理之间的距离较小，常密集成带。节理间距的大小同岩性与岩层厚度有着密切的关系，硬而厚的岩层中的剪节理间距大于软而薄的岩层。同时，剪节理发育的疏密还与应力作用情况有关。

· 剪节理常呈现羽列现象（图5-8），往往一条剪节理经仔细观察就会发现其并非为单一的一条节理，而是由若干条方向相同、首尾相近的小节理呈羽状排列而成。小节理方向与整条节理延长方向之间为小于20°的夹角。

羽列可分为左行羽列和右行羽列两种形式。根据它们首尾邻接部分的两种重叠关系，沿小节理走向，若下方的每个小剪节理依次向左侧错开，则为左行（或称左旋）羽列；反之，若下方的每个小剪节理依次向右侧错开，则为右行（或称右旋）羽列。羽列形式可以指示剪裂面两侧岩块相对移动的方向，如图5-8中箭头所示。实践证明，利用羽列现象判断剪节理两侧岩石相对动向是行之有效的。

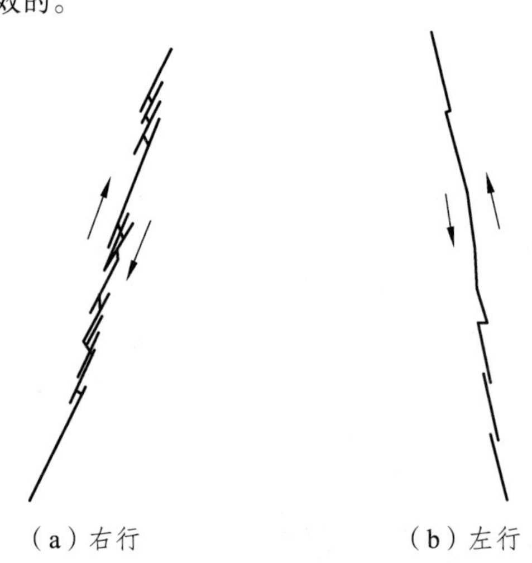

（a）右行　　（b）左行

图5-8　剪节理的羽列现象

呈羽列的小节理可以逐步连通起来，并进一步发展成为平移断层。左行羽列的剪节理发展成左行平移断层，右行羽列的剪节理发展成右行平移断层。

用模拟实验可以重现剪节理的羽列现象。图5-9是挤压实验形成的两组剪节理 MN 与 $M'N'$ 所出现的羽列；图5-10是扭动实验形成的两组剪节理 A 与 B，其中 A 组呈羽列现象，羽状小裂面与扭动面 MN 之间夹角 β 不超过24°，其锐夹角指向代表本盘扭动方向。两组剪节理 A 与 B 的夹角 α 为62°~64°。B 组剪节理与扭动面 MN 相交之夹角亦指向本盘扭动方向。

此外，在野外还常见到另一种羽列现象，即沿错动面形成剪节理。如图5-11所示，由NWW-SEE向挤压力作用而形成的一对共轭剪节理均显示羽列现象。走向为330°的一组节理，其羽列小裂面走向为320°，夹角为10°；走向为247°的另一组节理，其羽列小裂面走向为260°：二者夹角为13°。根据实验和观察图上的交切关系，我们可以断定这种羽列小裂面先形成，其共轭剪节理后形成，两组共轭剪节理与其羽列小裂面所成之锐角指向本盘扭动方向。图 5-11 中的一对共轭剪节理羽列指示的动向反映的方位大致为 NWW-SEE。

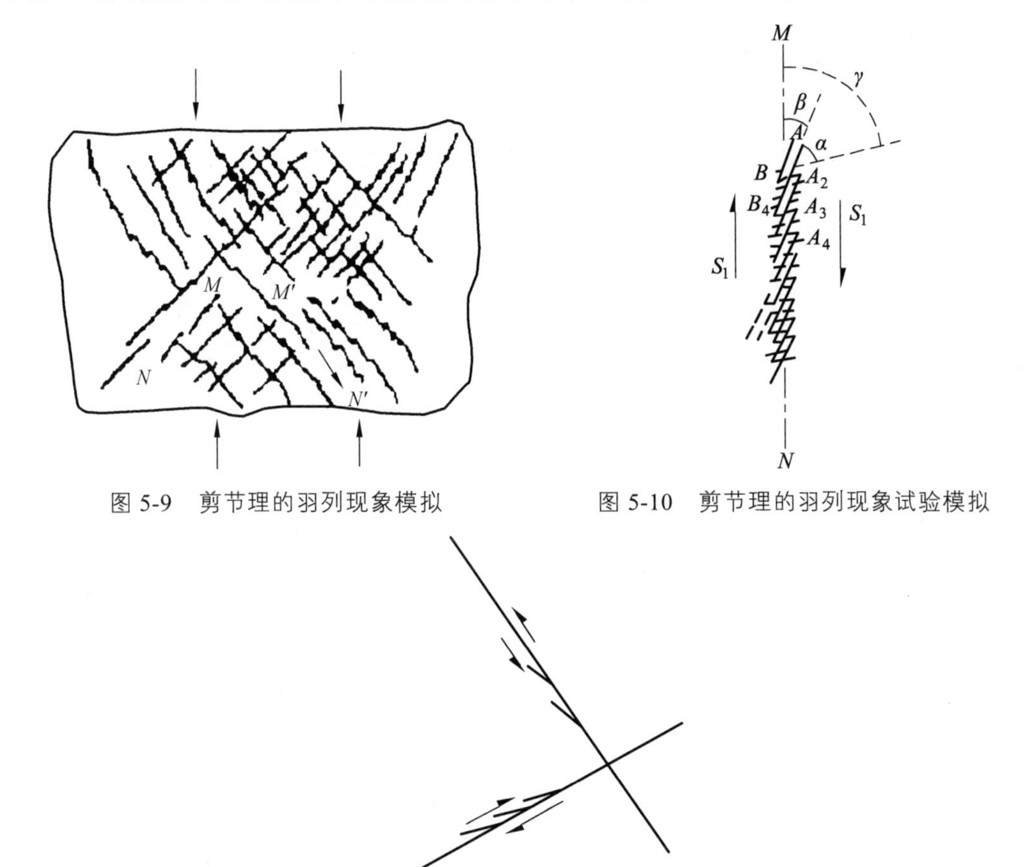

图 5-9 剪节理的羽列现象模拟　　图 5-10 剪节理的羽列现象试验模拟

图 5-11 宁芜公鸡山侏罗系粗砂岩中两组共轭剪节理的羽列

· 剪节理的尾端变化有折尾、菱形结、节理叉等三种形式（图 5-12），这三种尾端变化均反映了剪节理不同的组合方式，它们可以出现在同一露头上。

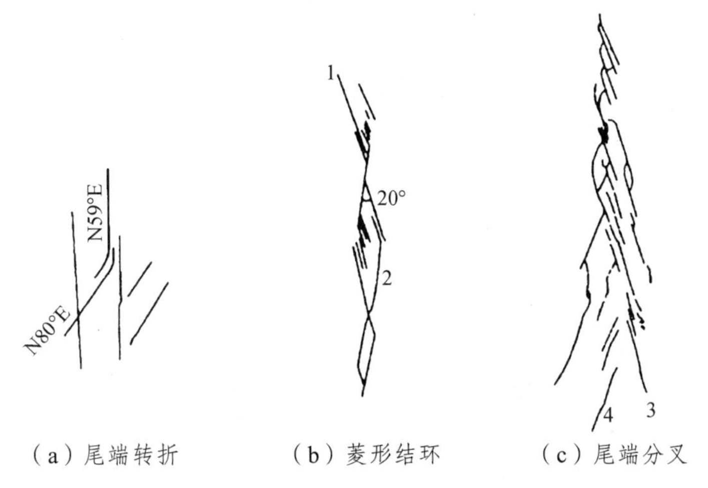

（a）尾端转折　（b）菱形结环　（c）尾端分叉

图 5-12 剪节理的尾端变化（据马宗晋等）

1、2、3、4 分别组成 X 形剪节理系

折尾：表现为剪节理的尾端转折，即一条剪节理的尾端突然转折至另外一个方向，延展不远即行消失。转折后的方向一般即为共轭节理系中另一组的延展方向[图 5-12（a）]。

菱形结：又称菱形结环，即一条节理的尾端或两条节理的衔接处，刚转折或分叉相连构成菱形结环。菱形结环的两个对边即为共轭剪节理系的两组节理[图 5-12（b）]。

节理叉：一条剪节理的尾端发育有许多小节理，它们向两个方向分开，其间保持一定夹角，这两个方向小节理的方位就是共轭节理系中两组节理的方位[图 5-12（c）]。

② 张节理。

张节理是由于在某一个方向的张应力超过了岩石的抗张强度，因而在垂直于张应力方向上产生脆性破裂面。张应力作用的方向也是伸长应变方向，因此可以认为张节理的产生与某一方向上的伸长应变量超过了岩石所能承受的限度有关。不论外力的作用方式如何，均可产生张节理，而且其方位必然垂直于最大应变轴（*A* 轴），与最大压应力方向一致，平行于应变椭球体的 *BC* 面。

a. 张节理的形成机制和规律。

岩石在单剪作用下会形成与剪切方向大致成 45°的拉伸，在与拉伸垂直的方向产生张节理；岩石在拉伸作用下会产生与主张应力垂直的张节理；岩石在一个方向上受压时，会形成与受压方向相平行的张节理以及以受力方向为锐角等分线的一对共轭剪裂面，这个剪裂面规模较小时成节理，若是张大时，会成为纵向逆断层或斜向撕裂断层。

如图 5-13 所示，在平行受压的方向出现一系列相互近于平行的张节理，在沿共轭剪切面方向形成两组雁列张节理带。

图 5-13　北京坨里奥陶系白云质灰岩中的张节理系（据李志锋摄，杨光荣素描，1980）

b. 张节理的主要特征：

· 张节理产状不稳定，往往延伸不远即行消失。单个张节理短而弯曲，若干张节理则常常侧列出现（图 5-14）。

· 张节理面粗糙不平，发育在砾岩中的张节理往往绕砾石而过。平面观察张节理，虽可看出总的走向，但却明显呈不规则的弯曲状（图 5-15）或规则的锯齿状（图 5-16），后者乃追踪先已形成的两组共轭剪切面而成，故又称锯齿状追踪张节理。

· 垂直张节理的方向上往往有轻微的裂开，但张节理面上一般无擦痕。

· 张节理一般发育稀疏，节理间距较大，而且即使局部地段发育较多，也是稀密不均，很少密集成带。

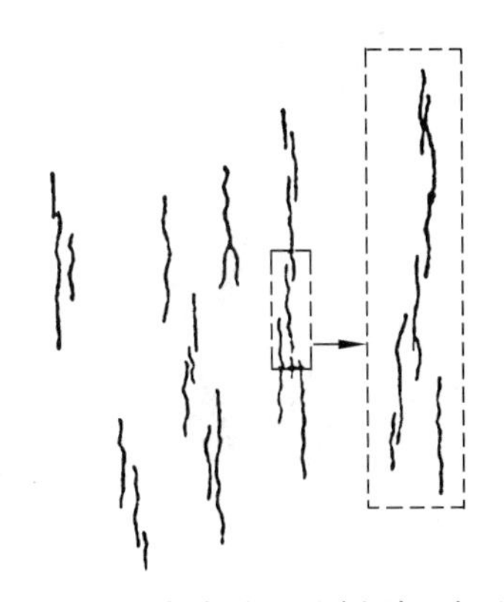

图 5-14 湖北某地砂岩中张节理的侧列现象（据马宗晋等）

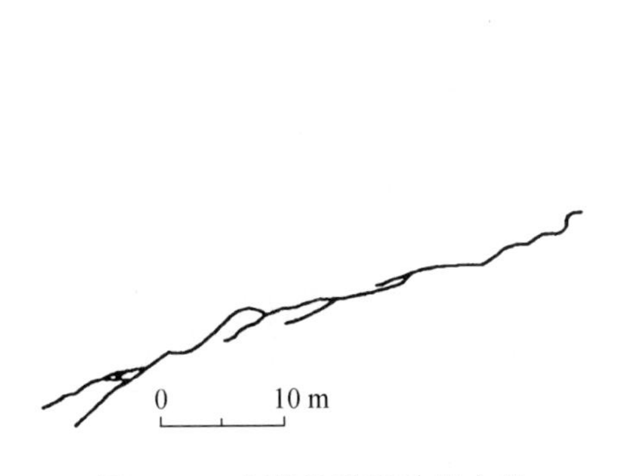

图 5-15 宁芜侏罗系砂岩中的张节理平面素描

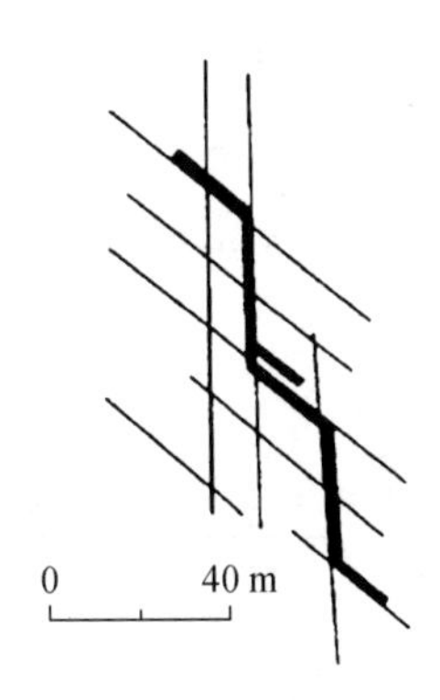

图 5-16 江苏江宁受两组共轭剪节理控制的锯齿状追踪张节理

· 张节理两壁之间的距离较大，呈开口状或楔形，常被岩脉充填。

· 张节理的尾端变化形式有两种：树枝状分叉及杏仁状结环（图 5-17）。树枝状分叉的小节理没有明显的方向性，可与剪节理尾端的节理叉区别开来；杏仁状结环呈椭圆形，棱角不明显，也可与剪节理尾端的菱形结环区别开来。

· 一般在挤压和拉伸作用方式下形成的张节理彼此平行排列，而在剪切作用下形成的张节理在平面或剖面（如正、逆断层的剪切滑动）上呈雁行排列（图 5-18）。

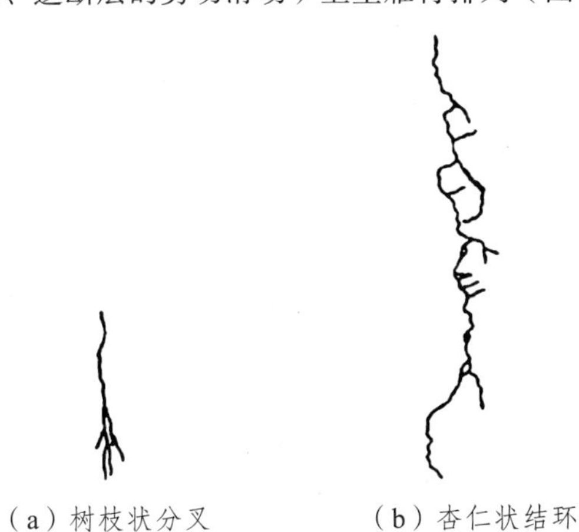

（a）树枝状分叉　　（b）杏仁状结环

图 5-17 张节理的尾端变化形式（据马宗晋等）

图 5-18 北京周口店奥陶系白云岩中沿两组共剪切带形成的雁行排列的张节理

③ 张节理与剪节理主要鉴别特征。

张节理与剪节理主要鉴别特征对比、归纳总结如表 5-1 所示。

表 5-1 张节理与剪节理主要鉴别特征对比

剪节理	张节理
剪节理是由剪应力作用而产生的破裂面	张节理是由张应力作用而产生的破裂面
产状较稳定，沿走向延伸较远，沿倾向延伸较深	产状不太稳定，延伸不远，节理面短而弯曲
节理面平直光滑，常见滑动擦痕；节理两壁之间常是闭合的	节理面粗糙不平，无擦痕
切穿砾石和沙粒：发育在砾岩和砂岩中的剪节理，常切穿砾石和沙粒而不改变方向	绕过砾石：在砾岩和砂岩中的张节理，常绕过砾石和砂粒，即使切穿砾石，破裂面也凹凸不平
共轭 X 形节理系：常常成对出现，共同组成共轭 X 形节理系。X 形剪节理发育良好时，可将岩石切割成棋盘格状或菱形	节理面两壁多张开，常被矿脉充填，矿脉宽度变化较大，脉壁不平直
羽列现象：主剪裂面常由许多羽状微裂面组成，微裂面走向相同，首尾相接，与主剪裂面呈一定的交角，这就是所谓的羽列现象。沿节理走向向前观察，若后一微裂面重叠在前一微裂面的左侧，则称之为左行（也叫左旋），反之为右行（或叫右旋）。利用剪节理的这种羽列现象，可判断破裂面两侧岩块的相对运动方向	张节理有时呈不规则状，有时也可构成一定的几何形态，如追踪 X 形剪节理而形成的锯齿状张节理、单列或共轭雁列式张节理等

④ 节理的力学性质转化。

由于构造变形作用的递进发展和相应转化，节理会发生应力的转向和变化，因而常出现一种节理兼具两种力学性质特征或过渡特征，表现为张剪性。例如，一些早期形成的剪节理在后期构造变形中会被改造和叠加，发生先剪后张的现象。

图 5-19 所示为先受南北向挤压形成一对共轭剪节理，后期在南北向平行力偶的作用下，使先期形成的两组剪节理的力学性质发生转化，先形成的一组剪节理被拉开转化成张节理。

在图 5-19 中，（a）为早期形成的共轭剪节理；（b）为（a）早期形成的共轭剪节理在后期南北向顺时针平行力偶的作用下，走向 NE 的一组剪节理转化为张节理，且其中充填了脉体；（c）为（a）早期形成的共轭剪节理在后期南北向逆时针平行力偶的作用下，走向 NW 的一组剪节理转化为张节理，有脉体充填。

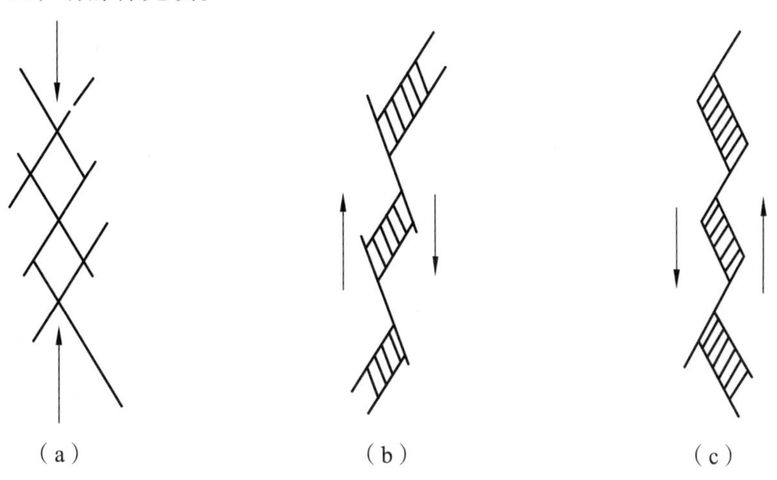

图 5-19 节理力学性质的转化平面图

⑤ 羽饰。

发育在节理面上的羽饰，是构造应力作用下形成的小型构造，宽度一般数至数十厘米。羽饰构造包括羽轴、羽脉、边缘带等几个组成部分，边缘带由一组雁列式微剪截面（边缘节理）和连接其间的横断口（陡坎）组成（图 5-20）。

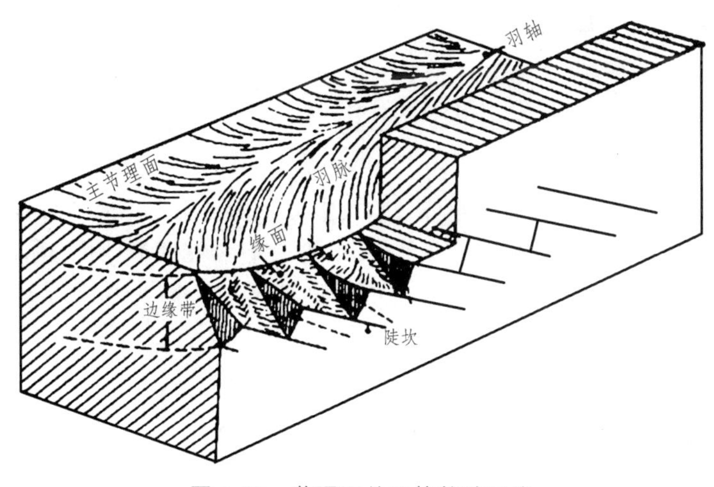

图 5-20 节理面的羽饰构造示意

5.3 节理的分期与配套

节理一般是长期多次构造活动的产物，要从时间、空间和形成力学上研究一个地区节理的形成发育史及分布产出规律，并恢复古应力场，必须首先对节理进行分期与配套研究。

5.3.1 节理的分期

节理的分期是将一定地区不同时期形成的节理加以区分，将同期节理组合在一起，即从时间尺度上对一定地区的所有节理进行分类，划分出先后序次，确定其长幼关系。

野外所见大量节理，往往不是一次形成的，它们可能是不同时期构造运动的产物，也可能是同一时期构造运动不同阶段的构造应力作用的产物。不论何种情况，均应首先区分出不同节理组（或系）的形成先后，然后才能进行其他分析研究。可以说，节理分期是由现象深入本质、由实践升至理论的一个重要中间环节。

根据节理组的交切关系，节理的分期主要依据两个方面：节理组的交切关系；节理与有关各期次地质体的关系。

1. 根据节理组的交切关系进行分期

节理组的交切关系包括错开、限制、互切、追踪或改造 4 个方面。

错开 是指后期形成的节理常切断前期的节理，错断线两侧标志点对应错开（图 5-21）。

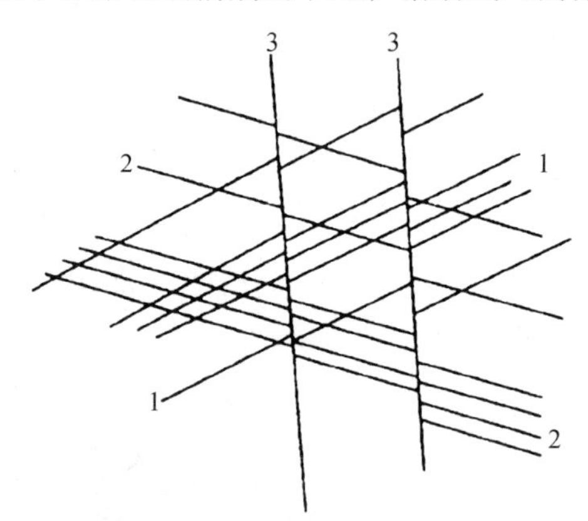

图 5-21 不同期节理对应错开

限制 是指一组节理延伸到另一组节理前突然终止的现象。一组节理被限制在另一组节理之间或其一侧，使得被限制者不能切穿通过，则限制者为先期节理，被限制者为后期节理。图 5-22 中：3、4 组节理是被限制的节理组，形成时间较晚；1、2 组为限制节理，形成时间较早。

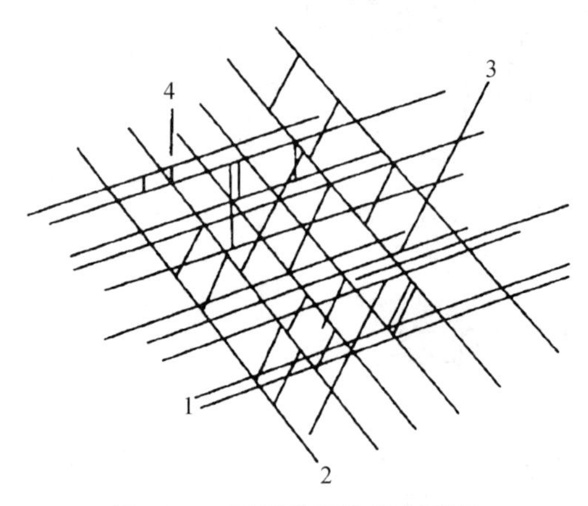

图 5-22 不同节理的限制现象

如果节理被岩脉充填，除利用岩脉与岩脉之间的穿插、切断和限制关系判断它们的先后关系外，尚需注意岩脉的边缘有无烘烤现象和冷凝边。前期岩脉被后期岩脉侵入时，往往在其被侵入的边缘产生烘烤现象，而后期岩脉的边部则出现冷凝边。

互切 指两组互相交切或切错的节理是同时形成的，两者成共轭关系（图 5-23）。

追踪或改造 是指后期形成的节理有时利用早期节理，沿早期节理追踪或对其进行改造，使一些晚期节理常比早期节理更加明显。

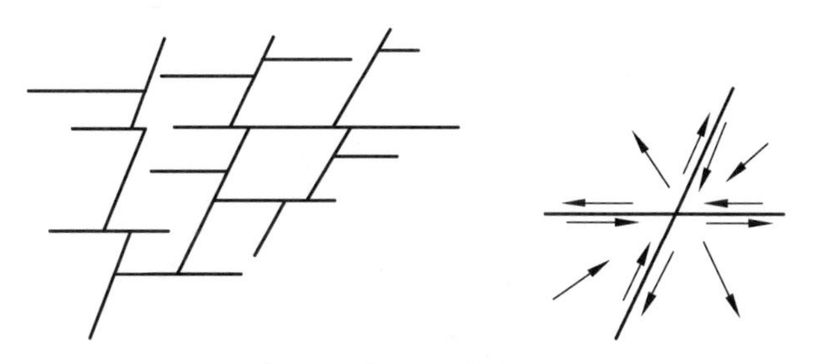

图 5-23 两组共轭节理的互切

2. 根据节理与有关各期次地质体的关系进行分期

在野外进行节理分期时，还可利用岩脉、岩墙间接判定节理形成顺序。岩性、结构不同的岩脉、岩墙的交切关系，常清楚地显示出节理的先后顺序。如一组有岩脉充填的节理被一组无岩脉充填的节理切错，则前者先形成；又如一组节理被侵入体所截，另一组节理切过该侵入体，可知后者形成时间晚于前者。

在节理的分期中，应注意以下两点：

（1）节理的分期不仅要依据节理相互之间的关系及其本身的特征，还要结合地质背景，结合节理所在的构造进行。

（2）节理的分期主要应在野外进行，在野外观测的基础上及时进行统计分析，有时还需要把统计分析的结果再带到野外进行检验。

5.3.2 节理的配套

节理的配套是将在一定构造期的统一应力场中形成的各组节理组合成一定系列，是从亲缘关系（或成生联系）上对一定空间范围内的所有节理进行组合，显然一个地区至少可以有一个或多个具亲缘关系的节理系。节理的配套工作是各种构造配套的基础，其任务主要是在各个方向的节理组中确定同期形成的、具有共轭关系的成对剪节理。分期与配套的目的是为研究区域构造和恢复古应力场提供依据。

节理的配套主要依据共轭节理的组合关系，并辅以节理发育的总体特征及其与有关地质构造的关系来确定统一应力场中形成的各组节理。

1. 根据共轭节理的组合关系

（1）由于同期形成的两组共轭剪节理具有统一的剪切滑动关系，并常留下滑动的痕迹和标志，因此可以利用剪节理面上的擦痕、节理和羽列及派生张节理等所显示的剪切滑动方向来确定其共轭关系。其中尤以羽列现象最为常见和可靠（图 5-24、图 5-11）。图 5-24 的两对共轭剪节理羽列指示的动向反映σ_1的方位为近南北向（P_1）及近东西向（P_2）；图 5-11 的一对共轭剪节理羽列指示的动向反映σ_1的方位大致为 NWW—SEE。

（2）利用剪节理的尾端变化确定其共轭关系，两组剪节理的折尾与菱形结环所交之锐角等分线，在一般情况下即为σ_1方位。图 5-12（a）表明σ_1方位大致为 NNE—SSW。

（3）利用两组剪节理相互切断错开的对应关系确定其共轭关系。图 5-23 中，σ_1的方位大致为 NEE—SWW。

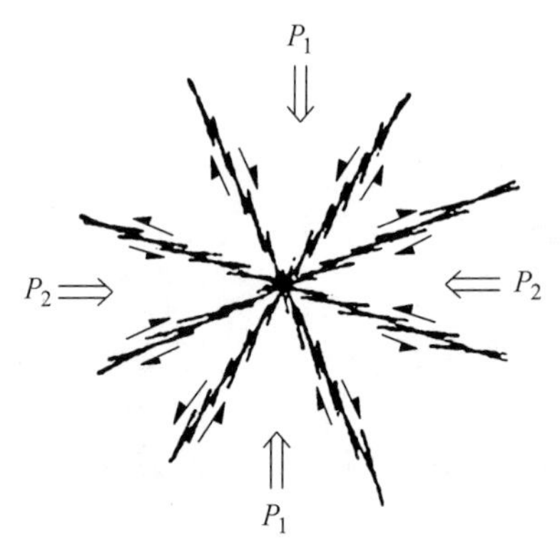

图 5-24　利用剪节理羽裂配套示意

2. **根据节理发育的总体地质特征**

在一个地区或一个地段上进行节理配套研究工作，根据节理的展布范围、间距、延伸距离、穿透性、延伸方向与岩层产状以及局部构造的变化关系等，至少可以区分出区域性节理和与某地段构造有关的局部性节理。

注：（1）节理的分期与配套工作必须同时进行。

（2）节理的分期与配套要依据节理相互之间的关系及其本身的特征，且结合地质背景进行。

（3）节理的分期与配套工作主要应在野外进行。

5.4　不同区域背景上的节理

构造节理往往与褶皱或断层相伴生，或者由它们所派生。无论是伴生还是派生关系，节理与褶皱及断层之间都有着密切的联系。

5.4.1　与褶皱有关的节理

节理常作为褶皱或其他较大型构造的伴生或派生小构造出现，许多节理是在岩层形成褶皱、断层时产生的，同时受造成褶皱和断层的同一应力场控制。现简单介绍一下褶皱形成过程中的伴生节理。

1. 早期节理

在岩层弯曲变形之前，当地层受到水平方向的侧向挤压力作用时，会产生一系列的构造变形。岩层面上会形成两组共轭 X 形剪节理。变形椭球体的σ_1、σ_3两轴水平，σ_2轴直立，节理面与岩层面垂直，节理的走向与后形成的褶曲轴向斜交，两组节理系的锐交角指向挤压方向，钝角指向褶曲的轴向[图 5-25（a）]。

岩层未弯曲前还可以产生与挤压力方向平行的早期横张节理，它常是追踪早期平面 X 形剪节理而形成的[图 5-25（a）]。

早期节理是受区域性构造力作用而形成的，具有区域性特征。

2. 晚期节理

晚期节理是岩层受水平侧向挤压力作用而弯曲形成褶皱的过程中或褶皱后产生的节理。当岩层弯曲形成褶皱时，在横剖面上也会产生 X 形剪节理，此节理在剖面上呈交叉状，它与岩层面的交线平行于褶皱枢纽方向，其走向也平行于褶皱枢纽方向，故称剖面 X 形剪节理或纵剪节理[图 5-25（b）]。

当褶皱发展到一定程度时，在褶皱转折端顶部产生平行于褶皱枢纽（垂直于主应力）方向的纵张节理。纵张节理面垂直于岩层层面，呈上宽下窄的楔状[图 5-25（c）]。

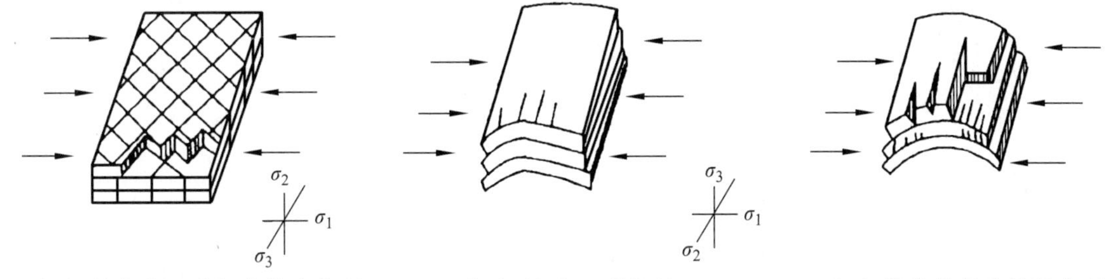

（a）斜剪节理及锯齿状张节理　（b）剖面 X 形节理　（c）纵张节理及层间节理

图 5-25　节理与褶皱关系示意图

在褶皱逐渐变形和加剧的过程中，岩层面上会有由水平挤压力派生的局部应力所形成的斜向晚期平面 X 形剪节理系。由于边界条件的改变，背斜轴部附近产生与褶曲轴线方向垂直的局部张应力，向斜轴部附近形成与轴线方向垂直的挤压应力的叠加，这两种局部应力导致在褶曲轴部附近形成晚期平面 X 形剪节理系。其中，在背斜轴部附近平面 X 形剪节理系的锐角平分线与褶曲轴向一致[图 5-26（a）]；在向斜轴部附近平面 X 形剪节理系的锐角平分线则与褶曲轴向垂直[图 5-26（b）]。

（a）褶皱开始形成时 X 形剪节理系的发育情况　（b）褶皱加剧后沿斜向 X 形剪节理系追踪的锯齿状张节理

图 5-26　由水平挤压力派生的局部应力所形成的斜向晚期平面 X 形剪节理系及其定向

5.4.2 与断层有关的节理

在断层作用中，由于断层两盘相对错动引起的派生应力作用，断层两侧常常会发育一套节理，这些节理与断层具有一定的几何关系，可为分析研究断层提供一定依据。

1. 羽状张节理

这种节理具有一般张节理的特征，两壁张开，且越近断层面，节理开口越大；与断层斜交，其节理面与断层面相交的锐角尖端的指示方向为节理所在盘的相对位移方向（图 5-27）。

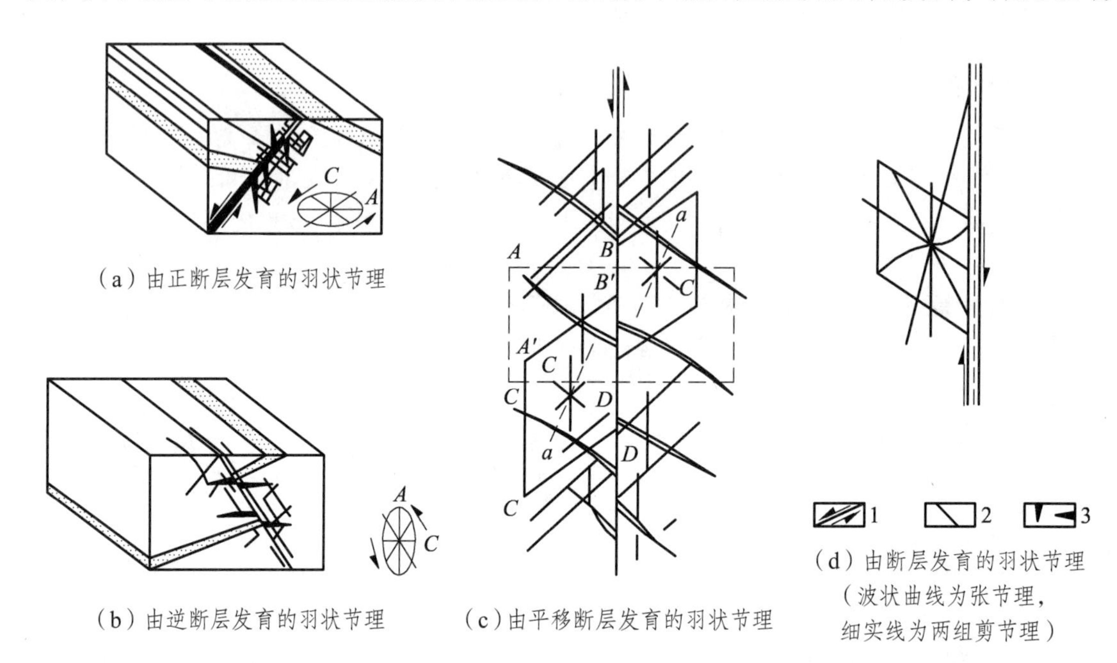

（a）由正断层发育的羽状节理

（b）由逆断层发育的羽状节理

（c）由平移断层发育的羽状节理

（d）由断层发育的羽状节理（波状曲线为张节理，细实线为两组剪节理）

图 5-27 断层引起羽状节理及利用羽状节理推断断层两盘相对位移方向示意

1—断层面，箭头表示岩块位移方向；2—羽状剪节理；3—羽状张节理

2. 伴生剪节理

同一应力场中，与各应变构造同时产生的剪节理称伴生剪节理。它与同一应力场中同时产出的其他构造是“兄弟关系”。

断层伴生的节理除羽状张节理外，还可能有两组伴生剪节理 S_1、S_2（图 5-28）。S_2 组剪节理方位比较稳定，与断层呈小角度相交，交角根据实验小于 24°，一般野外所见小于 20°。利用 S_2 组剪节理判断断层两盘相对动向比较可靠，其方法是以其 S_2 与断层所交锐角指示本盘运动方向。

另一组剪节理 S_1 与断层成大角度相交或直交，但其方位很不稳定。一方面，剪节理随岩石塑性的大小而变化；另一方面，剪节理在断层运动过程中还随剪切滑动而旋转。图 5-28 中的 S_1 的方位代表经过相当程度旋转后获得的方位，该方位显示其与断层的锐交角指向对盘的动向。但在岩石比较脆或断层的剪切滑动量不大时，伴生剪节理的旋转程度也不大，S_1 的方位可能垂直于断层，甚至以其与断层的钝交角指示对盘动向。因此，在利用这一组伴生剪节理判断断层两盘相对动向时要慎重。

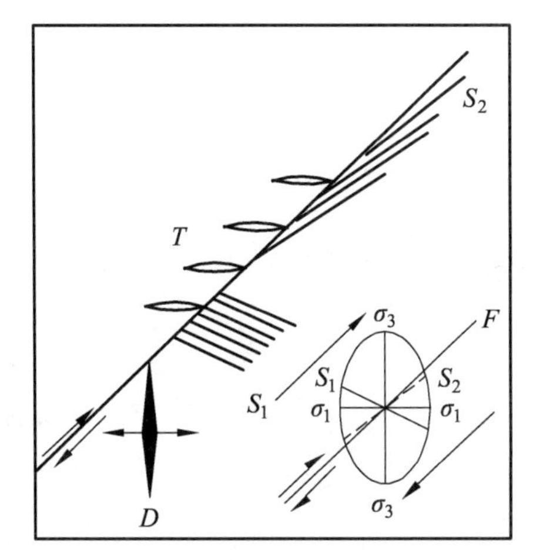

图 5-28 断层及其伴生节理和小褶皱示意

F—主断层；σ_1—伴生应力场主压应力轴；σ_3—伴生应力场主张应力轴；
S_1，S_2—剪节理；T—张节理；D—小褶皱轴面

3. 派生剪节理

在产生应变过程中，一个主应力场派生出另一个从属的应力场，在这个派生出的从属应力场中产生的剪节理称派生剪节理，如断层派生的两组剪节理。派生剪节理形成的时间晚于主应力场在产生应变过程中形成的主构造。主构造与派生构造之间的先后亲缘关系可以用“父子关系”来形容。

断层派生的两组剪节理产状较不稳定，或被断层两盘错动而破坏，不易用来判断断层两盘的相对运动方向。

5.4.3 与区域构造有关的节理

区域构造研究发现，地壳表层广大地区（某些构造单元）存在着规律性展布的区域性节理。区域性节理是区域性构造作用的结果，与局部褶皱和断层没有成因上的联系，在岩层产状近水平的地台盖层中常稳定产出。

区域性节理具有以下特点：发育范围广，产状稳定，节理规模大，间距宽，延伸长，可切穿不同岩层，常构成一定几何形式等。在岩层产状近水平的地台上，常常见到这类稳定产出的区域性节理。

5.4.4 缝合线构造

缝合线构造是一种与节理相似的小型构造，常见于碳酸盐岩、大理岩中。缝合线一般顺层理产生，也有与层理斜交和直交的。与层理不一致的缝合线一般是在构造作用下先形成裂缝，进而在压溶作用下发育成缝合线。因此缝合线构造的形成总是经过两个阶段，即先有裂面，进而压溶。在垂直裂面的压溶作用下，易溶组分流失，难溶组分残存聚集，使原来平直

的面转化成由无数细小的尖峰、突起，构成缝合面（图 5-29、图 5-5）。

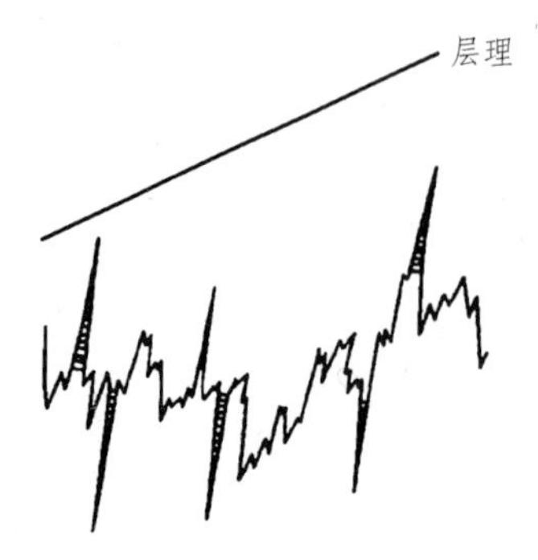

（a）缝合线构造及其与层理的斜交关系

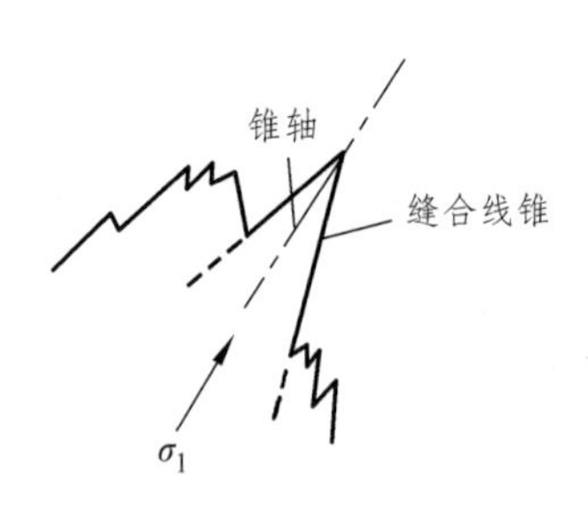

（b）缝合线锥轴与应力轴的关系

图 5-29　缝合线构造

5.5　节理野外观测和室内研究

5.5.1　节理的野外观测

节理在自然界虽然广泛发育，但是学界尚未形成一套系统地研究节理的方法。节理研究方法因任务不同而异，但不外乎系统观察、测量统计，然后结合地质构造进行分析。节理研究的目的在于配合褶皱与断层的研究，分析构造应力场，阐明构造的分布和发育规律。节理的研究内容主要包括：单个节理的研究、节理组系的研究、节理发育程度的研究、划分节理的发育区。研究节理必须建立在齐全准确的第一手资料的基础之上，然后将大量的资料经过归纳整理，编成图件，并与褶皱和断层联系起来，通过综合分析，寻找节理的分布规律。

1. 观测点的选定

观测点密度或数量的布置视研究任务和地质图的比例尺而定。进行观测的地点，必须置在既能容易测量节理的产状，又能收集到有关的地质资料的地段。因此，一般不应机械地采用均匀布点方法进行节理的观测，而是为了解决某些具体问题，选在特殊的位置上。

选定观测点时还应注意：

（1）露头良好，最好能观察到两个面，露头面积一般不小于 10 m^2，便于大量测量。

（2）构造特征清楚，岩层产状稳定。

（3）节理比较发育，组、系相互关系明确，且观测点要选择在重要的构造部位。

（4）一定地区各种不同的构造层、各类构造、岩体和岩石组合中的节理总是互有差异的，因此可划分不同的节理区域，分别进行测量统计。

2. 观测内容

（1）地质背景的观测（构造部位、地层及产状，岩性及成层性，褶皱、断裂的特点）。

（2）节理的分类和组系划分。

（3）节理的分期与配套。

（4）节理发育程度的研究。节理发育程度常用以下参数表示：

① 密度或频度（节理法线方向上的单位长度内的节理条数），单位是条/m。

② 缝隙度（G），是密度（μ）与节理平均壁距（t）的乘积，即

$$G=\mu t$$

③ 单位面积内长度（u），表示 r 半径圆内节理总长度 l，即

$$u=l/\pi r^2$$

（5）节理的延伸。

（6）节理的组合形式观测。

（7）节理面的观察及产状测定（可将一个硬纸片或塑料垫板插入节理缝内，然后用罗盘测量纸片或塑料垫板的产状）。

（8）含矿性和充填物的观察：含矿性、充填与否、充填程度、充填物性质、先后充填顺序。

在观察和测量过程中，对有代表性的节理形迹特征和组合关系，应采集标本样品和绘制素描图或照相。

3. 观测记录

根据上述观测内容，在每个节理观测点上均要参照表 5-2 逐项进行记录，不应分散记录在野外记录簿中，以便整理和编图，注意每一个节理都需进行编号，以免观测混乱，造成重复或遗漏现象。

表 5-2 节理记录表

日期

观测点			岩层的层位，岩性，厚度，产状及所在的构造部位	垂直节理组侧线长/m	节理条数	节理产状		节理的频度/（条/m）	节理宽度	节理长度	节理的形态特征及伴生构造特征	充填物矿化标志及交切关系	节理的力学性质	节理分期	节理配套	标本、素描图、照片编号
编号	位置	面积				倾向	倾角									

测量人： 记录人：

5.5.2 节理测量资料的室内整理

在野外通过观察节理所获得的大量原始资料必须进行室内整理，编制相应的节理图件，然后结合地质图等图件进行分析研究，以探讨构造应力场及解决生产实际问题。为了简明、清晰地反映不同性质节理的发育规律，需要将野外所测节理产状要素资料分成不同的组、系，予以整理绘图。图示法能清楚地表示出一个地区节理发育的方向和特点。常用的节理图件主要有节理玫瑰花图、节理极点图及节理等密图等。

1. 节理玫瑰花图

节理玫瑰花图是一种常用的统计图，这种图形似玫瑰花。其特点是编制简便容易，反映节理的产状也比较明了；其缺点是不能反映各种节理的确切产状。故此种方法多用来定性地

分析节理。节理玫瑰花图可分为三种：走向玫瑰花图、倾向玫瑰花图和倾角玫瑰花图。现分别介绍其编制方法。

（1）节理走向玫瑰花图。

节理走向玫瑰花图是将野外测得的节理走向资料，根据作图要求和地质情况，按其走向方位角的一定间隔分组，通过统计每组的节理数、计算每组节理平均走向而绘制的。如图 5-30 所示，从图上可一目了然地看出三个方位的节理最为发育，其走向为 NE10° ~ 20°、NW40° ~ 50°、NE70° ~ 80°。因此，节理走向玫瑰花图多用于以直立或近于直立产状为主的节理统计整理。

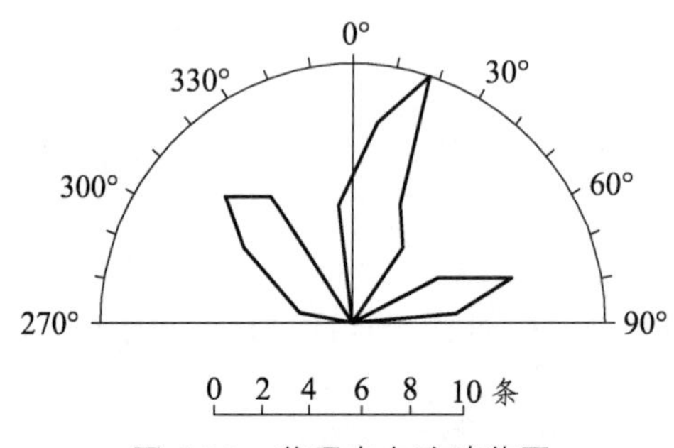

图 5-30　节理走向玫瑰花图

① 整理资料：将观测点所测定的节理走向换算成 NW 和 NE 两个方向，按其走向方位角的一定间隔分组。分组间隔大小依作图要求及地质情况而定，一般采用 5°或 10°为间隔分组，如 0° ~ 10°、10° ~ 20°、⋯，习惯上把 0°归入 0° ~ 10°组内，把 10°归入 10° ~ 20°组内。然后统计每组的节理条数，计算每组的节理平均走向，把统计好的数据填入节理统计表中，以备作图使用。

② 确定作图的比例尺及坐标：根据作图的大小和各组节理的数目，选取一定长度的线段代表一条节理，然后按比例将数目最多的那一组节理的线段长度为半径作圆，过圆心作南北线及东西线，并在圆周上标明方位角（图 5-30）。因节理走向有两个方位角数值，两者相差 180°，作节理走向玫瑰花图时，只取半个圆即可。

③ 找点连线：从 0° ~ 10°一组开始，按各组节理平均走向方位角顺序在半圆周上做一个记号，再从圆心向圆周上该点的半径方向，按该节理数目和所定比例找出一点，此点即代表该组节理平均走向和节理数目。在某一组内若无节理，连线时连至圆心，然后再经圆心连出。各组点确定以后，用折线依次连接各点，构成一个封闭形状的好像玫瑰花一样的节理图，即得节理走向玫瑰花图（图 5-30）。

（2）节理倾向玫瑰花图。

在节理产状变化较大的情况下，共轭剪节理的统计、整理则可用倾向玫瑰花图表示。节理倾向玫瑰花图是按节理倾向资料分组，求出各组节理的平均倾向和节理数目，用圆周方位代表节理的平均倾向，用半径长度代表节理条数制作而成的，作法与节理走向玫瑰花图相同，但用的是整圆（图 5-31）。

（3）节理倾角玫瑰花图。

节理倾角玫瑰花图是按以上已分的节理倾向方位角的组，求出各组的平均倾角，用半径长度代表倾角大小，然后用节理的平均倾向和平均倾角作图，圆半径长度代表倾角，由圆心至圆周从 0° ~ 90°，找点和连线方法与倾向玫瑰花图相同（图 5-31）。

倾向、倾角玫瑰花图一般重叠画在一张图上。作图时，在平均倾向线上，可沿半径按比例找出代表节理数和平均倾角的点，将各点连成折线即得，图上用不同颜色或线条加以区别（图 5-31）。

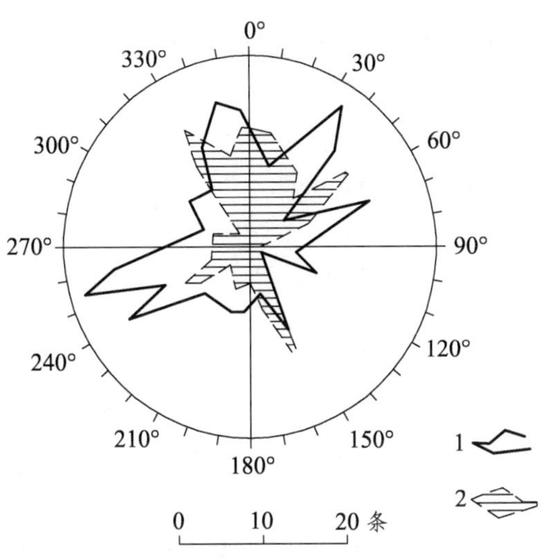

图 5-31 节理倾向、倾角玫瑰花图

1—倾向玫瑰花图；2—倾角玫瑰花图

（4）节理玫瑰花图的分析。

分析节理玫瑰花图，应与区域地质构造结合起来。因此，常把节理玫瑰花图按测点位置标绘在地质图上，这样就清楚反映出不同构造部位的节理与构造（如褶皱和断层）的关系。综合分析不同构造部位节理玫瑰花图的特征，就能得出局部应力状况，甚至可以大致确定主应力轴的性质和方向。

走向玫瑰花图多应用于节理产状比较陡峻的情况，而倾向和倾角节理玫瑰花图多用于节理产状变化较大的情况。

2. 节理极点图

节理极点图通常是在施密特网上编制的，是用节理面法线的极点投影绘制的，网的圆周方位表示倾向，由 0°到 360°，半径方向表示倾角，由圆心到圆周为 0° ~ 90°。作图时，把透明纸蒙在网上，描上基圆和中心（原点），标明北方，当确定某一节理倾向后，再转动透明纸至东西向（或南北向）直径上，依其倾角定点，该点就是这条节理的极点，即代表这条节理的产状。为避免投点时转动透明纸，可用与施密特网投影原理相同的极等面积投影网（赖特网），网中放射线表示倾向（0° ~ 360°），同心圆表示倾角（由圆心到圆周为 0° ~ 90°）。作图时，用透明纸蒙在该网上，投影出相应的极点。如一节理产状为 NE20°∠70°，则以北为 0°，顺时针数 20°即倾向，再由圆心到圆周数 70°（即倾角）定点，为节理法线的投影，该点就代表这条节理的产状。若产状相同的节理有数条，则在点旁注明条数。把观测点上的节理都分别投成极点，即成为该观测点的节理极点图（图 5-32）。

3. 节理等密图

等密图是在极点图的基础上，用密度计统计节理数，通过统计、连线、整饰而成的。若极点图用等面积网制作，则用密度计统计节理极点的密度；若极点图用等角距网制作，则用普洛宁网统计节理极点的密度。为了绘制方便，极点图一般多采用等面积网，用密度计统计其密度。等密图的绘制方法如下：

（1）在透明纸极点图上作方格网（或在透明纸极点图下垫一张方格纸），平行 E—W、S—N 线，间距等于大圆半径的 1/10。

（2）用密度计统计节理数。

① 工具。中心密度计是中间有一小圆的四方形胶板，小圆半径是大圆半径的 1/10；边缘密度计是两端有两个小圆的长条胶板，小圆半径也是大圆半径的 1/10，两个小圆圆心连线，其长度等于大圆直径，中间有一条纵向窄缝，利于转动和来回移动。

② 统计。先用中心密度计从左到右、由上到下，顺次统计小圆内的节理数（极点数）。并注在每一方格“+”中心，即小圆中心上；再用边缘密度计统计圆周附近残缺小圆内的节理数。将两端加起来（正好是小圆面积内极点数），记在有“+”中心的那一个残缺小圆内，小圆的圆心不能与“+”中心重合时，可沿窄缝稍作移动和转动。如果两上小圆中心均在圆周，则在圆周的两个圆心上都记上相加的节理数。

③ 连线。统计后，大圆内每一小方格“+”中心上都注上了节理数目，把数目相同的点连成曲线（方法与连等高线一样），即成节理等值线图。一般是用节理的百分比来表示，即小圆面积内的节理数，与大圆面积内的节理总数换算成百分比。因小圆面积是大圆面积的 1%，其节理数也成此比例。如大圆内的节理数为 60 条，某一小圆内的节理数为 6 条，则该小圆内的节理比值相当于 10%。

在连等值线时，应注意圆周上的等值线，两端具有对称性。

④ 整饰。为了图件醒目清晰，在相邻等值线（等密线）间着以颜色或画以线条花纹，写上图名、图例和方位。

图 5-33 即是根据图 5-32 节理极点图绘制的节理等密图。它是根据 400 条节理编制的等密图，等值线间距为 1%。从图上可清楚地看出有三组节理：一组走向 NE50°，倾角直立；一组走向 SE130°，倾角直立；一组走向 NE25°，倾向南东，倾角 20°。前两组可能是两组直立的 X 形共轭节理系。然后进一步结合节理所处的构造部位，分析节理与有关构造之间的关系及其产生时的应力状态。

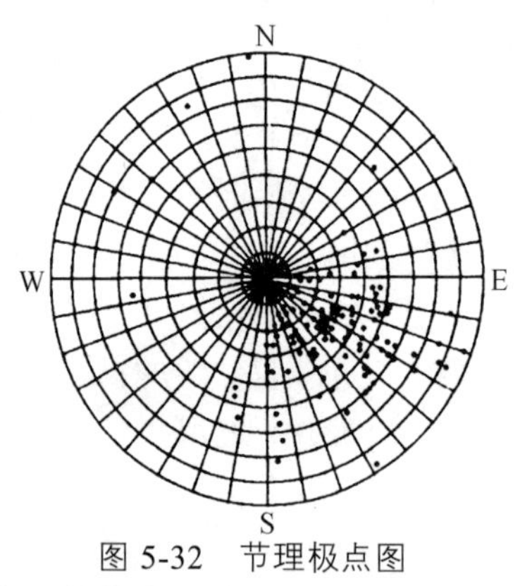

图 5-32　节理极点图

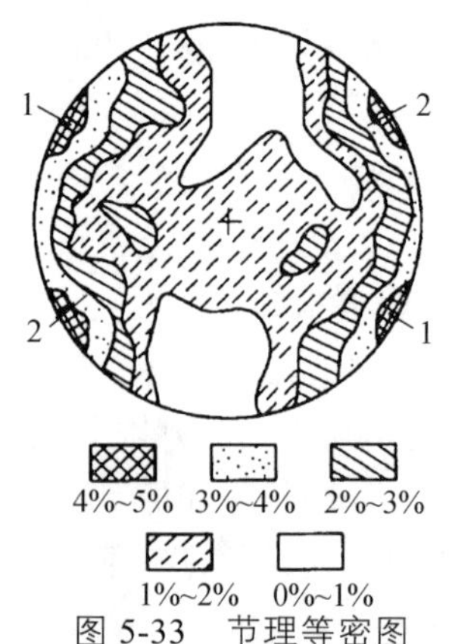

图 5-33　节理等密图

节理等密图的优点是表现比较全面，节理的倾向、倾角和数目都能得到反映，尤其是能反映出节理的优势方位；其缺点是作图工作量较大。

5.5.3 节理发育区的划分

节理的发育程度常以频度、节理壁距、面密度、节理率等参数表示，它们可以客观反映研究区渗透性及其变化。

节理频度或视密度，是指单位长度测线内所有不同方向节理的条数（条/m），即

$$\mu(\text{频度}) = \frac{h(\text{节理条数})}{l(\text{测线长度})} \tag{5-1}$$

平均节理壁距 t，是指单位长度内节理的平均宽度，即

$$l(\text{平均节理壁距}) = \frac{\sum g(\text{节理的总宽度})}{h(\text{节理条数})} = \frac{g(\text{节理度})}{\mu(\text{频度})} \tag{5-2}$$

式中 g——节理度，指单位长度内节理空隙的累积宽度。

面密度（长度值），是指单位面积内节理的总长度，即

$$\rho_s(\text{面密度}) = \frac{\sum L(\text{节理总长度})}{F(\text{露头面积})} \tag{5-3}$$

节理率 M_s，是指单位面积内节理面积所占的百分比，即

$$M_s(\text{节理率}) = \frac{F'(\text{节理面积})}{F(\text{露头面积})} \tag{5-4}$$

由式（5-2）可以得出单位面积内的节理面积：

$$F' = t \cdot \sum L \tag{5-5}$$

如将式（5-3）与式（5-5）代入式（5-4）得：

$$M_s = \frac{t \cdot \sum L}{\sum L / \rho_s} \times 100\% = t \cdot \rho_s \times 100\%$$

即节理率等于节理的平均宽度乘以面密度。由此可见，节理率越大，说明节理越发育，则岩石的渗透性也越好。

5.5.4 节理构造对工程建设的影响

节理的存在，大大降低了岩石的强度。如果建筑物在平地上，则节理只是降低地基承载力，增加建筑物小量的变形，加大建筑成本，对建筑物安全没有本质的威胁。如果建筑物处于斜坡上，则节理的大量存在且产状面向临空面，将会加剧滑坡、崩塌的形成，对建筑物的安全造成严重的威胁。节理过多发育会影响到水的渗漏和岩体的不稳定，给水库和大坝或大型建筑带来隐患。

6 断 层

断层在地壳中分布很广泛，但其规模差异很大，大的成百上千千米，小的用显微镜才能观察研究。大型断层不仅控制区域地质的结构和演化，也控制和影响区域成矿作用。活动性断层会直接影响水文工程建筑，甚至引发地震。因此，断层研究具有重要的实际意义。

6.1 断层几何描述

6.1.1 断层的几何要素

断层是一个破裂面或破碎带，沿此破裂面或破碎带两侧的岩块已发生过明显位移的构造。因此，断层是一种面状构造，为了观察和描述断层的空间形态，首先需要明确断层的几何要素。断层的几何要素是指断层的组成部分及与阐明断层空间位置和运动性质有关的具有几何意义的要素。它包括以下几种。

1. 断层面

断层面是一个将岩块或岩石断开成两部分并借以滑动的破裂面，是一种面状构造。因此，它的空间位置可由其走向、倾向和倾角来确定。断层面在局部地段可以是平面，但在较大范围内往往不是一个平直的、产状稳定的面，其走向或倾向均可发生变化，通常是不规则的曲面。

大型断层一般不是一个简单的面，而是由一系列破裂面和次级破裂面组成的带，即断层破碎带或断裂带。断裂带内夹有（或伴生）被搓碎的岩块、岩片及各种断层岩。断层规模越大，则断层带就越宽、越复杂，并常呈现分带性。

断层面与地面的交线叫断层线，它是断层面在地表的出露线。和岩层的地质界线一样，断层线的形态受断层面产状、地面起伏及断层面弯曲度的影响，其影响方式完全和“V”字形法则相同（图 6-1）。因此，在大比例尺地质图上，可用“V”字形法则间接测定断层面的产状。

2. 断 盘

断盘是断层面两侧沿断层面发生相对位移的岩块。

若断层面是倾斜的，则位于断层面上侧的岩块为断层的上盘，位于断层面下侧的岩块为断层的下盘。若断层面是直立的，则可按断盘相对于断层线的方位来描述，如北东盘、南西盘、东盘、西盘等，此时并无上盘、下盘之分，根据断层两盘的相对滑动方向，将相对上升的一盘叫上升盘，相对下降的一盘叫下降盘。

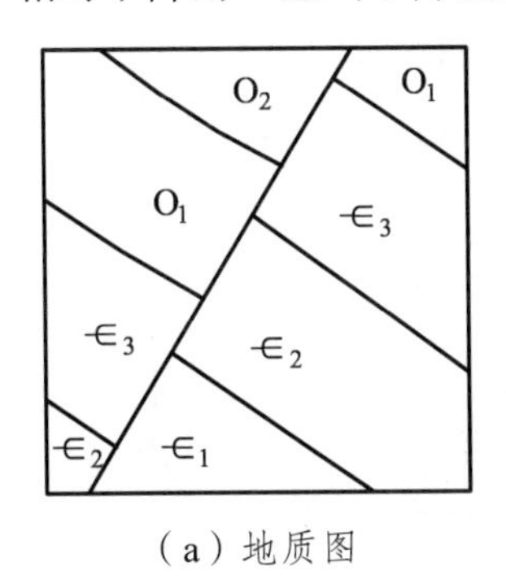

（a）地质图

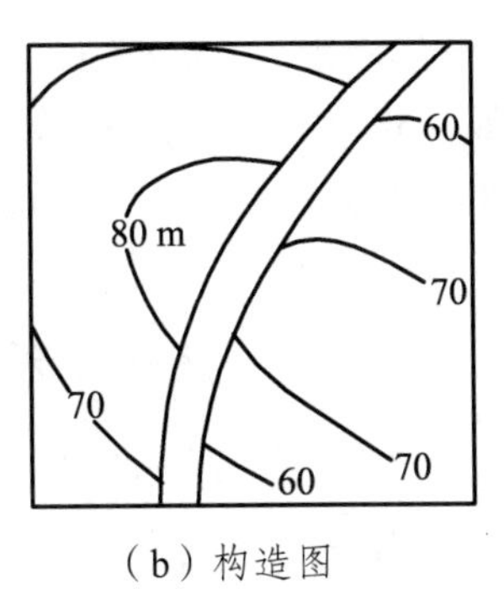

（b）构造图

图 6-1　断层线

6.1.2　位　移

断层两盘岩块的相对运动可分为直线运动和旋转运动。在直线运动中，两断盘做相对的平直滑动而无旋转，两断盘上未错断前的平行直线在运动后仍然平行；在旋转运动中，两盘以断层面的某法线为轴作旋转运动，两断盘上未错断前的平行直线在运动后不再平行。断层常常做这两种运动的综合运动，但多数断层都以直线运动为主。断层规模越大，直线运动所占的比例越大。

断层位移的测定因受多种因素的影响而出现各种划分方案，如一些较通用术语：

1. 滑　距

滑距是指断层两盘实际的位移距离。它是指在断层错动前的某一点，错动后分成的两个点（即相当点）之间的实际距离[图 6-2（a）中的 *ab*]，又称总滑距。

总滑距在断层面走向线上的分量叫走向滑距[图 6-2（a）中的 *ac*]；总滑距在断层面倾斜线上的分量叫倾斜滑距[图 6-2（a）中的 *cb*]；总滑距在水平面上的投影长度叫水平滑距[图 6-2（a）中的 *am*]。

总滑距、走向滑距、倾斜滑距在断层面上构成直角三角形关系。

在实际工作中，很难找到真正的相当点，一般采用寻找相当层来近似测算断层的位移。断层错动前的同一岩层，错动后被分为两个对应层，这种在断层两盘上的对应层叫相当层。

2. 断　距

断距是指相当层之间的距离。不同方位剖面上的断距值不同。

（1）在垂直于被错断岩层走向的剖面上[图 6-2（b）]，可以测得以下三种断距：

地层断距：断层两盘上对应层之间的垂直距离[图 6-2（b）中的 *ho*]。

铅直地层断距：断层两盘上对应层之间的铅直距离[图 6-2（b）中的 *hg*]。

水平地层断距：断层两盘上对应层之间的水平距离[图 6-2（b）中的 *hf*]。

以上三种断距构成一定直角三角形关系，若已知岩层倾角和上述三种断距中的任一种断距，即可求出其他两种断距。

（2）在垂直于断层走向的剖面上[图 6-2（c）]，可测得与垂直于岩层走向剖面上相当的各种断距，即 $h'o'$（视地层断距）、$h'g'$（视铅直地层断距）、$h'f'$（视水平地层断距）。同一岩层，当岩层走向与断层走向一致时，这三种断距值在两种剖面上均相等，当岩层走向与断层走向不一致时，除铅直地层断距在两个剖面上相等外，其余断距值均不相等。

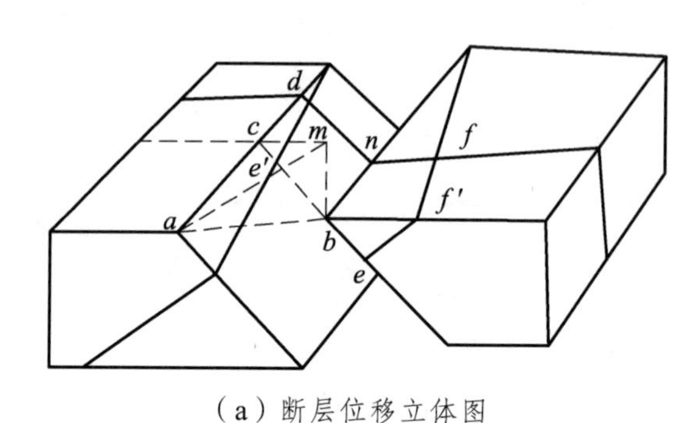

（a）断层位移立体图

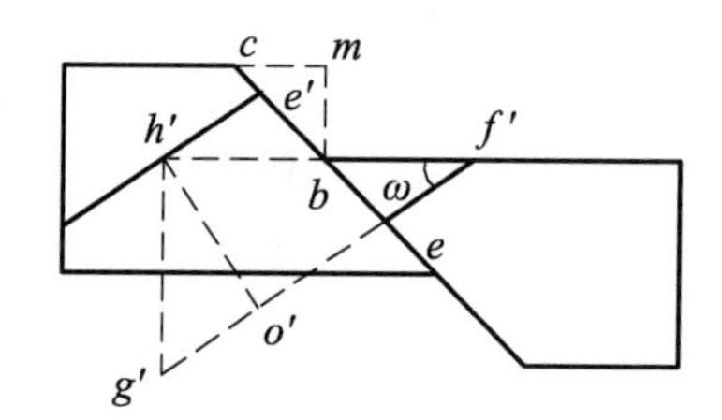

（b）垂直于被错断地层走向的剖面图　　（c）垂直于断层走向的剖面图

图 6-2　断层滑距和断距

ab—总滑距；*ac*—走向滑距；*cb*—倾斜滑距；*am*—水平滑距；*ho*—地层断距；*h'o'*—视地层断距；*hg*=*h'g'*—铅直地层断距；*hf*—水平断距；*h'f'*—视水平断距；α—地层倾角；ω—地层视倾角

6.2　断层分类

断层的分类是一个涉及因素较多的问题，比如断层与地层产状之间的关系、断层两盘相对运动方向、断层本身产状特征等，目前广泛使用的是几何分类和成因分类。现仅就常用的几何分类加以介绍。

6.2.1　断层的几何关系分类

1. 根据断层走向与所在岩层走向的关系分类（图 6-3）

（1）走向断层：断层走向和岩层走向基本一致[图 6-3（a）]。

（2）倾向断层：断层走向和岩层走向基本垂直[图 6-3（b）]。
（3）斜向断层：断层走向和岩层走向斜交[图 6-3（c）]。
（4）顺层断层：断层面与岩层层面基本一致[图 6-3（d）]。

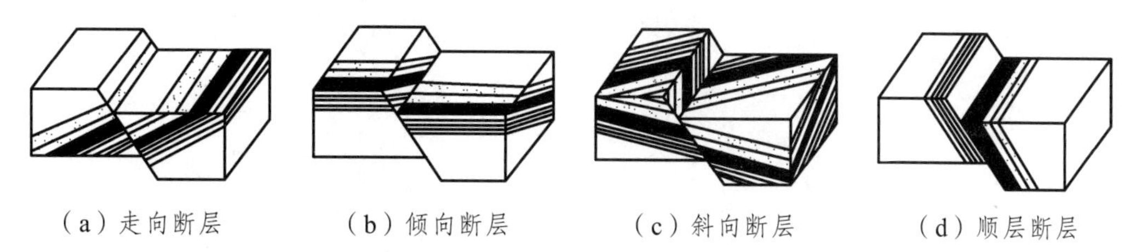

图 6-3　根据断层产状和岩层产状关系的断层分类示意图

2. 根据断层走向和褶皱轴向（或区域构造线）的关系分类（图 6-4）

（1）纵断层：断层走向和褶皱轴向或区域构造线方向基本一致（图 6-4 中的 F_1）。
（2）横断层：断层走向和褶皱轴向或区域构造线方向近于直交（图 6-4 中的 F_2）。
（3）斜断层：断层走向和褶皱轴向或区域构造线方向斜交（图 6-4 中的 F_3）。

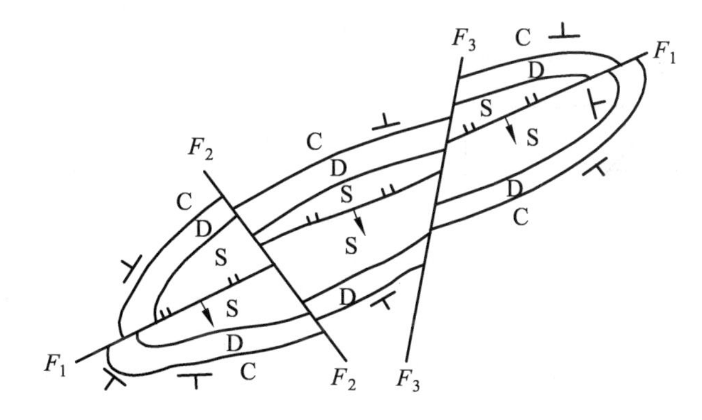

图 6-4　根据断层走向和褶皱轴向（或区域构造线）的关系分类

F_1—纵断层；F_2—横断层；F_3—斜断层

3. 根据断层两盘的相对位移关系分类（图 6-5）

（1）正断层：上盘相对下降，下盘相对上升的断层[图 6-5（a）]。
（2）逆断层：上盘相对上升，下盘相对下降的断层[图 6-5（b）]。
（3）平移断层：断层两盘沿断层面走向方向做水平位移[图 6-5（c）]。
规模巨大的平移断层叫作走向滑动断层。

许多断层的两盘并不完全顺断层面的走向或倾向滑动，而是斜向滑动的，因此兼具有正（逆）- 平移的双重性质。对这类断层采用复合命名法命名，如逆-平移断层[图 6-5（d）]、正-平移断层[图 6-5（e）]、平移- 逆断层等。复合名称的后者表示主要运动分量，即复合命名通常是以后者为主、前者为辅的原则来进行命名的。

正断层、逆断层、平移断层的两盘相对运动都是直移运动，但自然界中还有许多断层常常有一定程度的旋转运动。

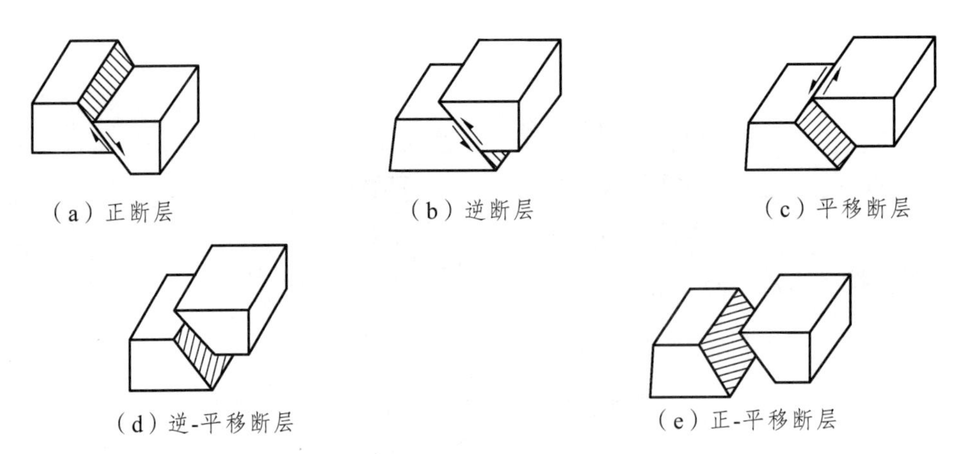

图 6-5 按断层两盘相对运动划分的断层和组合性命名断层

(断层面上的线条代表滑动方向)

(4)枢纽断层：断层两盘不是作直线位移，而是具有明显的旋转性，这种断层叫作枢纽断层。枢纽断层显著的特点是在同一断层的不同部位位移量不等。枢纽断层的旋转有两种方式：一是旋转轴位于断层的一端，表现为在横切断层走向的各个剖面上的位移量不等，见图 6-6(a)；另一种是旋转轴位于断层的中间，表现为旋转轴两侧的相对位移方向不同，一侧为上盘上升，另一侧则为上盘下降，见图 6-6(b)。

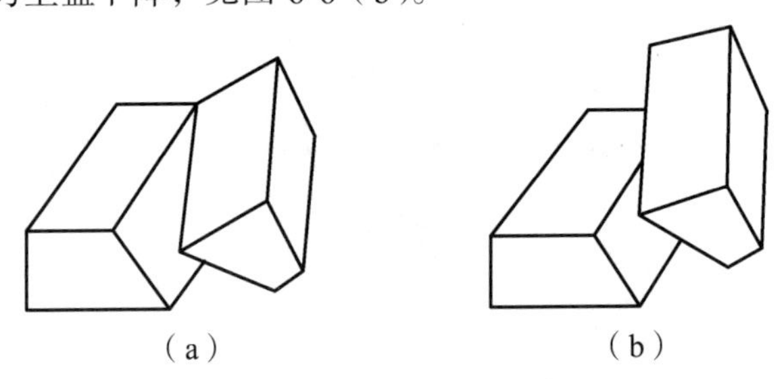

图 6-6 两种旋转的枢纽断层

(5)顺层断层：顺着层面、不整合面等先存面滑动的断层。当层间滑动达到一定的规模并具有明显的断层特征时，则形成顺层断层。顺层断层一般顺软弱层发育，断层面与原生面基本一致，很少见切层现象。

6.2.2 按断层成因分类

压性断层 地块或岩块受到水平挤压作用时，垂直于压应力(σ_1)方向产生的断层。此类断层发育地区的地壳显示缩短，所以也称收缩断层。它经常显示为断层上盘相对于下盘向上运动，因此该类断层主要为逆断层及逆掩断层。

张性断层 地块或岩块受到水平拉伸作用时，垂直于张应力(σ_3)方向产生的断层。此类断层发育地区地壳显示伸展，或者称为伸展型断层。它经常显示为断层上盘相对下盘做向下运动，或者是单纯的地壳拉开。该类断层主要由正断层组成，并经常为岩墙充填。

剪切断层 地块或岩块受到简单剪切作用时产生的断层，断层面陡，沿断层面两盘发生相对水平位移。

6.3 断层组合类型

6.3.1 正断层

1. 正断层的一般特点

正断层的产状一般较陡，大多数在 45°以上，而以 60° ~ 70°最常见。正断层带内岩石破碎相对不太强烈，角砾岩多带棱角，断层带内通常没有强烈挤压形成的复杂小褶皱现象。

2. 正断层的组合形式

正断层可以孤立地出现，但更多的是若干断层组合在一起，以一定的组合形式出现。按照断层在平面和剖面上的排列组合形式：在平面上，断层可组合成平行式、斜列式、环状和放射状等形式；在剖面上，断层可组合成阶梯状、地堑和地垒等形式。现介绍几种主要的组合形式。

（1）阶梯状断层。

由若干产状基本一致的正断层组成，各断层的上盘依次向同一方向断落，在剖面上看为阶梯状的断层组合形态，叫作阶梯状断层（图 6-7）。

各断层面可呈板形，也可呈铲形。阶梯状断层在断陷盆地的边缘较发育。呈阶梯状排列的各条断层向下延伸可交于主干断层[图 6-7（a）]，也可交于某一水平滑动面，后者可被水平滑动面相切[图 6-7（b）]，也可呈多米诺式[图 6-7（c）]，规模较小的阶梯状断层向下延伸不深便自形消失[图 6-7（d）]。

（a）相交于主干断层

（b）相切于水平滑动面

（c）多米诺式

（d）自行消失

图 6-7　阶梯状断层的深部延伸

（2）地堑。

地堑主要由两条走向基本一致的相向倾斜的正断层构成，两条断层之间有一个共同的下降盘[图 6-8（a）]。

构成大中型地堑边界的正断层往往不只是一条单一的断层，而是由数条产状相似的正断层组成一个同向倾斜的阶梯式断层系列。多数地堑是由正断层组成的，但也有少数地堑是由逆断层组成的。巨型地堑系应属裂谷，它常控制着沉积盆地的发育（如华南地区的一些古近—新近纪红色盆地）。

（3）地垒。

地垒则主要由两条走向基本一致、倾斜方向相反的正断层构成，两条正断层之间有一个共同的上升盘[图 6-8（b）]。

组成地垒两侧的正断层可以单条产出，也可由数条产状相似的正断层组成，形成两个依次向两侧断落的阶梯状断层带。

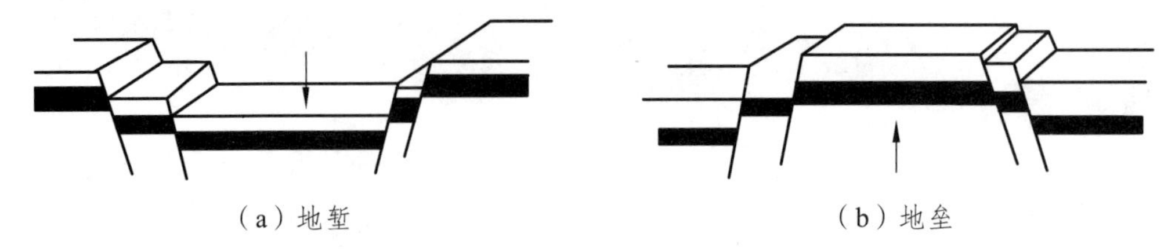

（a）地堑　　　　（b）地垒

图 6-8　地堑和地垒

（4）环状断层和放射状断层。

若干个弧形或半环状断层围绕一个中心成同心状排列，便构成环状断层；若干条断层自一个中心成辐射状向外发散排列，即构成放射状断层（图 6-9）。环状断层和放射状断层常见于盐丘造成的穹隆构造周围，也可能出现在火山口、岩浆底辟构造（因岩浆挤入而使上覆岩层局部上升形成穹隆或短轴背斜）等处。

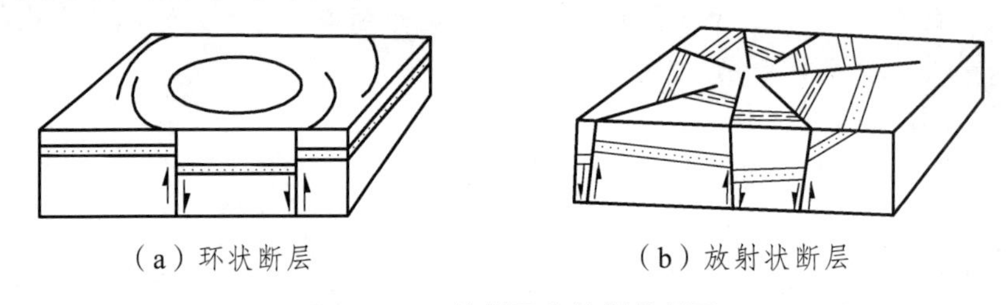

（a）环状断层　　　　（b）放射状断层

图 6-9　环状断层和放射状断层

（5）雁列式断层。

由若干条近平行的正断层呈斜向错列展布，构成雁列式断层。雁列式断层带的走向与其排列的总体方向呈 30°～45°斜交（图 6-10）。

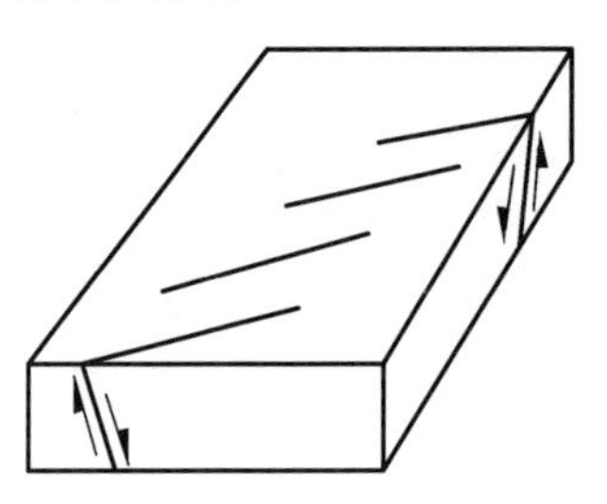

图 6-10　雁列式断层

（6）块断型断层。

两组方向不同的大、中型正断层互相切割，构成方格状和菱形断块。在我国东部地区，这种组合形式比较普遍。

6.3.2　逆断层

逆断层的产状一般较缓，大多数在 45°以下。逆断层带内岩石破碎相对较强烈，断层带内常常有强烈挤压形成的复杂小褶皱现象。大多数逆断层的断层面无论沿走向和倾向都常呈舒缓波状，特别是规模较大的逆冲断层和推覆构造表现尤为明显。大多数逆断层的断层线弯曲变化较大。逆断层可以单个出现，也可以在一个地区成群出现，有时由若干条走向近于平行的逆断层构成逆断层带。当其成群出现时，它们在平面上的组合形式以平行状、分叉状及雁行状等最为常见，在剖面上常以叠瓦状、反冲及对冲等形式出现。

根据断层面倾角的大小，逆断层还可分为：

（1）高角度逆断层，是指断层面倾角大于45°的逆断层。

（2）低角度逆断层，是指断层面倾角小于45°（一般为30°）的逆断层。

（3）逆冲断层，是指位移很大的低角度逆断层。

（4）推覆构造，是指断层面十分低缓而推移距离在数千米以上的大型逆冲断层。

逆断层中最常见的是逆冲断层和推覆构造，它们是地壳中最常见的断裂构造，具有重要的理论和实际意义。以下主要讨论逆冲断层和推覆构造。

1. 逆冲断层

（1）逆冲断层的一般特点。

逆冲断层倾角一般在30°左右，常常显示出强烈的挤压现象，形成角砾岩、碎粒岩和超碎裂岩等断层岩。逆冲断层两侧岩层常常具有强烈的变形特征。

（2）逆冲断层的组合形式。

① 叠瓦式逆冲断层。

叠瓦状构造由若干条产状大致相同的逆冲断层组成。它们各自的上盘向同一方向冲掩，像屋瓦一样错位叠复（图6-11），常与强烈褶皱相伴生，且断层面倾向与褶皱轴面倾向一致，通常发育于地壳强烈活动区。

图6-11　叠瓦状构造示意

当一系列产状大致相近的逆冲断层（断层面倾角较大）叠置在一起，其上盘依次向上逆冲，在剖面上呈叠瓦状时，称叠瓦式逆冲断层（图6-12）。其断层面常表现为上陡下缓、凹向上方的弧形，各条断层向下常汇拢成一条主干断层，总体呈帚状，是逆冲断层最主要、最常见的组合形式，常出现在构造挤压强烈的地区。

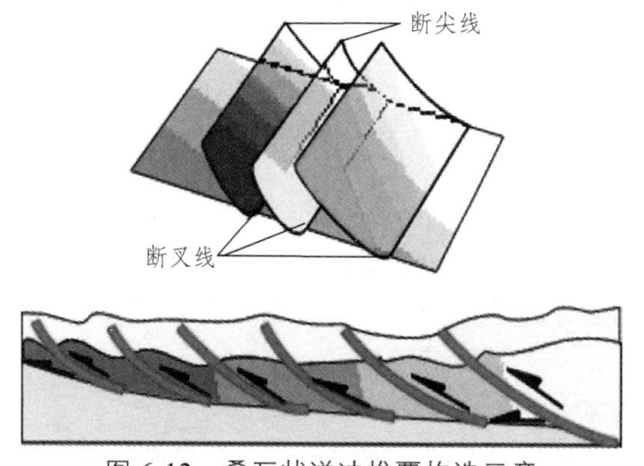

图6-12　叠瓦状逆冲推覆构造示意

② 背冲式逆冲断层。

背冲式逆冲断层由两条或两组相向倾斜的逆冲断层组成，表现为自一个中心分别向两个相反方向逆冲，一般自背斜核部向外撒开逆冲。与造山带复背斜伴生的两组逆断层，分别在两翼上产出，常常总体呈扇形（图 6-13）。

③ 对冲式逆断层。

对冲式逆冲断层由两条相反倾斜、相对逆冲的逆冲断层组成。小型对冲式逆断层常与背斜构造伴生（图 6-14）；大型对冲式逆断层产出于坳陷带边缘，自两侧隆起分别向坳陷带内逆冲。

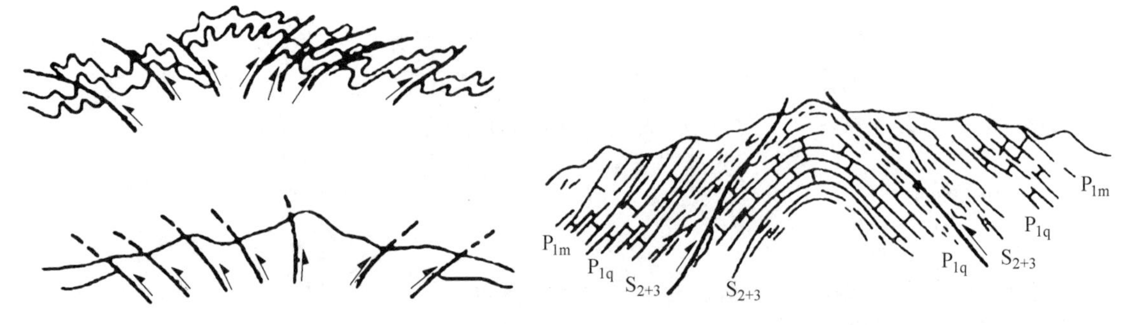

图 6-13　背冲式逆冲断层

图 6-14　四川广元明峡背斜对冲式逆断层

④ 楔冲式逆断层。

老岩层一侧逆冲于新地层之上，另一侧则与新地层呈正断层接触，形成上宽下窄的楔形断片，这种断层称为楔冲式逆断层（图 6-15）。它的断层面是勺状弯曲的弧面，深部逆冲；浅部由于断层面倾向反过来了，逆冲楔状体成了下盘，表现与正断层相似。

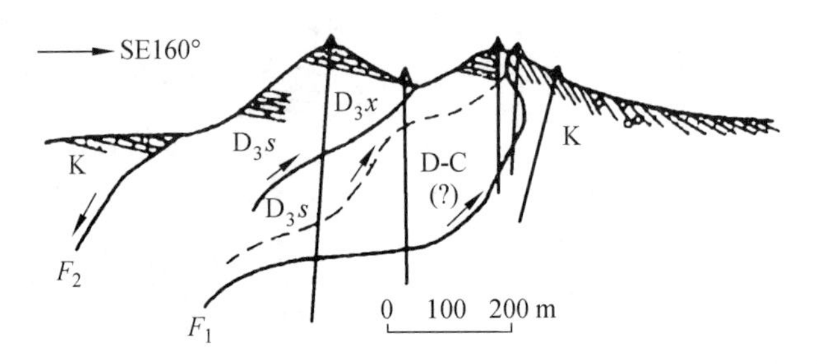

图 6-15　湖南衡阳谭子山楔状冲断体

2. 推覆构造

推覆构造通常表现为老地层被推覆到新地层上，形成老地层在上、新地层在下的特征。推覆构造的上盘岩块自远处推移而来，因而叫外来岩块或推覆体；下盘岩块叫原地岩块。推覆构造的上盘岩体，由于受到剥蚀而局部露出的原地岩块，称为构造窗或天窗（图 6-16）。构造窗具有大片较老地层中出现一小片由断层圈闭的较年轻地层的特点。如果剥蚀强烈，在大片原地岩块上地势较高的地方仅残留小片孤零零的外来岩块，表现为在原地岩块中残留一小片由断层圈闭的外来岩块，常常是在较年轻的地层中出现一小片由断层圈闭的较老的地层，这种被断层圈闭的地质体称为飞来峰（图 6-16）。

无论是构造窗还是飞来峰，它们与周围原地岩块都呈断层接触关系。

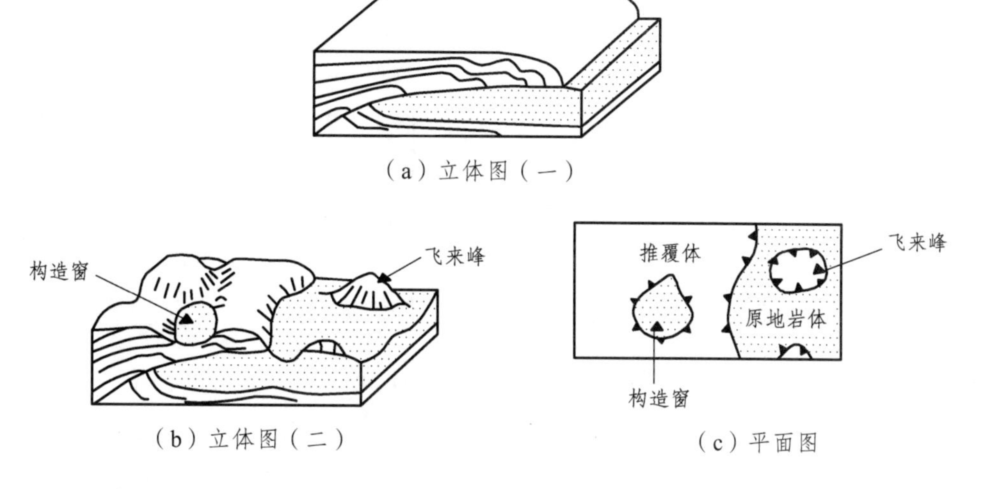

（a）立体图（一）

（b）立体图（二）　　（c）平面图

图 6-16　飞来峰和构造窗形成过程（据 M. Mattauer，1980）

3. 平移断层

（1）平移断层的一般特征。

① 平移断层的两盘基本上沿断层走向相对滑动，根据相对滑动的方向可分为左行平移断层和右行平移断层。左行是指观察者的视线垂直于断层走向观察断层时，对盘向左滑动；右行是指观察者的视线垂直于断层走向观察断层时，对盘向右滑动（图 6-17）。

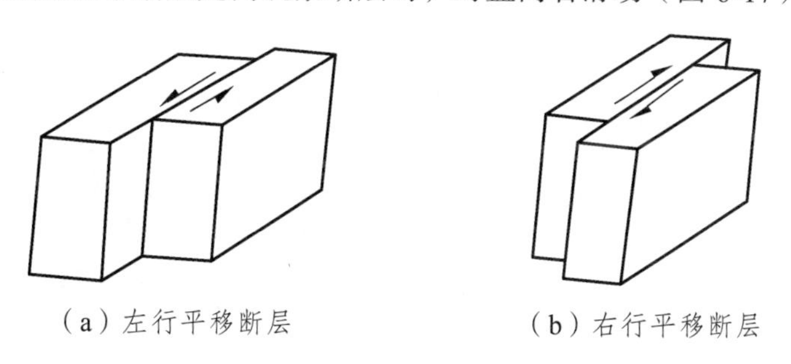
（a）左行平移断层　　（b）右行平移断层

图 6-17　平移断层

② 平移断层的断层面一般较陡，有的甚至直立，这也与垂直运动有关，见图 6-18。图中，U 为上升断块，D 为下降断块。

③ 大型平移断层常常表现为强烈的破碎带、密集剪裂带、角砾岩化带及超碎裂岩带。

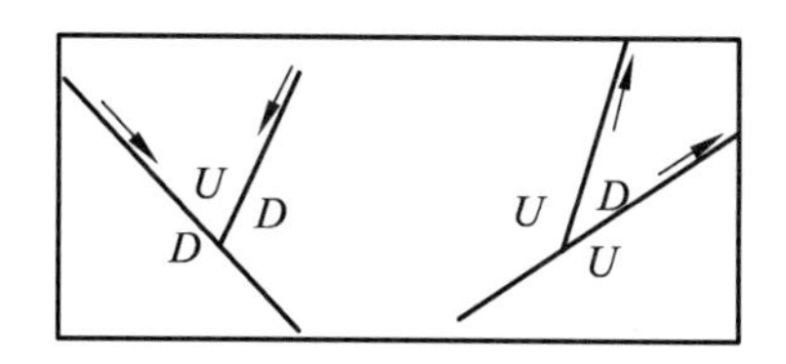

图 6-18　平移断层中垂直运动平面示意图

（2）平移断层的组合形式。

① 平移断层在平面上的组合形式有平行状和雁行状。

② 平移断层在形成过程中，两盘基本沿断层面走向方向滑动，形成左行和右行平移断层组合（图 6-19）。

③ 平移断层常与褶皱构造组合在一起，在其附近可见派生的雁列式褶皱（图 6-20）。

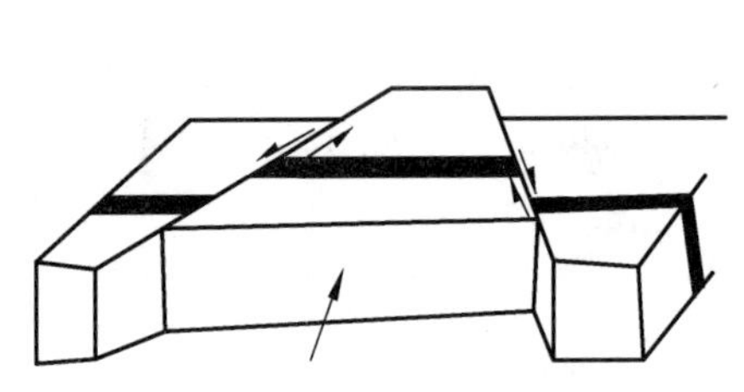

图 6-19 左行和右行平移断层

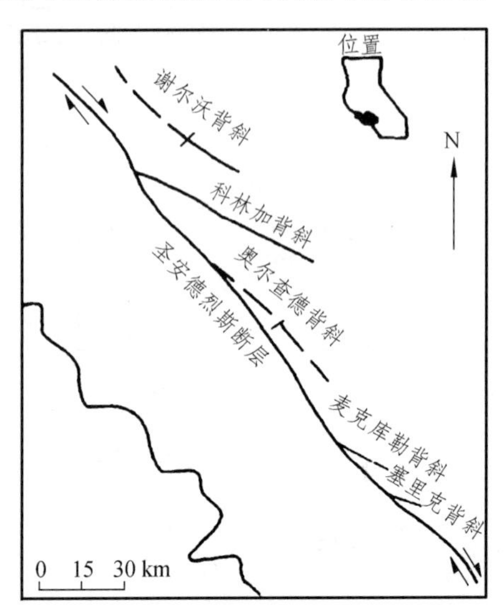

图 6-20 圣安德烈斯平移断层派生的雁列式褶皱

（3）平移断层的分类。

按形成的地质背景，平移断层可以分为两类：一类是与褶皱等构造伴生的平移断层；另一类是区域性大型平移断层。

与褶皱或大逆冲断层伴生的平移断层规模一般不大，是在形成褶皱或逆冲断层的统一应力场中形成的，常与褶皱或逆冲断层斜交或横交。

由于大多数平移断层是在侧向挤压力作用下沿早期平面 X 形共轭剪节理系发展而成的，因此平移断层常顺着一对共轭剪裂面发育，并斜交构造线；横交构造线的平移断层可能是顺着张裂面发育，并是在差异力推动下形成的，其走向与褶皱轴向或纵断层走向一致的平移断层，是另一次构造运动沿早已形成的纵向断裂构造发育而成的，两者不属于同一次构造运动的产物。

区域性大型平移断层又常被称为走向滑动断层。世界上有许多著名的走向滑动断层，如美国西海岸的圣安德烈斯断层（图 6-20）为一条 NNW 的右行平移断层，仅在大陆上的长度已超过 1 500 km，累计平移幅度达 648 km。

6.4 断层岩和断层效应

6.4.1 断层岩（fault rocks）

断层岩是断层带中或断层两盘岩石在断层作用中被改造形成的，是具有特征性结构和矿物成分的岩石。因此，它也是断层存在的一个重要标志。

根据断层的性质不同，断层岩主要种类有角砾岩、碎裂岩、糜棱岩、片理化岩等。

1. 断层角砾岩

断层在错动过程中，将断层面附近或断层带中的岩石破碎成大小不等的角砾，这些角砾被研磨成细粒或粉末的基质（填隙物）所胶结，成为一种特殊的角砾岩（图 6-21）。角砾粒径一般在 2 mm 以上，角砾和基质成分均保持原岩特点，但角砾外部有时有擦痕和磨光镜面。

断层角砾出现在各类型断层的破碎带中。正断层形成的角砾岩特点是角砾形状不规则，棱角显著，分布杂乱，无定向性排列，角砾之间多空隙，如图 6-22 所示。逆断层形成的角砾岩，其角砾多具次圆状，大小不一，一般均成定向排列，填隙物多为断层泥、砂或显微破碎物，角砾多成透镜状变形且有定向排列或雁列式排列。平移断层的构造角砾岩特点大体与逆断层相同，唯其角砾棱角磨圆度好、大小均匀。

图 6-21 构造角砾岩

图 6-22 共轭正断层角砾岩

角砾岩的种类很多，如不整合面上的底砾岩、层间砾岩、河床滞留沉积砾岩、火山角砾岩、同生角砾岩、膏盐角砾岩、岩溶角砾岩等，在野外工作中应注意区分。

断层角砾岩与其他角砾岩区分的主要标志，是看角砾岩与围岩是否有同源关系，是否顺层发育，是否有摩擦搓碎现象等。

2. 碎裂岩或碎斑岩

碎裂岩是被断层两盘研磨得更细的断层岩（图 6-23）。碎裂岩成分是由原岩的岩粉或细粒或原岩的矿物碎粒组成的，在偏光显微镜下，岩石具有压碎结构。碎裂岩中如残留一些较大矿物颗粒，则构成碎斑结构，这种岩石可称为碎斑岩。碎裂岩的颗粒一般在 0.1 ~ 2 mm 逆断层及平移断层中。

图 6-23 碎裂岩

3. 碎粉岩

碎粉岩的岩石颗位被研磨得极细，粒度比较均匀，一般在 0.1 mm 以下，这种岩石也可称为超碎型岩。

4. 玻化岩

如果岩石在强烈研磨和错动过程中局部发生熔融，而后又迅速冷却，会形成外貌似黑色玻璃质的岩石，称玻化岩，或假玄武玻璃（图 6-24、图 6-25）。玻化岩往往成细脉分布于其他断层岩中。

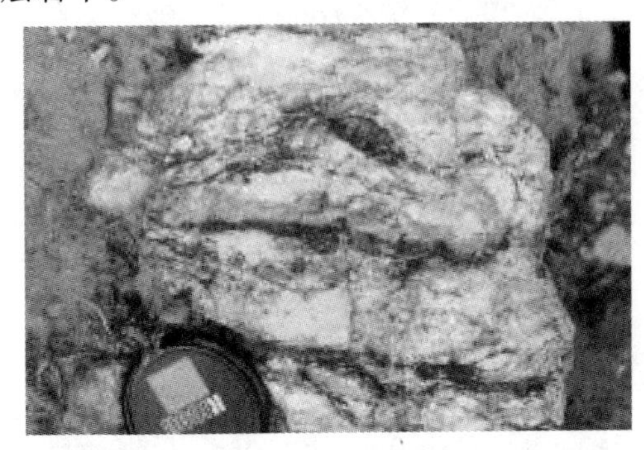

图 6-24　玻化岩

图 6-25　玻化岩

5. 断层泥

如果岩石在强烈研磨中成为泥状，单个颗粒一般不易分辨，仅含少量较大碎粒，则这种未团结的断层岩可称为断层泥（图 6-26）。对比原岩成分与断层泥成分，可发现两者不尽相同，这说明断层泥的细粒化不仅有研磨作用，而且有压溶作用等。

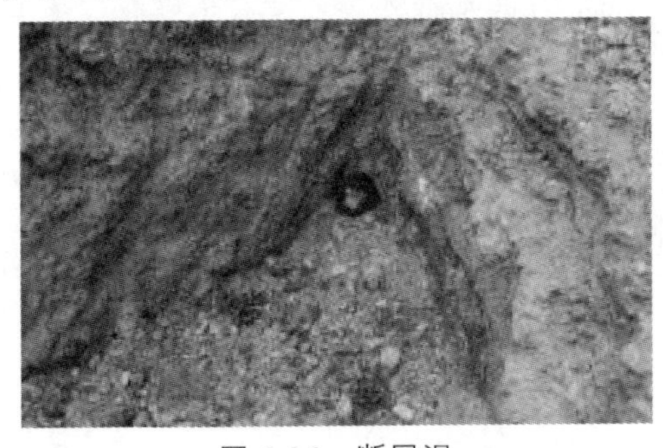

图 6-26　断层泥

6. 糜棱岩及超糜棱岩

在断层带中，相邻岩石及矿物颗粒被压碎、碾磨成微粒和残留碎斑，这些微粒和残留碎斑因其定向排列形成糜棱结构，具有糜棱结构的岩石称为糜棱岩（图 6-27）。糜棱岩因碾碎物成分和颜色的深浅不同、碾磨程度的差异，可形成条纹状构造或层状的外貌。

超糜棱岩是在高度压碎作用下经熔融而形成的隐晶质岩石，外表很像致密状玄武岩，是一种特殊类型的糜棱岩。它一般呈数厘米厚的小透镜体或细脉产出于糜棱岩中，常见于逆断层及平移断层中。

图 6-27 天山胜利达坂地区的长英质眼球状糜棱岩

7. **片理化岩**

与糜棱岩相比，片理化岩具有显著的重结晶、变质现象，其内有大量的具片状构造的新生变质矿物。片理化岩实际上是重结晶程度较高的糜棱岩。

6.4.2 断层效应（Fault effects）

断层效应指被断地层表现出的位移情况。它是由断层的产状、断层的真位移、地层的产状、不同的剖面位置等因素及其不同的组合情况决定的。同一条断层，当其切过不同产状的地层，或在不同的剖面上进行观察时，可以发现以断层两侧地层的错开关系为依据而测算的位移方向和距离也各不相同，这种现象叫断层效应。例如，图 6-28 是一个被一条横向平移为主的断层切断的背斜，但在两翼的纵剖面上却分别显示正断层和逆断层的错觉。下面从几个不同的方面，对这个问题加以讨论。

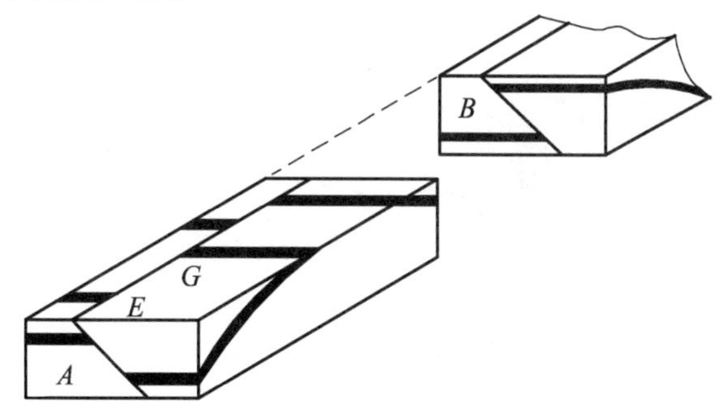

图 6-28 切过背斜的横向平移断层在褶皱两翼剖面上分别显示正断层和逆断层的假象（据 Cill）

1. **正（逆）断层引起的效应**

倾向断层的两盘沿断层倾斜方向滑动时，经地表侵蚀夷平后在水平面上两盘岩层表现为水平错移，给人以平移断层的假象。如图 6-29 所示，倾向正断层引起平移断层假象，在水平面上显示上升盘的岩层界线向岩层倾斜方向错动，具有总滑距越大、岩层倾角越小时，水平地层断距越大的规律。

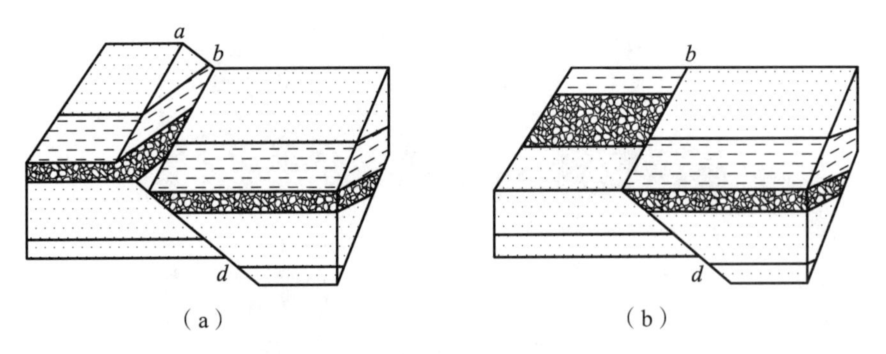

图 6-29　倾向正断层（a）在水平面上引起的平移断层的假象（b）

2. 平移断层引起的效应

倾向断层的两盘顺断层面走向滑动时，剖面上会表现为正（逆）断层。如图 6-30 所示，向岩层倾向平移错动的一盘在剖面上表现为上升盘，铅直地层断距随总滑距和岩层倾角的增大而增大。

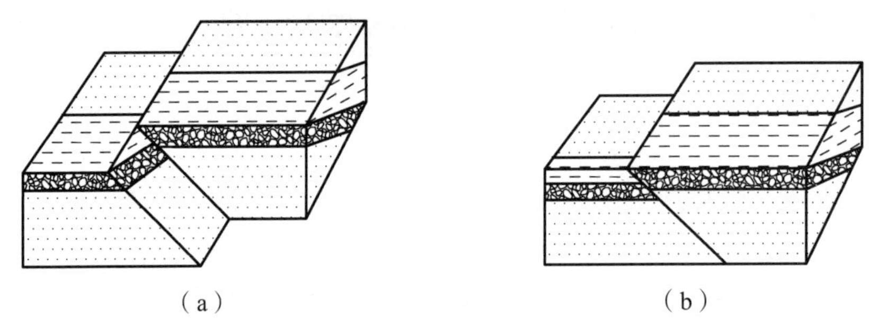

图 6-30　倾向平移断层（a）在剖面上引起的逆断层的假象（b）

在野外观察断层时，对于倾向正（逆）断层和倾向平移断层，应综合岩层水平面和剖面的错移情况来进行正确判断。

3. 平移-正（逆）断层和正（逆）-平移断层引起的效应

当倾向断层的上盘沿断层面斜向下滑时，会出现三种效应：

（1）如果潜移线位于岩层在断层面上交迹线的上侧，则在剖面上表现为逆断层，在平面上表现为平移断层（图 6-31）。

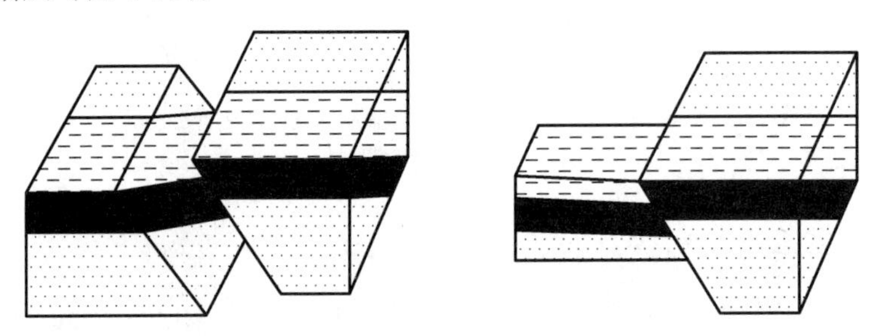

图 6-31　倾向断层效应图示（一）（据 M. P. Billings，1972）

（2）当滑移线与岩层在断层面上的交迹线平行时，不论总滑距大小，在平面或剖面上岩层好像没有错移（图 6-32）。

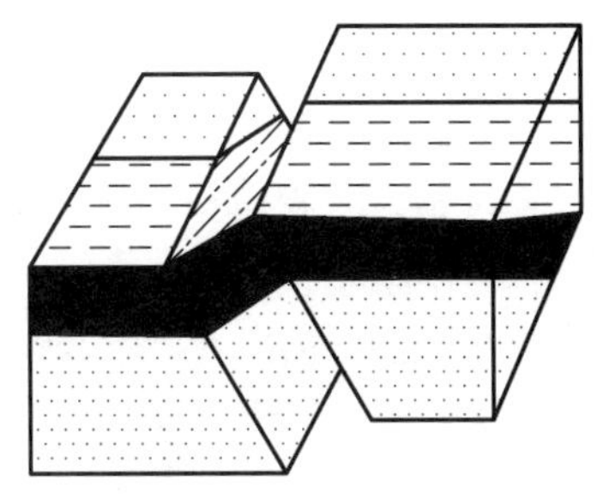
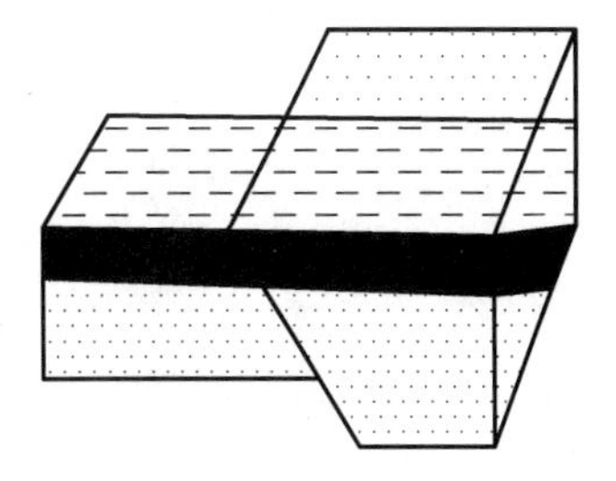

图 6-32 倾向断层效应图示（二）（据 M. P. Billings，1972）

（3）当滑移线位于岩层在断层面上交迹线的下侧时，在剖面上表现为正断层，而在平面上则表现为平移断层（图 6-33）。

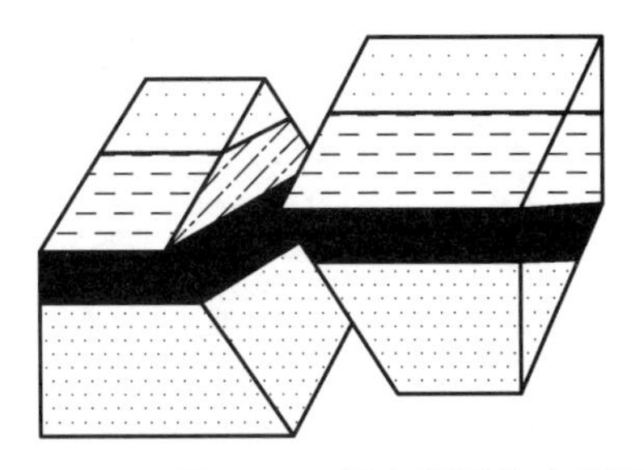
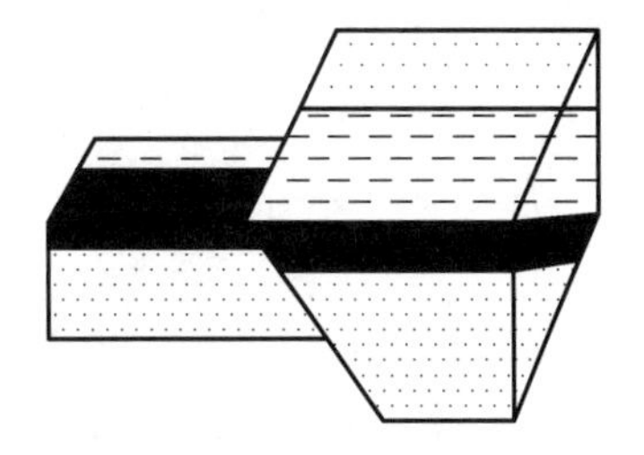

图 6-33 倾向断层效应图示（三）（据 M. P. Billings，1972）

4. 横断层错断褶皱引起的效应

褶皱被横断层切断后，在平面上有两种表现：一是断层两盘中褶皱核部宽度的变化；一是褶皱轴迹的错移。

如果横断层完全沿断层走向滑动，则核部在两盘的宽度相等，但核部错开。如果横断层错断的褶皱为背斜，两盘沿断层倾斜方向滑动，则上升盘核部变宽[图 6-34（a）]；如果横断层错断的褶皱为向斜，则上升盘核部变窄[图 6-34（b）]。如果横断层沿断层面斜向滑动，则不仅褶皱核部宽度发生变化，而且两盘也会被错开。

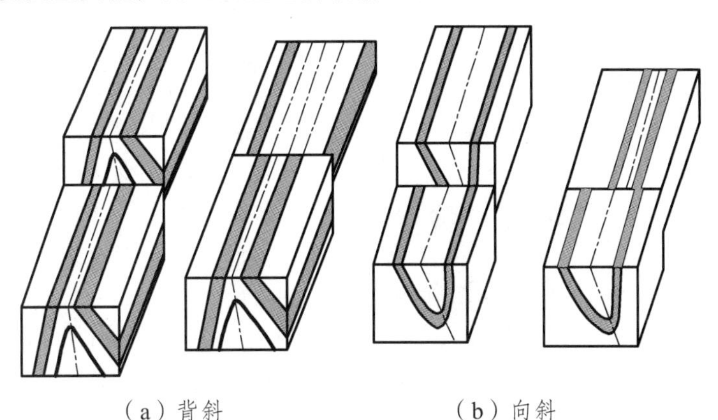

（a）背斜　　（b）向斜

图 6-34 横断层造成褶皱核部的宽窄变化

断层是否具有平移性质，主要依据褶皱轴迹在平面上的错移情况来判断：被横向正断层切断的直立褶皱，两盘中的迹线仍连成一线，无平移滑动；反之，有平移分量。如果褶皱是斜歪的或倒转的，倾斜的轴面被横断层切断，若沿断层面倾斜滑动，被夷平后两盘在平面上表现出轴迹错移（图 6-34），轴迹在两盘被错开的距离随倾角增大而减小；如果轴面倾斜的褶皱被横断层切断并夷平后，在平面上两盘轴迹仍在一直线上，则表明断层两盘沿着轴面在断层面上的迹线滑动既有顺断层面走向滑动的分量，又有顺断层面倾斜滑动的分量。

总之，断层两盘位移分量的大小和方向、两盘倾斜滑动分量的大小、褶皱轴面倾角这三个变量及其相互关系，决定了褶皱轴迹是否错移及错移的方向和距离。因此，在分析断层时，应从断层面产状、两盘位移大小和方向、岩层和褶皱的产状及其相互关系等，结合有关构造、地形切割情况进行整体分析。

6.5 断层形成机制

6.5.1 均匀介质中断层形成机制——安德森模式与哈弗奈模式

当岩石受力超过其强度，即应力差超过其破裂强度时岩石便开始发生破裂。岩石破裂之初，首先出现微裂隙，微裂隙逐渐发展，相互串联贯通，形成一条明显的破裂面，即断层两盘借以相对滑动的破裂面。

断层形成之初发生的微裂隙一般呈羽状散布排列。对微裂隙的性质，近年来用扫描电子显微镜的观察，发现大多数微裂隙是张性的。

当断裂面一旦形成而且应力差超过摩擦阻力时，两盘就开始相对滑动，便形成断层。随着应力释放，应力差（$\sigma_1-\sigma_3$）逐渐减小，当其趋向于零或小于滑动摩擦阻力时一次断层作用即告终止。

1. 安德森模式

安德森（E. M. Anderson，1951）根据断层均具有两盘相对滑动（剪切）的特征，分析了形成断层的应力状态，认为形成断层的三轴应力状态中的一个主应力轴趋于垂直水平面。他以此为依据提出了形成正断层、逆冲断层和平移断层的三种标准应力状态（图 6-35）。

安德森模式基本上可以作为分析解释地表或近地表脆性断裂的理论依据。现在一般认为，断层面是一个剪裂面，σ_1与两剪裂面的锐角平分线一致，σ_3与两剪裂面的钝角平分线一致。σ_1所在盘向锐角角顶方向滑动，就是说断层两盘沿垂直于σ_1方向滑动。

形成正断层的应力状态 σ_1直立；σ_2和σ_3水平；σ_2与断层走向一致，上盘顺断层倾斜向下滑动。根据形成正断层的应力状态和莫尔圆，引起正断层作用的有利条件是：最大主应力（σ_1）在铅直方向上逐渐增大；或者是最小主应力（σ_3）在水平方向上减小[图 6-35（a）]。因此，水平拉伸和铅直上隆是最适于发生正断层作用的应力状态。

形成逆冲断层的应力状态 最大主应力轴（σ_1）和中间主应力轴（σ_2）是水平的；最小主应力轴（σ_3）是直立的；σ_2平行于断层面走向。根据逆冲断层的应力状态和莫尔圆，适于逆冲断层形成作用的可能情况是：σ_1在水平方向逐渐增大，或者是最小主应力（σ_3）逐渐减少[图 6-35（b）]。因此，水平挤压有利于逆冲断层的发育。

形成平移断层的应力状态 最大主应力轴（σ_1）和最小主应力轴（σ_3）是水平的，中间主应力轴（σ_2）是直立的；断层面走向垂直于σ_2，滑动方向也垂直于σ_2，两盘顺断层走向滑动[图 6-35（c）]。

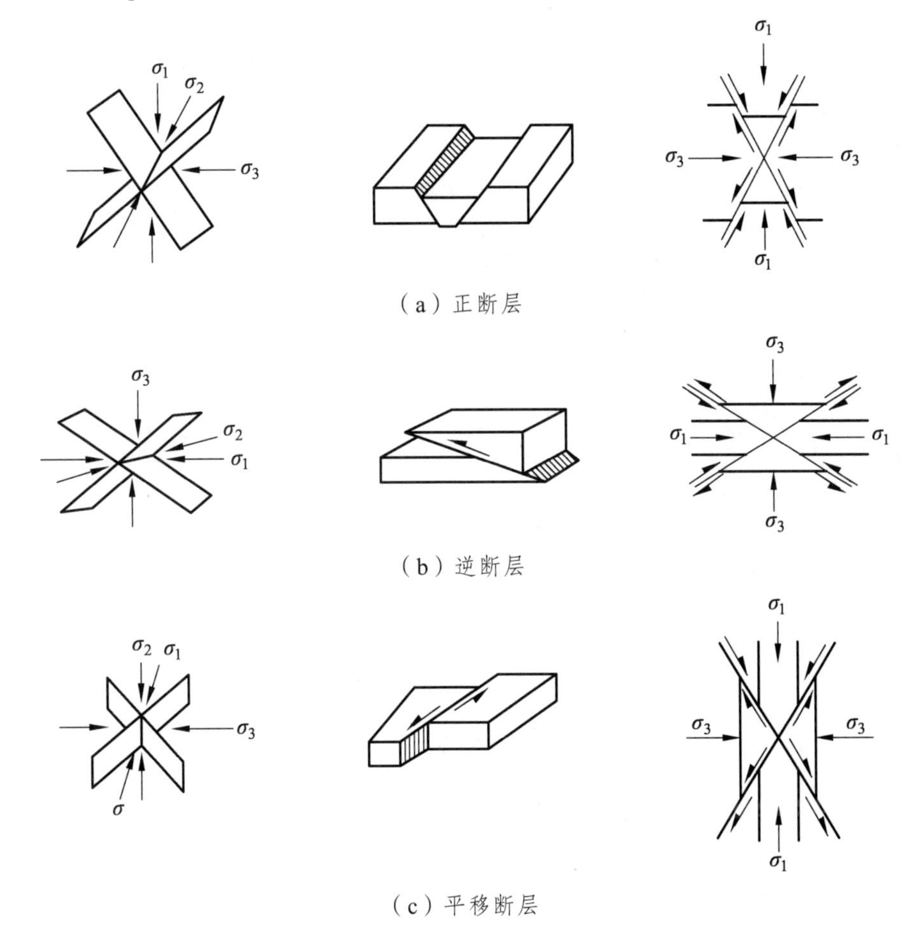

图 6-35 形成断层的三种应力状态（据 Anderson，1951）

2. 哈弗奈模式

哈弗奈（W. Hafner，1951）分析了地球内部可能存在的各种边界条件所引起的应力系统，他假定一个标准应力场并附加以类似实际地质构造状况的边界条件，从而推算出各种边界应力场下势断层（潜在发生的断层或可能形成的断层）的可能产状和性质。

哈弗奈提出的标准场的边界条件是：

① 岩块表面为地表，没有剪应力作用，仅受一个大气压的压力。

② 岩块底部，应力指向上方，等于上覆岩块的重量。

③ 边界上没有剪应力作用。

任何处在标准场下的岩石，如受水平挤压，最简单的情况就是两侧均匀受压[图 6-36（a）]。在这种受力情况下，可能出现两组共轭的逆冲断层[图 6-36（b）]，它们的产状不论在水平面上或在地下深部，均无变化。但是，两侧均匀受压并不是地质环境中最常见的情况，最常见的应是不均匀的侧向挤压。因此，哈弗奈提出了三种附加应力状态。

他提出的三种附加应力状态均假设中间主应力轴呈水平状态，其共轭剪裂角约 60°，以最大主应力轴等分之。

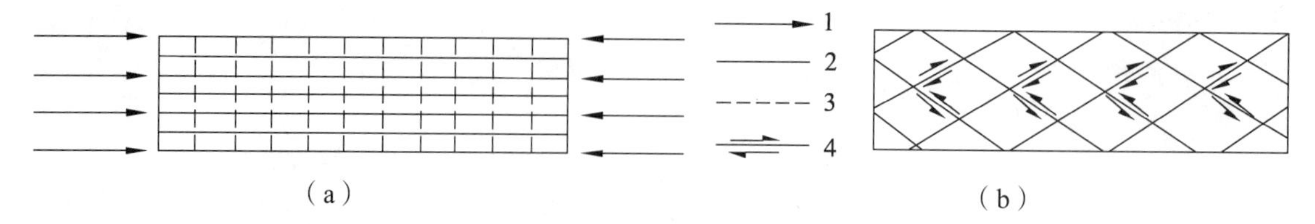

图 6-36 两侧均匀水平挤压应力作用下势断层的分布（据 Hafner，1951）

1—应力；2—最大主应力迹线；3—最小主应力迹线；4—势断层；（b）中箭头代表势断层的相对移动方向

第一种附加应力状态（图 6-37） 水平挤压力不仅自上而下逐渐增大，而且在同水平面上，两端挤压力不等。图 6-37（a）所示为根据左端大于右端（由上图箭头长度表示）计算出的最大与最小主应力迹线。图 6-37（b）显示了由附加应力形成的势断层分布区与应力太小不足以产生断层的稳定区。这里的势断层为两组倾角约 30°、倾向相反的逆冲断层。由于最大主应力轴的倾角各点不一，并且有向右增大趋势，所以倾向稳定区的一组逆冲断层的倾角自地表向下逐渐增大，但断层性质不变。

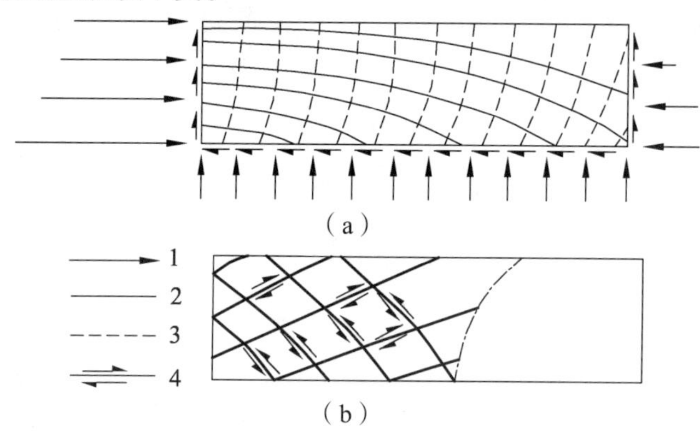

图 6-37 第一种附加应力（a）及势断层分布（b）（据 Hafner，1951）

1—应力；2—最大主应力迹线；3—最小主应力迹线；4—势断层；（b）中空白区为未产生断裂的稳定区

第二种附加应力状态（图 6-38） 水平挤压力在水平方向上自左至右呈指数递减，因而稳定区远远大于势断层分布区，后者局限于左端一狭窄地段。稳定区的一组断层为陡倾斜逆断层，其倾角自地表向下显著增大；另一组断层的倾角平缓，但倾向有变化，近地表为倾向左端的低角度逆冲断层，向下逐渐转变为稳定区的缓倾斜正断层。

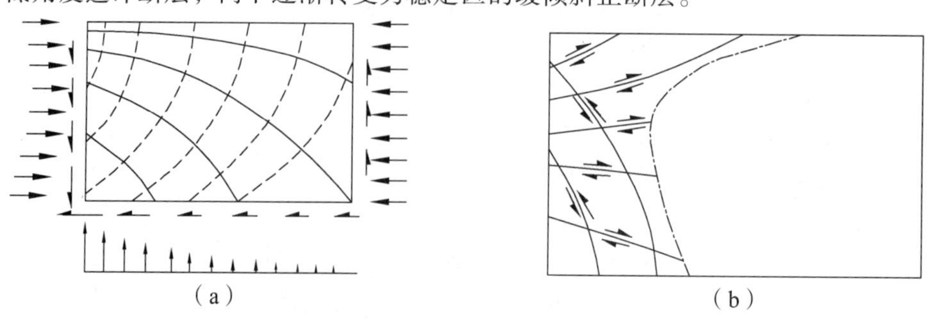

图 6-38 第二种附加应力状态（a）及势断层分布（b）（据 Hafner，1951）

第三种附加应力状态（图 6-39） 附加应力包括两种：一为作用在岩块底面上呈正弦曲线形状的垂向力[图 6-39（b）箭头所示]，一为沿岩块底面作用的水平剪切力[图 6-39（b）底面箭头所示]。这种应力状态下形成的势断层产状比较复杂。在中央稳定区的上部形成的两组高角度的正断层，每组断层的倾角都向深部变陡。自中央稳定区趋向边缘，断层倾角变缓，一组变成低角度正断层，另一组变成逆冲断层。

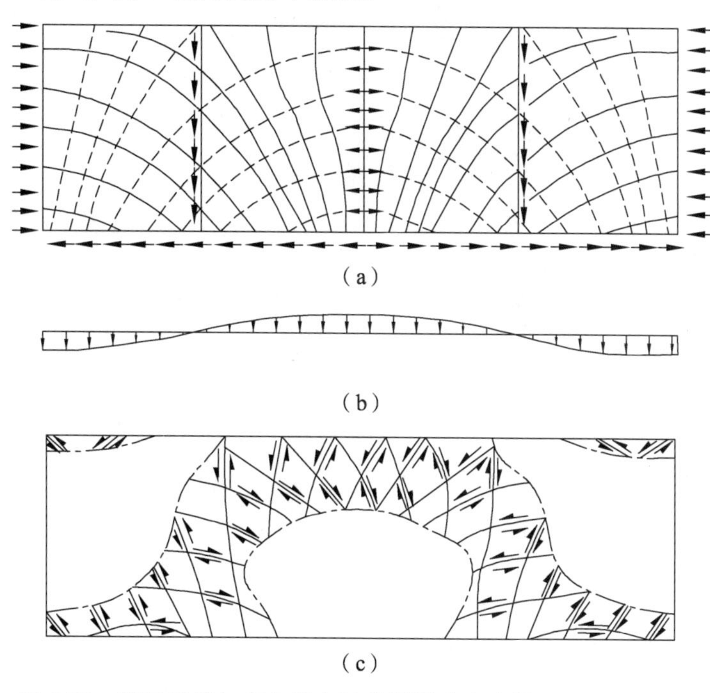

图 6-39 第三种附加应力状态及势断层分布（据 Hafner，1951）

哈弗奈模式特点是：三种附加应力状态（场）均为非均匀的，即应力方向在应力场不同部位是变化的；应力大小在应力场不同部位也是变化的。

6.5.2 非均匀介质中断层形成机制

安德森模式和哈弗奈模式对均匀介质中断层形成机制给出了合理解释。但是，实际上地质体往往是非均质的，其中包含着先存的力学上的弱面（层面、老断层面、不整合面等），而这些弱面的取向与上述二模式给出的断面方位并无固定关系。因此，沿弱面发展而成的断层，其方位与 σ_1 的夹角可大可小，断层面也不一定平行于 σ_2，断层两盘的运动方向也不一定与 σ_2 垂直。只要某个方向有弱面，其上的剪应力达到了该弱面的抗剪强度，断层就可顺其发生。如图 6-40 所示，岩块中有一弱面与 σ_1 夹角为 70°，该面的剪切破裂包络线为 *CD*；岩块其余部分的破裂包络线为 *AB*。进行实验时，σ_3 固定，把 σ_1 依次加大，构成应力圆Ⅰ、Ⅱ、Ⅲ。各个圆上的 *P* 点都是该弱面的应力坐标。由图可见圆Ⅰ、圆Ⅱ该弱面都不发生剪裂；圆Ⅲ的 *P* 点与 *CD* 相遇，该弱面发生剪裂，尽管它与 σ_1 夹角达 70°，圆Ⅲ上的 *R* 及 *Q* 分别代表与 σ_1 夹角为 30°和 45°的面的应力。这些面都是稳定的，因为它们不在弱面上，它们的剪裂包络线为 *AB* 线，这时它们还远在 *AB* 线之下。老断层、层面、不整合面等皆为岩块中的弱面。在新的构造应力作用下这些弱面并不一定处在最大剪裂面的位置上，然而它们仍容易活动，就是这个缘故。

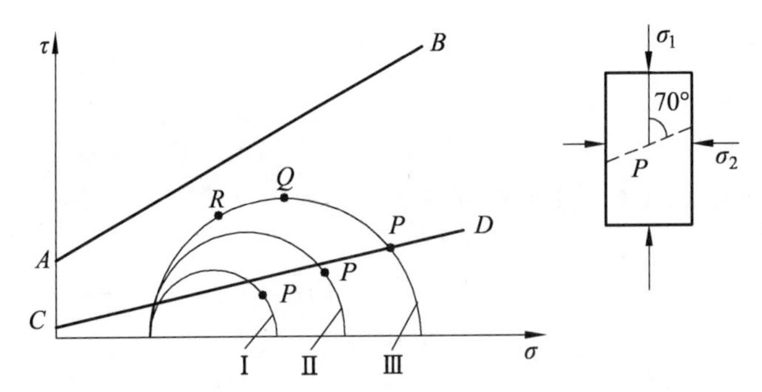

图 6-40　在各向异性岩石中的断层作用（据 Hobbs 等，1976）

P—软弱面；*AB*—剪切破坏的莫尔包络线；*CD*—软弱面破裂包络线

6.6　断层野外观察研究

6.6.1　断层的野外露头识别

在野外，断层活动的特征会在产出地段的有关地层、构造、岩石及地貌等方面反映出来，即所谓的断层识别标志。识别断层有的是直接标志，如地质界线或构造线被错开，地层的重复与缺失，断层面和断层破碎带等；有的是间接标志，如地貌水文标志等。

1. 断层识别的地貌标志

（1）断层崖　在差异升降运动中，由于正断层两盘的相对滑动，上升盘的断层面常常在地貌上形成陡立的峭壁，称为断层崖（图 6-41）。

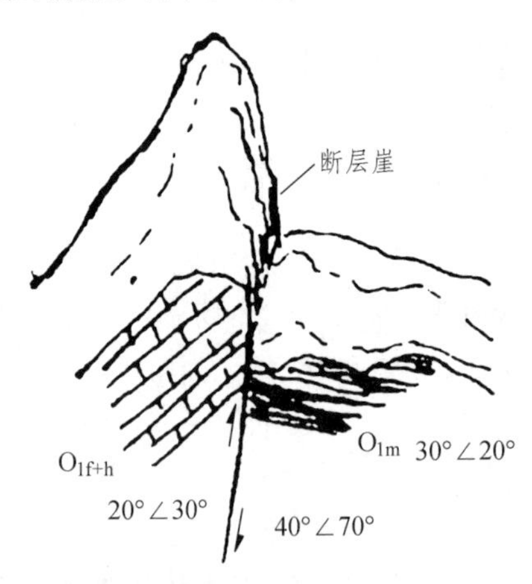

图 6-41　重庆彭水鹿角吊颈子断层崖

（2）断层三角面　断层崖受到与崖面垂直方向的水流侵蚀、切割，被改造成沿断层走向分布的一系列三角形陡崖，即为断层三角面（图 6-42）。

（3）山岭和平原的突变　有的山脉在延长方向上突然中断，为山前平原所代替，形成山岭和平原的突变，这叫切断山脊（图 6-43）。山岭和平原的分界线反映有断层存在的可能。

图 6-42 昆仑断裂形成的断层三角面

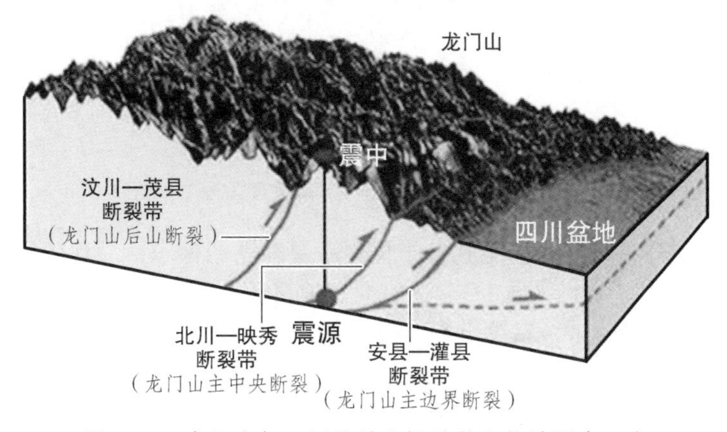

图 6-43 龙门山与四川盆地之间地貌和构造形态示意

（4）错断山脊 有些山脉在延展方向上如遇有横向或斜向断层存在，则组成山脉的各山脊便发生相互错开，叫错断山脊。错断山脊往往是断层两盘相对位移所致，横切山岭走向的平原与山岭的接触带往往是一条较大的断层（图 6-44）。

图 6-44 圣安地列斯断层

（5）串珠状的湖泊和洼地 由断层活动引起的断陷常形成串珠状的湖泊和洼地，如中国四川的邛海、青海的青海湖、内蒙古的呼伦池，云南分布着阳宗海、滇池、抚仙湖、星云湖、杞麓湖及异龙湖等一系列断陷湖泊盆地呈南北向串珠状展布（图 6-45），东非大裂谷断裂带中的湖群，等。

图 6-45 云南沿小江断裂分布的南北向串珠状湖泊示意

（6）泉水的带状分布 泉水的带状分布也为断层存在的标志，沿现代活动断层还会分布一系列温泉。如西藏的羊八井一带，泉、上升泉、温泉顺北东走向一字排列（图 6-46）；念青唐古拉南麓从黑河到当雄一带散布着一串高温温泉，是现代活动断层直接控制的结果。

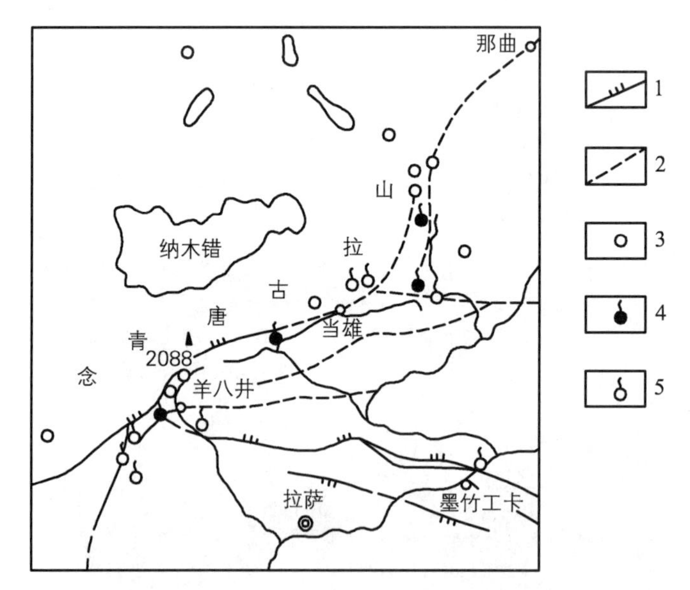

图 6-46 念青唐古拉山断裂与温泉及地震分布（据宋鸿林，1978）

1—逆断层；2—推测断层；3—震中；4—沸水；5—温泉

（7）水系特点 断层的存在往往影响水系的发育，河流遇断层有可能急剧转向（图 6-47）。

图 6-47 美国圣安德烈斯断层活动使水系错动和同步弯曲现象

2. 断层识别的构造标志

断层活动总是形成和留下许多构造现象，这些现象是判别断层可能存在的重要标志。构造标志有许多，下面选择几种常见的分别介绍其特征。

（1）构造线的不连续 断层可以造成构造线的不连续，主要表现为早期形成的断层被后期断层所切割。这种现象既可表现在平面上或剖面上，也可以在平面和剖面上同时表现出来（图 6-48）。

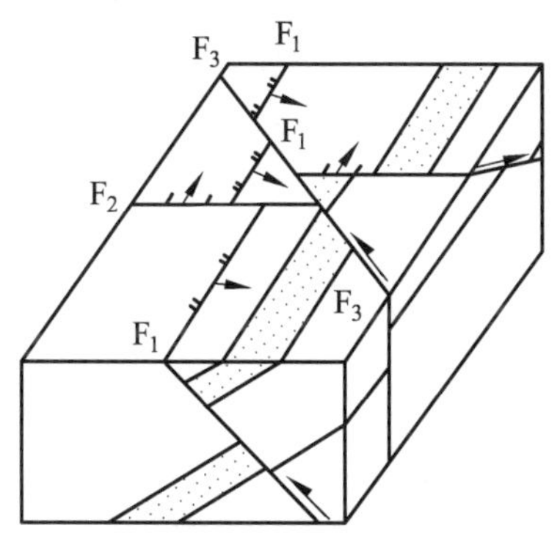

图 6-48 断层引起的构造线的不连续现象

（2）构造强化现象 断层活动引起的构造强化现象是断层存在的重要依据，其中包括岩层产状的急变、节理化和劈理化带的突然出现、小褶皱急剧增加以及岩石挤压破碎、各种擦痕等，构造透镜体也是断层作用引起的构造强化的一种表现（图 6-49）。

图 6-49 逆冲断层的断面形态及断层带中的构造透镜体

（3）断层两侧的复杂小褶皱　构造作用力的强烈作用，致使在断层附近发育有许多小褶皱（图 6-50）。这些小褶皱通常是紧闭的，在成因上与断层作用密切相关，并在几何上与断层有一定关系。

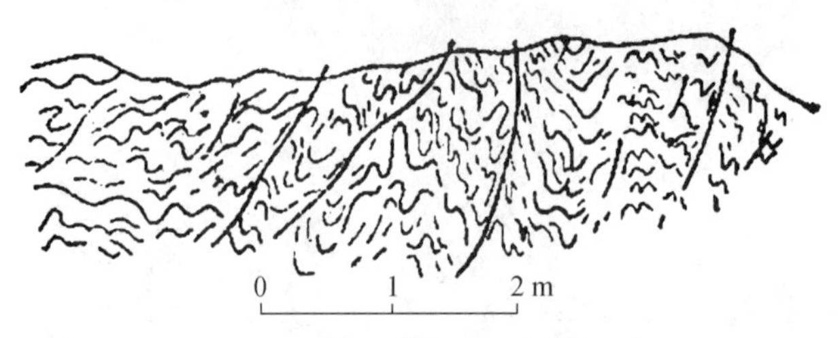

图 6-50　断层带附近的揉皱现象

3. 断层识别的地层标志

一套顺序排列的地层，由于走向断层的影响常常造成两盘地层的缺失和重复。缺失是指地层序列中的一层或数层在地面上断失的现象；重复是原来顺序排列的地层部分或全部重复出现。由于断层的性质不同，断层与岩层的倾向、倾角不同，可以造成 6 种重复和缺失情况（表 6-1、图 6-51）。

表 6-1　走向断层造成的地层重复和缺失

断层性质	断层倾斜与地层倾斜的倾向关系		
	二者倾向相反	二者倾向相同	
		断层倾角大于岩层倾角	断层倾角小于岩层倾角
正断层	重复[图 6-51（a）]	缺失[图 6-51（b）]	重复[图 6-51（c）]
逆断层	缺失[图 6-51（d）]	重复[图 6-51（e）]	缺失[图 6-51（f）]
断层两盘相对动向	下降盘出现新地层	下降盘出现新地层	上升盘出现新地层

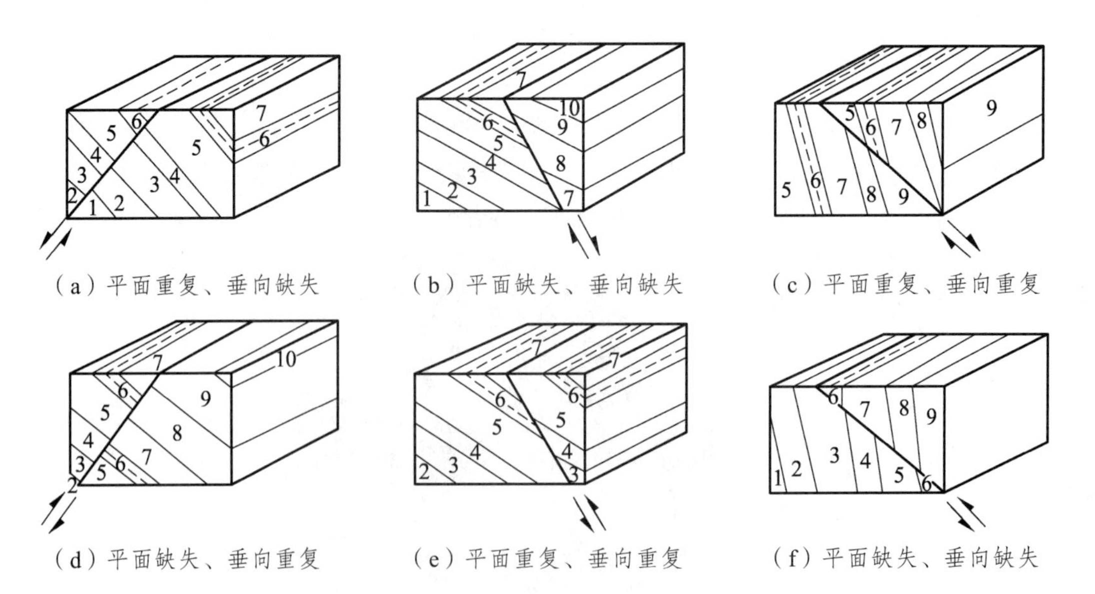

（a）平面重复、垂向缺失　（b）平面缺失、垂向缺失　（c）平面重复、垂向重复

（d）平面缺失、垂向重复　（e）平面重复、垂向重复　（f）平面缺失、垂向缺失

图 6-51　走向断层造成的地层重复与缺失

4. 断层识别的岩浆活动和矿化作用的标志

大断层尤其是切割很深的大断裂常常是岩浆和热液运移的通道和储聚场所。如果岩体、矿化带、热液蚀变带等沿一条线断续分布，则常常指示有大断层或断裂带的存在。

5. 断层识别的岩相和厚度的标志

如果一个地区的沉积岩相和厚度沿一条线发生急剧变化，则可能是断层活动的结果。断层引起岩相和厚度的变化有两种情况：一种是控制沉积盆地和沉积作用的同沉积断层的活动；另一种是断层的远距离推移，使相差很大的岩相带直接接触。

6.6.2 断层面产状的测定

断层面产状是决定断层性质的重要因素，在观察和研究断层时，应尽可能测量其产状。出露于地表的断层可以直接用罗盘测量其产状；断层面比较平直、地形切割强烈且断层线出露良好的断层，可以根据断层线的“V”字形来判定断层面产状；没有出露的断层只能用间接的方法测定其产状；隐伏断层的产状，主要根据钻孔资料，用三点法求出。

断层伴生和派生的小构造也有助于判定断层的产状。如断层伴生的节理带和劈理带，一般与断层面一致；而断层派生的同斜紧闭褶皱带、片理化断层岩的面理以及定向排列的构造透镜体带等，常与断层面成小角度相交。这些小构造变形越强烈、越压紧，说明它与断层面越接近。但这些小构造的产状容易发生变化，应经过大量测量并进行统计分析，以确定其代表性的产状加以利用。

在确定断层面产状时，要充分考虑到断层产状沿走向和倾向可能发生的变化。如逆冲断层的断层面，由于岩石可能沿两组交叉剪切面发生破裂，在断层发育过程中经进一步的挤压和摩擦而形成波状弯曲；又如大断层是由分散的先期出现的初始小断裂逐渐联合而形成的，因联合方式不同而常成波状或台阶式起伏。

在测定断层面产状时，不同深度的物理条件对断裂的影响以及多期变形等，会使断层产状发生变化。区域性逆冲断层以及一些正断层，常表现为上陡下缓的犁式；切割很深的大断裂，其产状总是具有一定的变化，如隆起边缘的大断层，地表常为低角度逆冲断层，向深处倾角可逐渐变大，甚至直立。因此不要简单地把局部产状作为一条较大断裂的总的产状，也不能认为某类断层一定具有某种固定形态。

6.6.3 断层两盘相对运动方向的确定

断层运动是复杂的，一定规模的断层常常经历了多次脉冲式滑动。一条断层的活动性质或一定阶段的活动性质又常具有相对稳定性，这种运动总会在断层面上或其两盘留下一定的痕迹（如擦痕等），具体可以根据下面一些特征来判断断层的两盘相对运动方向。

1. 两盘地层的新老关系

两盘地层的新老关系是判断断层相对错移的重要依据。对于走向断层，老地层出露盘常为上升盘[图 6-51 的（a）、（b）、（d）、（e）]；但如果地层倒转，或断层面倾角小于岩层倾角，则老地层出露盘是下降盘[图 6-51 的（c）、（f）]。如果横断层切割褶皱，对背斜来说上升盘核部变宽，下降盘核部变窄；对于向斜，情况则刚好相反。

2. 牵引构造

断层两盘紧邻断层的岩层常常发生明显的弧形弯曲，这种弯曲叫作牵引构造（图 6-52）。岩层弧形弯曲的突出方向指示本盘的运动方向。

图 6-52 牵引褶皱及其指示方向的两盘位移方向

在水平岩层或缓倾斜岩层中的正断层下降盘，还可发育一种逆（或反）牵引构造，多以背斜形式出现，岩层弧形弯曲突出方向指示对盘的运动方向（图 6-53）。逆（或反）牵引构造是由于正断层面是一个上凹的曲面，断层上盘沿断层面下滑时，因向下断面倾角变小而在上部出现裂口，为弥合这个空间，上盘下降的拖力使岩层弯曲，从而形成逆（或反）牵引构造[图 6-53（a）]。这种逆（或反）牵引构造多发生在脆性岩层中，常会使岩层破裂而形成反向断层[图 6-53（b）]，其弯曲的方向与正牵引构造刚好相反。

图 6-53 逆牵引构造和反向断层

3. 擦痕和阶步

擦痕和阶步是断层两盘相对错动时在断层面上留下的痕迹。

擦痕表现为一组比较均匀的平行细纹；阶步则表现为一组与擦痕大致垂直的阶块。在硬而脆的岩石中，擦痕面常被磨光，有时附有铁质、硅质等薄膜，以至形成光滑如镜的面，称为摩擦镜面。

阶步也是断层两盘相对错动时在断层面上留下的痕迹。阶步的陡坎一般面向对盘的运动方向，但有时阶步的陡坎指示本盘运动方向，称为反阶步（图 6-54）。

擦痕和阶步能指示断盘运动方向。擦痕有时表现为一端粗而深、一端细而浅的“丁”字形，其细而浅端一般指示对盘运动方向。

4. 羽状节理

在断层两盘相对运动过程中，断层一盘或两盘的岩石中常常产生羽状排列的张节理和剪节理。这些派生的节理与主断层斜交。

羽状张节理与主断层常成 45°相交，其锐角指示节理所在盘的运动方向（图 6-55）。

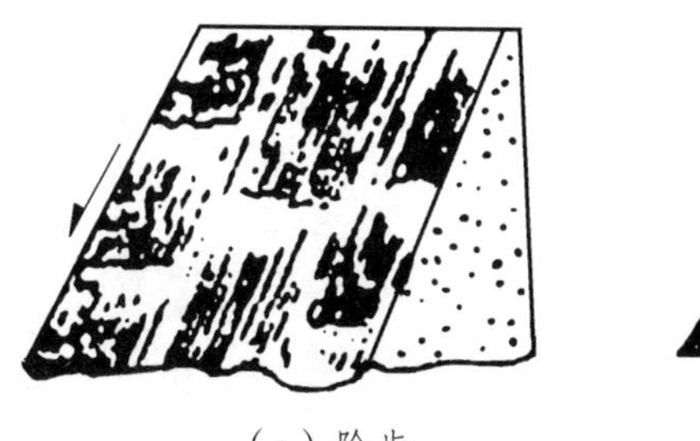

（a）阶步

（b）反阶步

图 6-54 阶步和反阶步

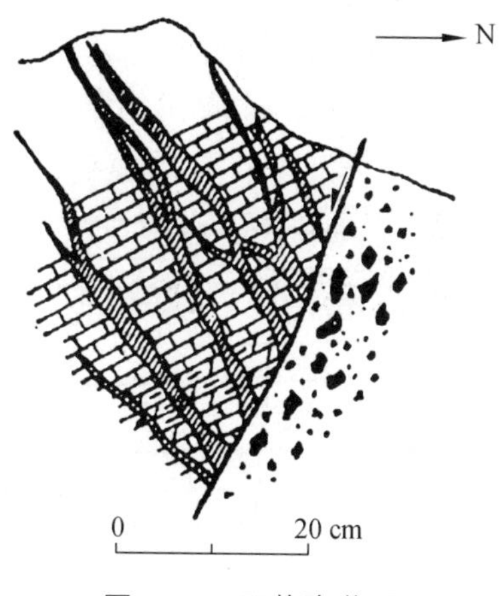

图 6-55 羽状张节理

羽状剪节理有两种，一种与主断层成大角度相交，另一种成小角度相交，后者锐角指示本盘运动方向。

5. 断层两侧小褶皱

由于断层两盘的相对错动，断层两侧岩层有时形成复杂的紧闭小褶皱。这些小褶皱轴面与主断层常成小角度相交，其所交的锐角指示对盘运动方向。

6. 断层角砾岩

如果断层切断某一标志性岩层或矿层，根据该层角砾岩在断层带内的分布可以推断两盘相对位移方向。如图 6-56 中的断层角砾岩指示上盘上升。

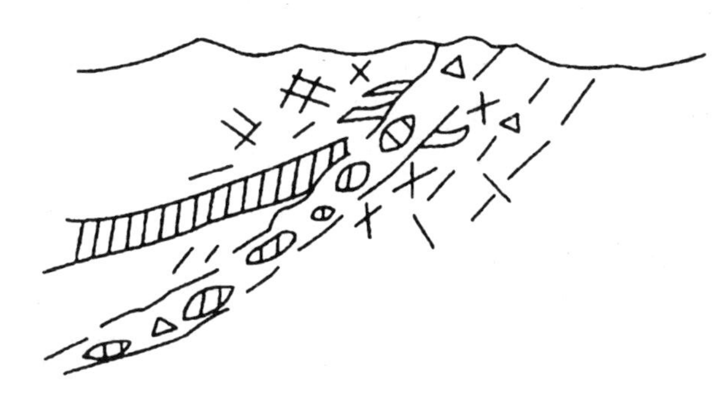

图 6-56 根据断层带中标志层角砾岩的分布推断两盘相对动向

6.6.4 断层的井下识别

1. 根据井下地层的缺失和重复识别

在钻井过程中，一般来说，如果发现有地层缺失，预示井下钻遇了正断层；如发现有地层重复，则可能钻遇了逆断层。图 6-57 所示为一条勘探线的剖面，其地层及构造情况由钻孔 *A*、*B*、*C* 控制而显示，地层层序正常而连续，由老至新分别为 1 ~ 8 层。其中 *B* 井钻遇了 8 至 1 层的所有地层，显示了完整的地层层序，这是一个正常剖面；邻近与之相对比的 *A* 号井钻遇的地层由新到老分别是 8、7、5、4、3、2、1，缺失地层 6 层，根据这种短距离内地层的缺失，可以判断 *A* 井钻遇了正断层（F_1）；*C* 井与正常剖面对比钻遇的地层由新到老分别是 5、4、3、2、5、4、3，重复出现地层 5、4、3 层，可以判断 *C* 井钻遇了逆断层（F_2）。

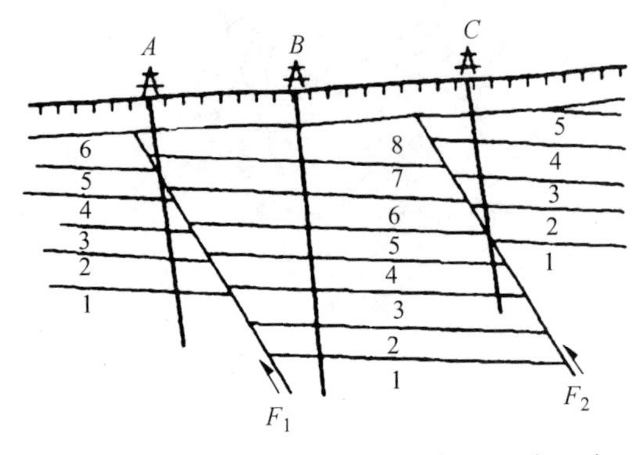

图 6-57 断层造成井下地层重复和缺失示意

引起井下地层的重复和缺失除逆断层和正断层外，还会有其他构造因素影响，以下一并讨论。

（1）钻遇地层重复。

① 逆断层造成的地层重复。

A、*B*、*C*、*D*、*E*、*F* 井是同一剖面的相邻井，钻遇地层的结果均表现有重复现象（表 6-2）。*A*、*B* 井均重复 7 ~ 6 地层；*B*、*C* 井均重复 6 ~ 5 地层；*C*、*D* 井均重复 6 ~ 4 地层；*D*、*E*、*F* 井均重复 5 ~ 4 地层。钻遇重复地层的层位逐渐变老，钻遇重复地层的井深逐渐变深，这样的地层重复递变规律表明是逆断层造成的结果。

表 6-2 某剖面钻孔钻遇逆断层的规律变化

A 井	*B* 井	*C* 井	*D* 井	*E* 井	*F* 井
8	8	7	7	6	6
7	7	6	6	5	5
6	6	5	5	4	4
8	5	4	4	3	3
7	7	6	3	2	2
6	6	5	6	5	1
5	5	4	5	4	5
4	4	3	4	3	4

② 倒转背斜引起地层重复。

钻遇倒转背斜时，也会引起井下地层重复（图 6-58），但是这种重复规律与逆断层有所不同，它表现为一种对称性重复。

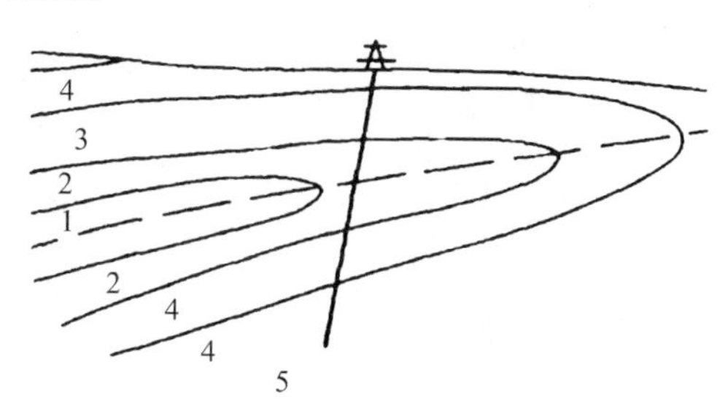

图 6-58 倒转背斜引起的井下地层重复示意

（2）钻遇地层缺失。

① 正断层造成的地层缺失。

若钻遇地层缺失，缺失层位逐渐变新，钻遇缺失地层的井深逐渐变浅，这样的地层缺失递变规律表明是正断层造成的结果。

② 不整合引起的地层缺失。

表 6-3 中，各井都存在 7 ~ 6 层，除 *A* 井钻遇地层完整外，其余各井在 6 层下均缺地层 5 层或更老的地层 4 层，这是剥蚀作用强烈所致。6 层分别覆盖在 4 或 3 层位上，这样的钻遇现象表明有不整合的存在。

表 6-3 某剖面钻孔钻遇不整合的规律变化

A 井	*B* 井	*C* 井	*D* 井	*E* 井	*F* 井
7	7	7	7	7	7
6	6	6	6	6	6
5	4	3	3	4	3
4	3	2	2	3	2
3	2	1	1	2	1

2. 根据标准层标高的变化确定断层

若相邻的井中地层层序正常，但相邻两井中标准层的标高相差极为悬殊，可能预示在两口井之间存在着未钻遇的断层（图 6-59）。

这种分析方法在钻井资料较多的情况下应用比较可靠。

3. 近距离内同层厚度突变

相邻两井钻遇同一地层时，对于岩性单一的层段，如发现其厚度突变（增厚或减薄）（图 6-60），则这种现象是断层存在的可能标志之一。

在沉积时，由于地壳升降不均或沉积盆地基底起伏也会造成同层厚度突变，故用此方法也要非常慎重地具体分析。

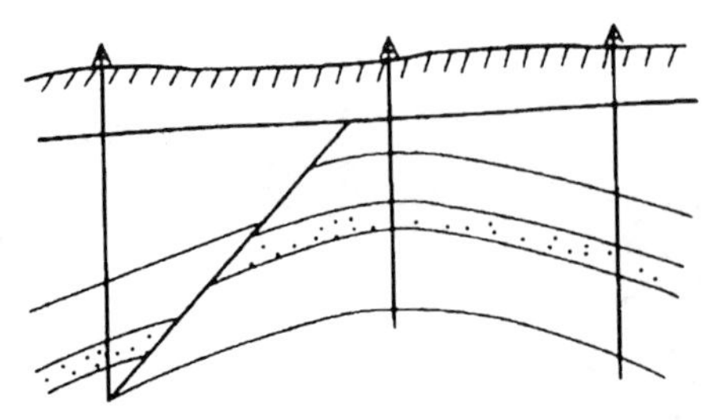

图 6-59 断层引起标准层标高相差悬殊示意

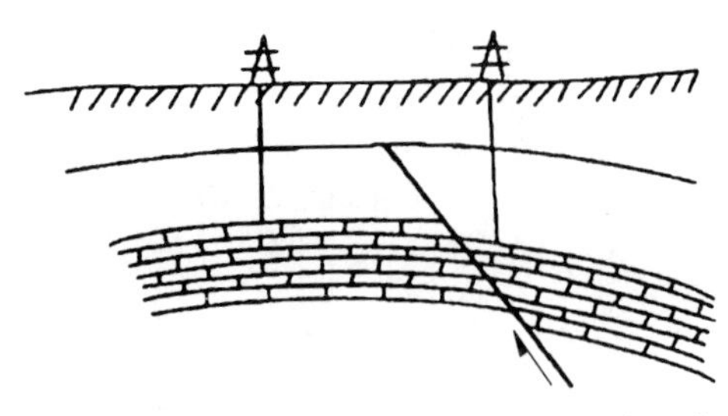

图 6-60 断层引起同层厚度突变示意

4. 钻井过程中的井漏、井塌等现象

不同性质的断层对流体所起的渗流作用不同，受张力作用的正断层是流体运移的良好通道；受挤压力作用形成的逆断层对流体起封隔作用。因此，当钻井过程中钻遇正断层的断层面时，钻井液会大量漏失，出现井漏异常。由于断层的存在，钻至断层附近岩层会发生垮塌，岩心上会有擦痕、断层角砾岩或岩石有揉搓现象。这些现象都可能说明有断层存在。

6.6.5 断层形成和活动时代的确定

断层可以是经历一次构造运动形成的，也可以是经历了多次构造运动且长期处于有阶段性的活动之中。在研究断层时，确定它的形成和活动时代亦是极其重要的内容之一。

1. 断层形成时代的确定

（1）利用断层与地层的关系。

如果一条断层切错了一套较老的地层，而其上又被另外一套较新的地层以不整合接触关系所覆盖，则该断层的形成时间是在不整合面下伏的最新地层形成以后和上覆地层中最老的地层形成之前这一时间区间内。

对于未被不整合面覆盖的断层，原则上只能确定形成时代的下限。

（2）利用断层与断层的关系。

当断层被断层切错时，无疑被切错的断层先形成。

（3）利用断层与中、小型岩浆侵入体的关系。

在断层带中充填有岩浆侵入体，而未被断层切错时，断层一定形成于岩浆侵入之前；若岩浆侵入体被断层切错，则断层形成于岩浆侵入之后。

（4）利用断层与褶皱构造的关系。

① 如果断层的分布，仅局限于褶皱构造分布的范围内，在组合形态上存在着一定的几何关系，反映了在力学成因上是有直接的联系，则断层和褶皱构造可能是同一时期形成的。

② 如果断层与褶皱构造没有成因上的联系，褶皱构造遭到了断层的破坏，则断层是后形成的。

③ 如果褶皱构造形成是受到了断层的控制，断层两侧的褶皱构造极不协调，则断层可能是先形成的。

④ 在同一褶曲构造上，如果既有纵断层又有横断层或斜断层，往往是纵断层被横断层或斜断层切错，反映了纵断层先形成、横断层或斜断层后形成。

2. 断层多期活动的识别

地壳上一些区域性大断裂大多是经历过长期活动的。有些断层可以在活动一定时期后静止，以后又再活动；有一些断层甚至现在仍然在活动，如我国的郯庐断裂、美国的圣安德烈斯断层。岩浆活动是分析确定断层是否长期活动的一个依据。长期多次活动的大断裂往往成为多期岩浆带，所以研究岩浆活动的期次，也为断裂的长期活动提供了重要依据。

6.6.6 断层构造对工程建设的影响

进行工程建筑、水利建设等，必须考虑断层构造。例如：水库、水坝不能位于断层带上，以免漏水和诱发滑坡等其他不良后果；大型桥梁、隧道、铁道、大型厂房等如果通过或坐落在断层上，必须考虑采取相应的工程措施。因此，凡是重大工程项目都必须具有所在地区的断裂构造等地质资料，以供设计者参考。

断层的工程地质评价：

（1）断层的力学性质：受张力作用形成的断层，其工程地质条件比受压力作用形成的断层差。但受压力作用形成的断层可能破碎带的宽度大，应引起注意。

（2）断层位置与线路工程的关系：一般说来，线路垂直通过断层比顺着断层方向通过受的危害小。

（3）断层面的产状与线路工程的关系：断层面倾向线路且倾角大于10°的，工程地质条件差。

（4）断层的发生发展阶段：正在活动的断层（如新构造运动剧烈、地震频繁地区的断层），对工程建筑物的影响大，有些相对稳定的断层，影响较小，但要考虑到复活的可能。

（5）充水情况：饱水的断层带稳定性差。

（6）人为影响：有些大的水库，可使附近断层复活，不可忽视。

举例：晋江—永安断裂带在泉州盆地深部和浅部均有强烈的表现，对泉州市的工程建设造成了一定影响。断裂相关的不良地质对工程建设的影响在泉州盆地边缘进行工程建设时应进行地质灾害评估，对有直接危害的大、中型滑坡体和危害程度大的崩塌区，应避开为宜；对危害程度较轻的滑坡体和崩塌区，应采取防治措施。

7　极射赤平投影

构造地质学研究的是地壳中形态各异的地质构造。为了研究透彻，在野外详细观察、勘测的基础上，还要经过室内认真地研究。怎样使立体的几何形态研究转为平面的计算分析，极射赤平投影提供了有效帮助。极射赤平投影简称赤平投影，可以把物体三维空间的几何要素（线、面）反映在投影平面上进行研究处理，既是一种简便、直观的计算方法，又是一种形象、综合的定量图解。它的特点是只反映物体的线和面的产状以及相互间的角距关系和运动轨迹，而不涉及它们的具体位置、长度大小和距离远近，所以，赤平投影广泛应用于包括地质在内的各学科之中。

7.1　赤平投影的基本原理

7.1.1　赤平投影的定义

若以任意长度为半径作一空心球，则过球心的平面必与球面相交，并成一大圆。如图 7-1 所示，过球心的倾斜平面 *a* 与球面相交于大圆 *ABCD*。过球心的直线必与球面相交于两点，其连线为球的直径。如图 7-1 所示，过球心的直线 *L* 与球面相交于 *m*、*n* 两点。这一空心球叫作投影球，这种用投影球反映空间几何要素的方法叫作做球面投影。平面 *a* 在投影球上的投影为 *ABCD*，直线 *L* 在投影球上的投影为 *m*、*n* 两点。可见，球面投影是一种立体透视图。

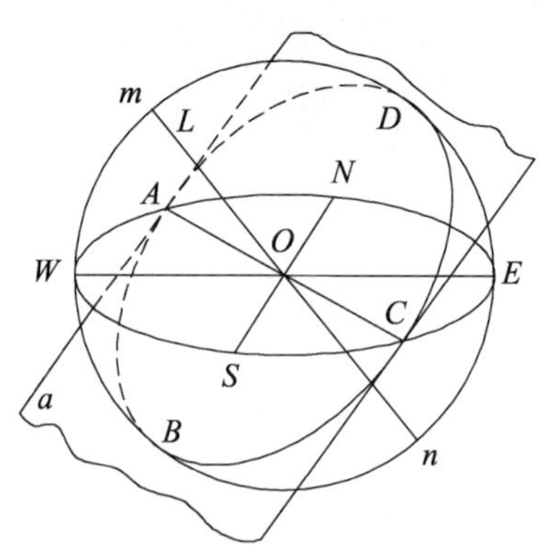

图 7-1　通过球心的倾斜平面和直线的球面投影

为了化球面投影为平面投影，可以过投影球球心作一水平面，与投影球相交于大圆（*NESW*），则称此水平面为赤平投影面，简称赤平面；大圆（*NESW*）为基圆（Primitive circle），或赤平大圆。如图 7-2 所示，从投影球的极射点 *P*（上半球的球极点）向空间平面与投影球下半球的一系列交点（A、C、F、D、B 等）发出射线 PA、PC、PF、PD、PB 等，则必穿过赤平投影面并有一系列的交点（A、C'、F'、D'、B 等），其连线为一大圆弧，这个大圆弧就是平面的赤平投影。因为这个大圆弧是投影在赤平面上的，而投影射线又是从极点发出的，所以把这种投影叫作极射赤平投影。极射赤平投影的优势在于投影前后物体各面、线的夹角关系保持不变，是一种等角投影。

从极射赤平投影的定义来看，可以有上、下半球极点的选择，故有下半球投影和上半球投影之分。一般下半球投影能直接反映直线和平面的倾斜方向，故地质构造研究人员习惯用下半球投影，且将基圆视为水平面、正上方为北、右侧为东。

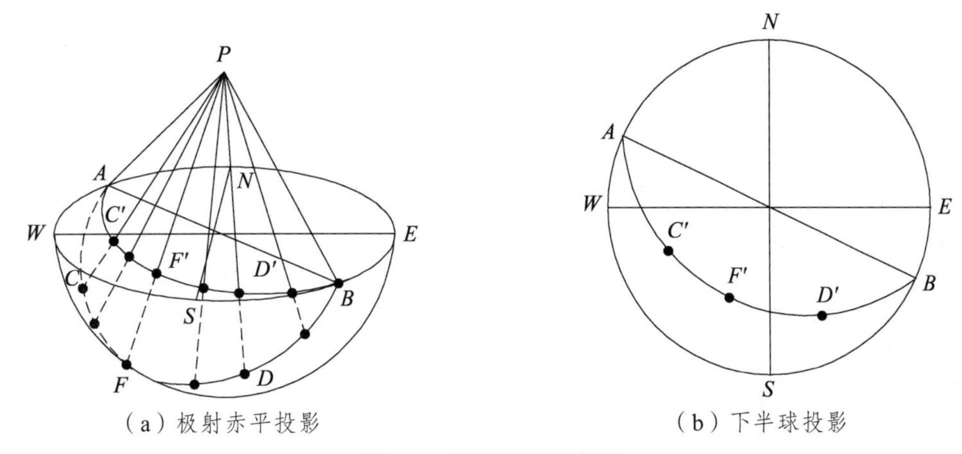

（a）极射赤平投影　　（b）下半球投影

图 7-2　平面的球面投影

7.1.2　平面和直线的投影解析

1. 平面的投影

（1）过球心的平面的投影。

通过球心的平面无限伸展，必与球面相交成一个直径与投影球直径相等的大圆：直立平面为一直立大圆[图 7-3（a）中 $SPNF$]；水平平面为水平大圆[图 7-3（a）中 $WNES$，即基圈]；倾斜平面为一倾斜大圆[图 7-3（a）的中 $SANB$]。因而，可得出以下结论：

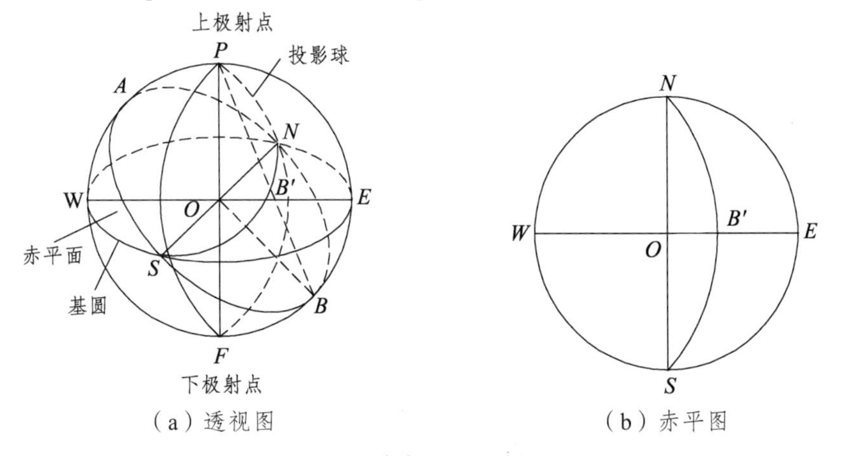

（a）透视图　　（b）赤平图

图 7-3　过球心平面的投影

① 直立大圆的赤平投影为基圆的一条直径[图 7-3（a）中 *PSFN* 投影成 *NS* 直径]，方位取决于直立平面的走向。

② 水平大圆的赤平投影就是基圆[图 7-3（a）中的 *WNES*]。

③ 倾斜大圆的赤平投影是以基圆直径为弦的大圆弧[图 7-3（a）中 *SBN* 投影成 *SB'N*，*SAN* 半圆的投影是在基圆之外的赤平面上，此处未画]。

极射赤平投影的一个重要性质是，球面大圆投影在赤平面上仍为一个圆。如图 7-4 中，球面大圆 *ASB*N 赤平投影后的 *A'SB'N* 为一个圆。

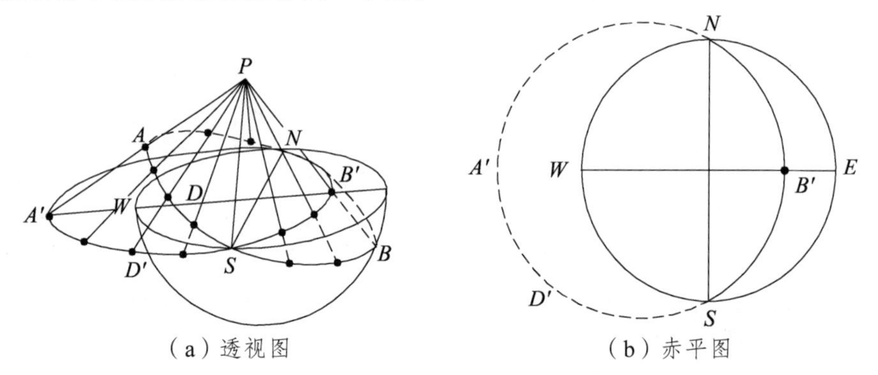

图 7-4　倾斜平面的赤平投影

（2）不过球心的平面的投影。

不过球心的平面与球面相交成一个直径小于投影球直径的小圆：直立平面为直立小圆[图 7-5（a）中 *AB*]；水平平面为水平小圆（图 7-6）；倾斜平面为倾斜小圆[图 7-5（a）中 *FG* 小圆]。球面小圆投影在赤平面上仍为一个圆。如图 7-5 所示，球面小圆 *FG* 投影后为 *F'G'*小圆；*AB* 投影后成 *A'B'*小圆。水平小圆的投影是基圆的同心圆（图 7-6）；直立小圆投影后，下半球部分是基圆内的一条圆弧，上半球部分位于基圆外。若小圆倾斜，可能出现以下几种情况：

① 球面小圆全部位于下半球，则赤平投影全部位于基圆内。

② 若球面小圆切过上、下两个半球，则赤平投影部分在基圆内，部分在基圆外。

③ 若球面小圆位于上半球，则赤平投影全部位于基圆外。

注：

① 任何通过极射点（*P*）的球面大圆或小圆的赤平投影均为一条直线（图 7-5）。

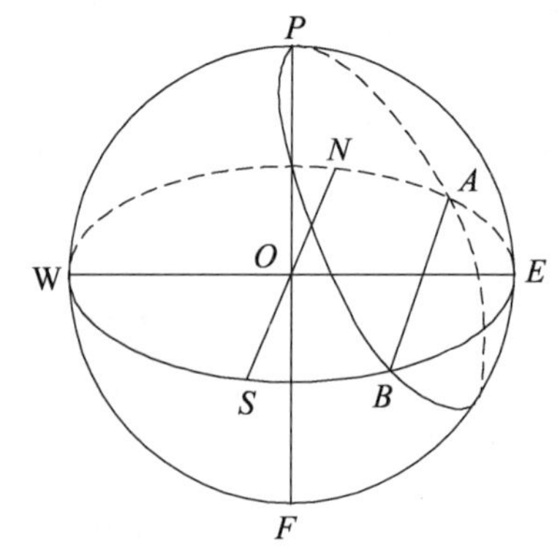

图 7-5　通过极射点的球面小圆的赤平投影

② 半径角距相等的球面小圆，由于所在位置不同，投影后在赤平面上，大小变化很大，

越近基圆圆心面积越小，越远离基圆圆心面积越大（图 7-6）。

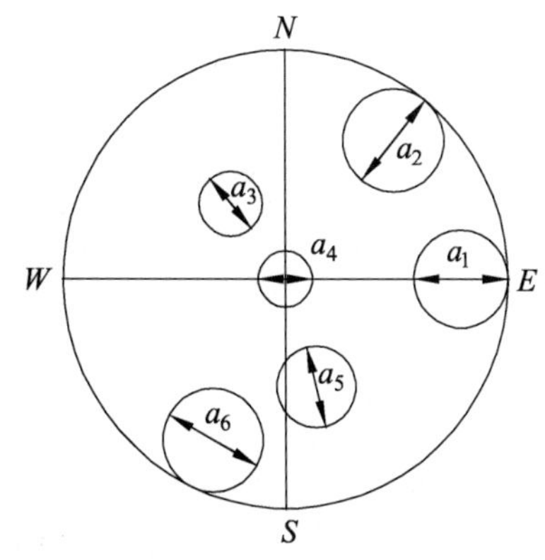

图 7-6　角距相等的球面小圆投影后面积的变化

③ 球面上的大圆或小圆投影到赤平面上的圆的投影圆心（R）与作图圆心（C）是互相分离的（图 7-7），只有水平的球面小圆投影后，R 与作图圆心（C）才重合在基圆的圆心 O 点上（图 7-8），并且赤平面上投影圆的投影圆心（R）与基圆圆心 O 越远，则 R 与 C 分离越大。

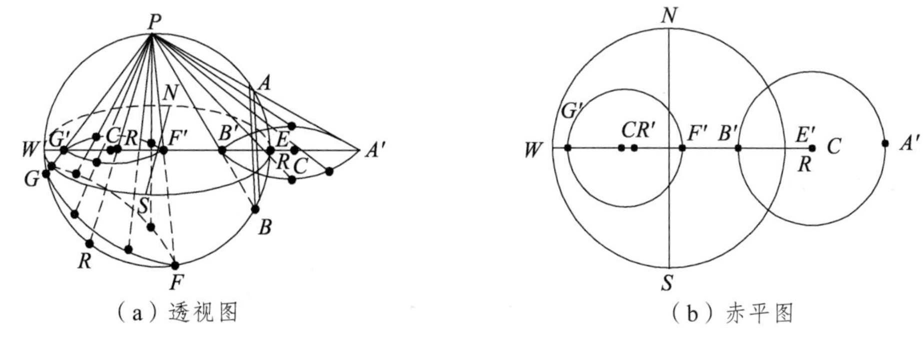

（a）透视图　（b）赤平图

图 7-7　不透过球心平面的投影

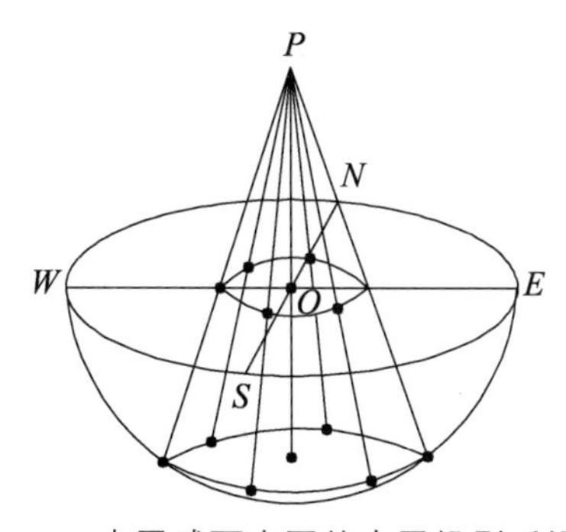

图 7-8　水平球面小圆的赤平投影透视图

2. 直线的投影

任何通过球心的直线，它的球面投影是两个点，两个点与极射点（P）的连线穿过赤平投影面交的点称直线的赤平投影点，分以下几种情况讨论：

（1）铅直线交于球面上、下两点，其投影点位于基圆中心（二点重合）（图 7-9）。

（2）水平直线交于球面基圆上两点，其投影点就是基圆上的两个点，连线为基圆直径（图 7-9）。

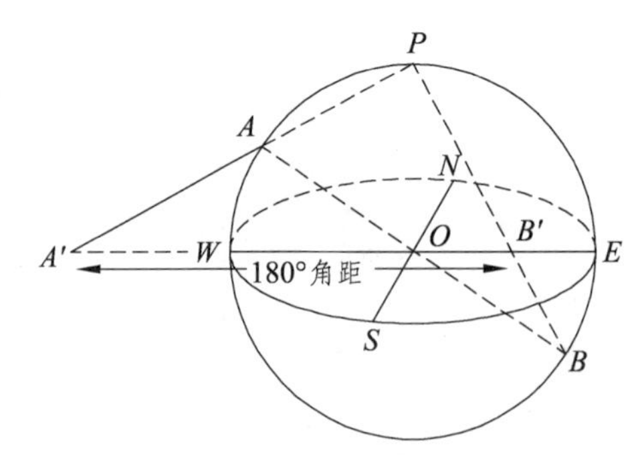

图 7-9 过球心的倾斜直线（*AB*）的赤平投影为两个对趾点（*A′*和 *B′*）

（3）倾斜直线交于球面上相应两点，其赤平投影点有一点在基圆内，另一点在基圆外，两点呈对趾点，在赤平投影图上角距恒为 180°，其中任意点都能代表直线的产状（图 7-9）。

由以上分析可知，对空间上的面和线的研究，完全可以转化为对平面的线和点的研究：面可以转化为线，即通过投影球心的面的投影——大圆和未通过投影球心的面的投影——小圆；线可以转化为点，即通过投影球心的直线的投影位于基圆上的一个或两个点；另外，面还可以转化为点，即通过投影球心的面的投影——大圆，可以用该面的法线的投影极点表示。

7.1.3 赤平投影网

为了迅速而准确地对地质构造的几何要素进行赤平投影，需要使用赤平投影网（Stereographic nets）。目前广泛使用的有吴尔福网（简称吴氏网，又称等角距投影网）和施密特网（简称施氏网，又称等面积投影网），两种投影网各有特点，但用法基本相同。

通常，在求解面、线间的角距关系方面，侧重于用吴氏网，因为吴氏网上反映各种角距比较精确，而且作图方便；其缺点是相同角距的投影面积变化很大。在研究面线群统计分析（作极点图和等密图）进而探讨组构问题时，多用施氏网，因为施氏网上比较真实地反映了球面上极点分布的疏密，从基圆圆心至圆周，具有等面积特征；其缺点是球面上大圆和小圆的赤平投影都不是圆，作图麻烦。这里只介绍吴氏网及其成图原理。

吴氏网（图 7-10）由基圆（赤平大圆）、经向大圆弧（如弧 *NGS*）、纬向小圆弧（如弧 *ACB*）等经纬线组成。标准吴氏网的基圆直径为 20 cm（精度要求不高时，通常采用直径为 10 cm 的吴氏网），经、纬度间距为 2°，使用标准投影网误差可以不超过半度，其构成和成图原理如下：

（1）基圆，其指北方向（*N*）为 0°，顺时针标有 0° ~ 360°的方位角，用来量度被测量方位的方位角（图 7-10）。

（2）经向大圆弧，是通过球心、走向南北、分别向西或东倾斜的平面与球面交线的投影，投影图上标有倾角由 0°到 90°的许多平面投影大圆弧（图 7-10）。这些大圆弧与东西直径线的各交点到直径端点（*E* 点和 *W* 点）的距离分别代表各平面的倾角值。如图 7-10 中，由 *G* 到 *W* 的方向表示了 *NGS* 所代表的平面倾向，即倾向为西（即 270°）；而 *W* 与 *G* 之间的角距就是倾角（即 30°）。

（3）纬向小圆弧，是不通过球心、走向东西的直立平面与球面交线的投影（图 7-11）。这些小圆弧离基圆圆心越远，表示球面小圆的半径角距就越小；反之，离圆心越近，则半径角距就越大，即直立小圆与球心相连而成的圆锥顶角随直立小圆越近球心而增大（图 7-12）。纬向小圆弧分割南北直径线的距离与经向大圆弧分割东西直径线的距离相等，即在图 7-10 中，*ED*=*SH*=*WG*=*NF*，都代表 30°角距。

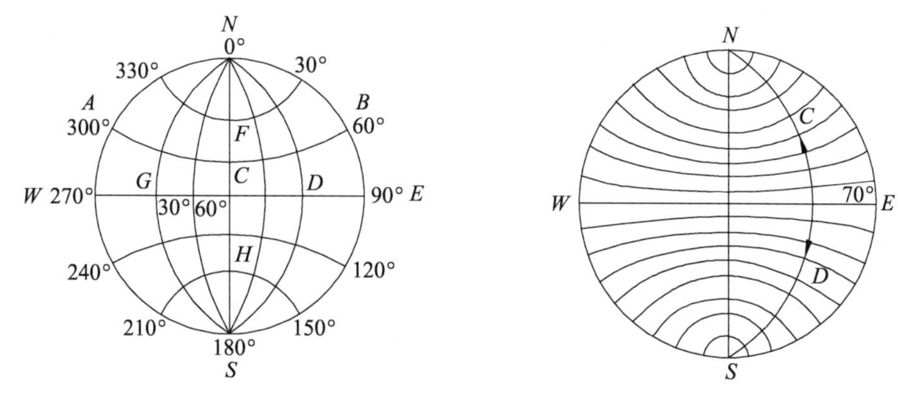

图 7-10　吴氏网示意　　　图 7-11　吴氏网纬向小圆弧

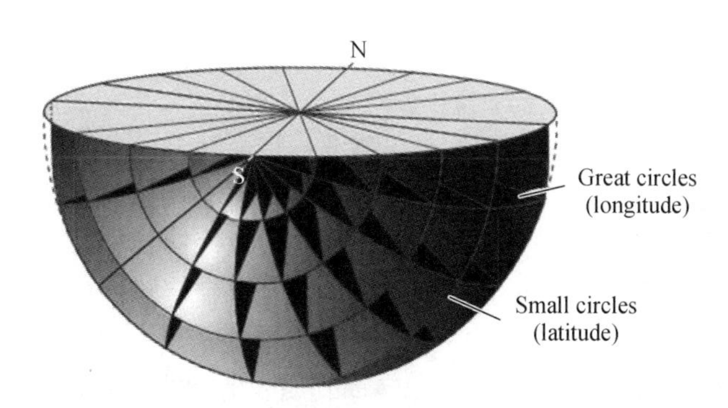

图 7-12　吴氏网纬向小圆透视图

7.2　赤平投影网的使用方法

7.2.1　准备工作

1. 吴氏网的选择和工具准备

为便于携带与操作，通常采用直径为 10 cm 吴氏网。要求精度较高时，则选用直径为 20 cm 吴氏网。另外，需准备透明纸、圆规、固定针和直尺、铅笔、橡皮等绘图工具。

2. 基本操作

首先把透明纸蒙在吴氏网上，画出基圆及“+”字中心，并用固定针将透明低固定于网心上，使透明纸能旋转。然后在透明纸上标出 *E*、*S*、*W*、*N*，以正北（*N*）为 0°，顺时针数至 360°（图 7-13）。

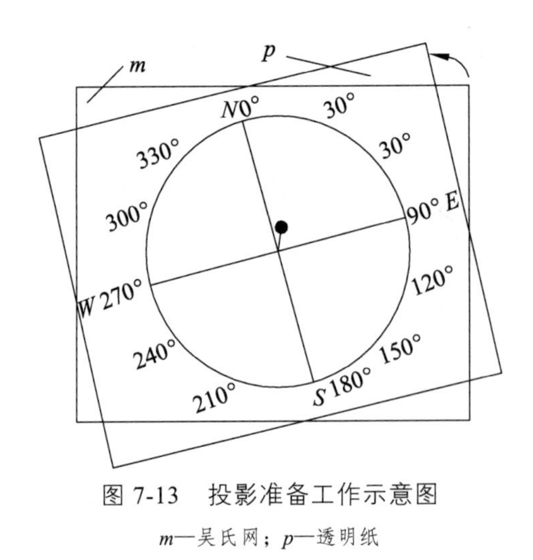

图 7-13 投影准备工作示意图

m—吴氏网；*p*—透明纸

7.2.2 投影操作

1. 平面的赤平投影

【例 7-1】作平面 120°∠30°的赤平投影。

（1）确定平面的倾向和走向：将透明纸上指北标记与网上 *N* 重合，以 *N* 为 0°，顺时针数至 120°得一点，其方位角即为倾向：过圆心与倾向垂直的直径 *AB* 为平面的走向（图 7-14）。

（2）确定平面的倾角并描绘经向大圆弧：转动透明纸使 120°倾向的点移至东西直径上，由圆周向圆心数 30°（平面的倾角），得 *C* 点，通过 *C* 点描绘经向大圆弧[图 7-14（b）中圆弧 *ACB*]。

（3）透明纸复位：把透明纸的指北标记转回到原来的指北方向，此时弧的凸向及凸度代表平面 120°∠30°的产状，亦即所求平面的赤平投影为大圆弧 *ACB*[图 7-14（c）]。

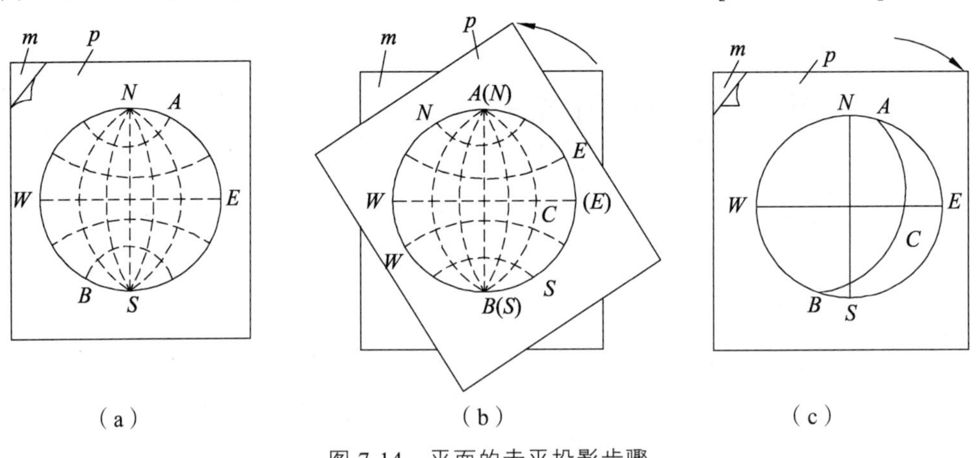

图 7-14 平面的赤平投影步骤

m—吴氏网；*p*—透明纸

2. 直线的赤平投影

【例 7-2】作直线 330°∠40°的赤平投影。

（1）确定直线的倾伏向：将透明纸上指北标记与网上 N 重合，以 N 为 0°顺时针数到 330°，为该直线倾伏向[如图 7-15（a）中 A 点]。

（2）确定直线的倾伏角：把 A 点转动至东西直径上（或转至南北直径上），由圆周向圆心数 40°，并投点 A'，即直线的倾伏角[图 7-15（b）、（c）中 A'点]。

（3）透明纸复位：把透明纸的指北标记转回到原来指北方向，该点即为该直线的赤平投影[图 7-15（c）]。

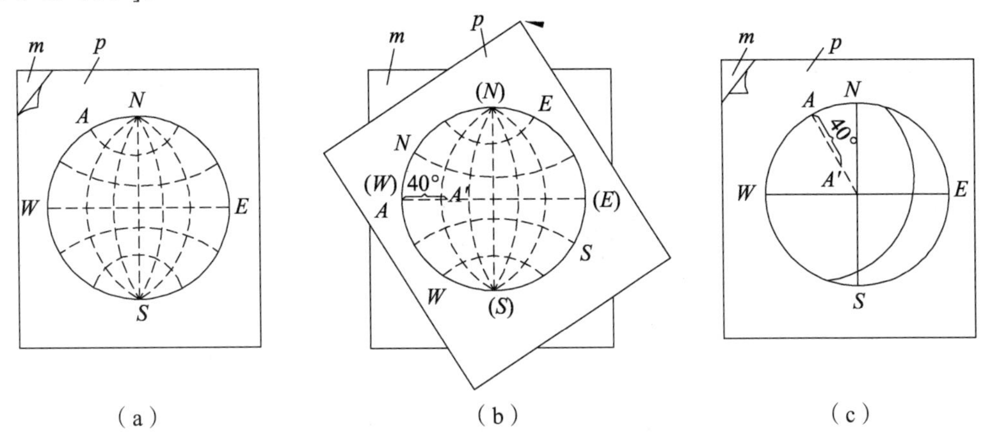

图 7-15 直线的赤平投影步骤

m—吴氏网；*p*—透明纸

3. 法线的赤平投影

法线的赤平投影是指对平面法线的产状投影（即已知平面产状，求其极点）。平面及其法线的投影常常互为使用，用极点投影代替平面投影可以使操作和计算简单很多。二者的关系是互相垂直，夹角相差 90°，在下半球投影中，极点所在的位置正好和平面的倾向相反。

【例 7-3】作平面 90°∠40°的法线投影。

方法一：将透明纸上北标记与吴氏网上 N 重合，以 N 为 0°顺时针数至 90°，正好在东西直径的 E 点，过该点由圆周向内数 40°，得 D'点，D'点即为平面倾斜线产状的投影。若继续数 90°，显然已越过圆心进入相反方向倾向，得 F'点，该点即为该平面法线投影（图 7-16）。

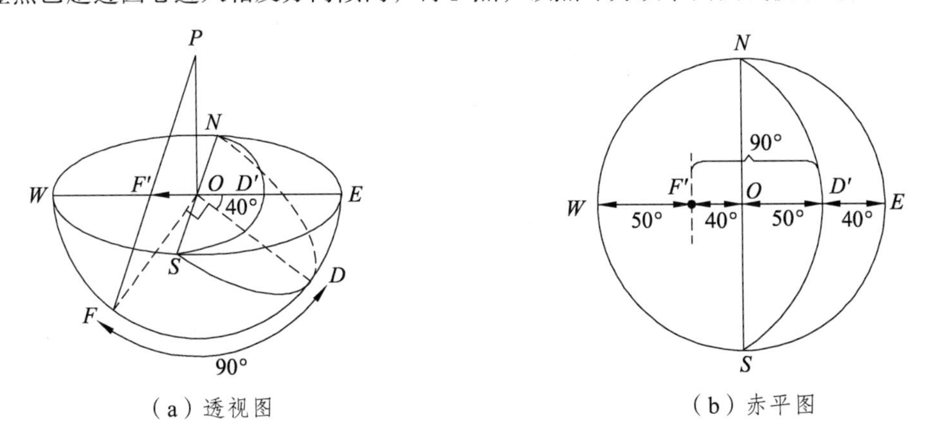

（a）透视图　　（b）赤平图

图 7-16 法线的赤平投影

方法二：将透明纸上北标记与吴氏网上 N 重合，以 N 为 0°顺时针数至 90°，正好在东西直径的 E 点，以圆心向反倾向数至 40°，得 F'点，该点即为该平面法线的投影（圆周数起和从圆心反向数起正好差 90°（图 7-16）。

4. 求相交两直线构成的平面产状

【例 7-4】求由两直线 180°∠20°和 120°∠36°构成的平面产状。

（1）作直线投影：在透明纸上分别画出两直线产状，得 F'、D'两点[图 7-17（a）]。

（2）描绘径向大圆弧：转动透明纸使 F'、D'两点位于同一大圆弧上，并将此大圆弧 $AF'D'B$ 描绘于透明纸上，即为所求平面的赤平投影[图 7-17（b）]。

（3）读所求平面的产状：保持（2）的作图状态，大圆弧 $AF'D'B$ 与东西直径相交于 D'；把透明纸复位，此时由圆心过 D'连至基圆圆周上 D''点，并从北开始，顺时针方向数至 D''点，即为该平面的倾向（120°）；转动透明纸使 D' 两点位于东西直径上，并读出 D' 与 D''的角距，即为该平面的倾角（36°），记作 120°∠36°（图 7-17）。

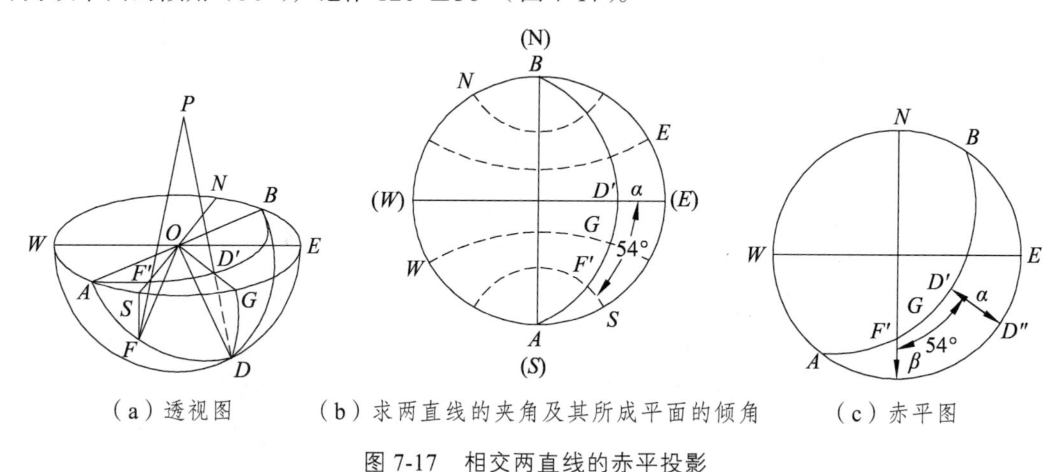

（a）透视图　（b）求两直线的夹角及其所成平面的倾角　（c）赤平图

图 7-17　相交两直线的赤平投影

5. 求相交两直线的夹角及其平分线

【例 7-5】求两条直线 180°∠20°和 120°∠36°的夹角及其平分线。

（1）求作两条直线 180°∠20°和 120°∠36°构成平面的赤平投影，产状正好为 120°∠36°。

（2）量大圆弧上 D'与 F'间的角距（54°），即为相交两直线的夹角[图 7-17（b）]。该夹角的平分角距点 G（27°），即为夹角平分线[图 7-17（b）、（c）]。

6. 求平面上一直线的倾伏和侧伏

【例 7-6】已知一平面产状为 180°∠α（α=37°），其上一直线 AC 的侧伏向 E、侧伏角 β（44°），求该直线的倾伏向、倾伏角。

（1）作已知平面的投影：在透明纸上作出平面 180°∠37°赤平投影的大圆弧 $AD''C''B$[图 7-18（c）]。

（2）确定直线投影：将大圆弧走向对准吴氏网上 S-N，从透明纸上 E 端开始，沿大圆弧数到 44°纬向小圆弧的交点（C''），则 C''点为平面上直线 AC 所在的位置，亦即直线 AC 的投影

（图 7-18）。

（3）读所求直线的倾伏向和倾伏角：在东西直径上，读出 C'-C'' 的角距 α' 为该直线倾伏角（得 25°），而在基圆上由 N 顺时针数到 C' 点，即为该直线的倾伏向（图 7-18）。

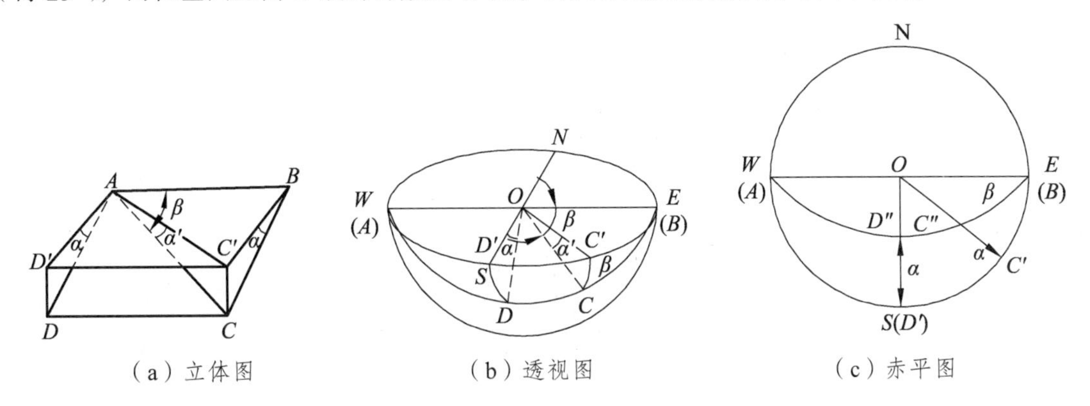

图 7-18　平面上一直线的赤平投影

注：

平面上一直线的倾伏或侧伏，可以互相求得。若知一平面及平面上一直线的倾伏向 C'，则连 OC' 必交于大圆弧上，得 C'' 点，因而，在大圆弧上的 EC'' 段弧度，即为侧伏角 β；$\beta<90°$ 一侧的平面走向的方位角，即为侧伏向。

7. 求两平面的交线产状

【例 7-7】求两平面 70°∠40°和 290°∠30°交线的产状。

（1）作已知平面的投影：在透明纸上作出平面赤平投影的大圆弧 AB 和 CD（图 7-19）。

（2）读两平面的交线产状：两大圆弧相交于一点 β，即为两平面交线的投影，读出交线的倾伏向和倾伏角，记作 356°∠13°。

8. 求两平面的公垂面、夹角及其等分面

【例 7-8】求两平面 70°∠40°和 290°∠30°的公垂面、夹角及其等分面的产状。

（1）作已知平面的投影：在透明纸上作出平面赤平投影的大圆弧 AB 和 CD（图 7-19）。

（2）描绘公垂面大圆弧：以两个平面交点 β 为极点，作出径向大圆弧 FKG[把 β 点转动至 EW 直径上，沿 β 点朝着圆心方向数 90°得辅助点（K），过辅助点作经向大圆弧 FKG]，即为两平面的公垂面，产状记作 176°∠77°（图 7-19）。

（3）读两平面的夹角：公垂面大圆弧 FG 分别与已知两平面投影相交于 H 点和 I 点，则两平面的夹角即为公垂面 FG 上直线 H 和直线 I 的夹角（真二面角）。其中一对为锐角，另一对为钝角，如图 7-19 中 IH 间夹角为 114°，那么在同一大圆上，两者互为补角（图 7-19）。

（4）描绘夹角平分面大圆弧：转动透明纸，使 β 点与 K 点位于同一大圆弧上，描绘该大圆弧，即为二平面 114°夹角中的平分面，产状记作 267°∠85°（图 7-19）。

用极点法求解更简便：首先作两平面的极点投影，转动透明纸使两极点位于同一大圆弧上，该大圆弧也必然相当于上述所作的垂直于两平面交线的公垂面。两点间的角距也是互为补角，只是两法线间的锐夹角恰恰代表两平面间的钝夹角，反之，前者的钝夹角代表后者的

锐夹角，换算即得两平面间的夹角。得出平分角距点后，再使之与公垂面的法线即两平面的交线（β）位于同一大圆弧，即为两平面的平分面。

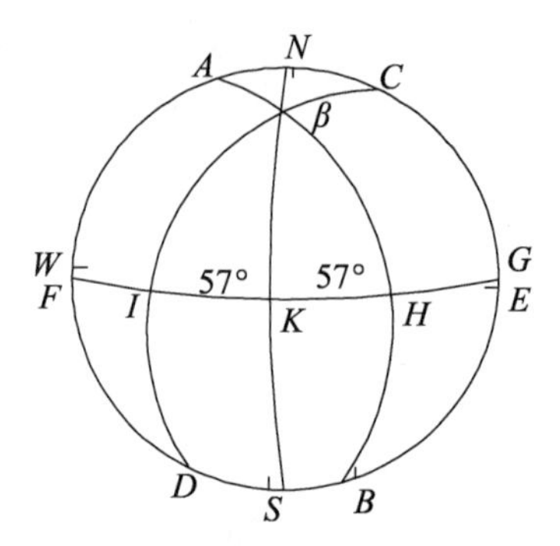

图 7-19 相交两平面的赤平投影

7.3 赤平投影在地质构造中的应用

赤平投影方法广泛应用于地质学科中，特别是用于地质构造的研究。运用赤平投影方法，可以使面状构造和线状构造产状的计算与转换方便准确，更重要的是，在实际工作中，可以利用大量实测数据的投影分析面状构造和线状构造的变化规律。

7.3.1 面状构造和线状构造的标绘法

面状构造和线状构造是表现地质构造几何形态和运动图像的基本要素。学习用赤平投影方法求解地质构造问题，首先必须熟练掌握单个面状和线状构造的标绘和测读。

7.3.2 面状构造的真倾斜和视倾斜及线状构造的倾伏和侧伏的测算

1. 真倾斜和视倾斜的测算

有时在野外只能测得斜交岩石（或其他面状构造）走向的两个视倾斜，虽然所测的位置不一定在同一层面上，但互相平行的层理面产状稳定时，投影在赤平投影图上就反映为同一个大圆弧，即同位于一个平面上，所以可以应用 7.2.2 节投影操作第 4 点，求相交两直线（相当于两视倾斜线）构成平面的产状。另外，在编制斜交岩层走向的剖面和布置勘探线剖面时，也涉及真倾角与视倾角问题，它是 7.2.2 节投影操作第 4 点的可逆运算，即剖面线斜交岩层走向的视倾角，在投影图上相当于视倾斜线与大圆弧交点的角距。

【例 7-9】已知岩层两视倾斜 80°∠15°、110°∠32°，求岩层真倾斜，并求 180°方位（视倾向）剖面上的岩层视倾角（图 7-20）。

（1）据 7.2.2 节投影操作第 2 和 4 点，在透明纸上画出两视倾斜线投影为 A、B 两点。

（2）转动透明纸，使 A、B 两点位于同一大圆弧上，并在 EW 直径上数圆周至大圆弧间的角距，即为真倾角（40°），再由透明纸上指北标记顺时针数至大圆弧中心所对基圆的方位角，即为岩层真倾向（151°）。

（3）180°视倾向线与大圆弧相交于 C 点，并使 C 点转到投影网直径线上，由基圆至该点的角距即为所求视倾角。

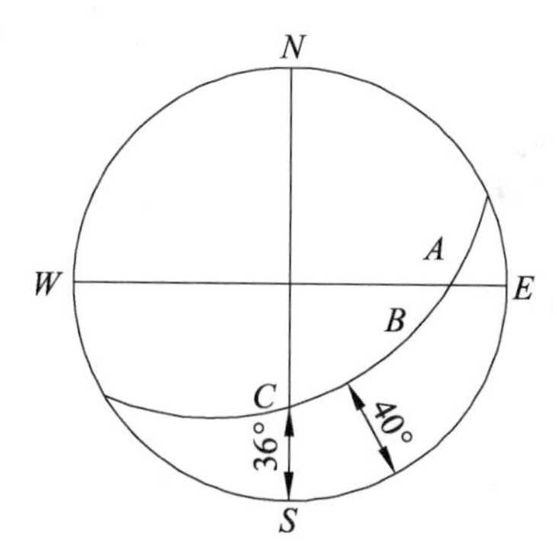

图 7-20 已知两视倾斜求真倾斜

2. **线状构造的倾伏和侧伏测算**

线状构造除了它本身的产状特征（倾伏）外，多与面状构造密切相关。如层面上的波痕、流面上的流线、断层面上的擦痕、褶皱轴面上的枢纽以及两面状构造交线与两面状构造的关系等，它们都反映了平面上一直线与该面走向之间的角距关系。因此，可用侧伏向和侧伏角来表示该线状构造产状。侧伏角的表示方法一般以位于侧伏角一侧的该平面的走向方位来表示；求倾伏和侧伏的关系，可用 7.2.2 节投影操作第 6 点进行投影。

7.3.3 赤平投影求地层厚度

在实测地层剖面时，利用赤平投影原理，可以简便地计算地层厚度。如图 7-21（a）所示，设倾斜岩层在斜坡上的露头为 $ABCD$，AM 为测量导线，其方位、长度、坡向和坡度角在实测剖面上均可实际测得。从 A 点作地层法线 AE，在 $\triangle AME$ 中，$\angle AEM=90°$，AE 为地层厚度，$\angle MAE=\theta$，则有 $AE=AM\cdot\cos\theta$，因而，只要求出 θ 值，就可计算出地层厚度。投影方法和求解步骤如下：

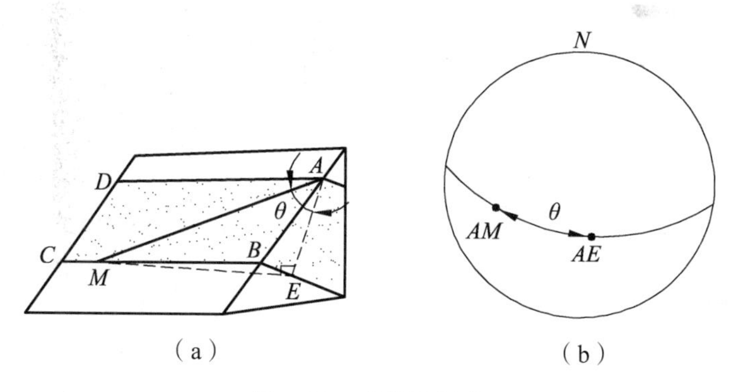

图 7-21 求地层厚度

（1）作导线的投影点。根据野外实测导线的方位和坡度角的数据，在赤平投影图上标出导线的投影点[图 7-21（b）]。

（2）作岩层法线投影。在赤平投影图上标出已知岩层法线的投影点 AE[图 7-21（b）]。

（3）求 θ 角。转动透明纸，使 AM 和 AE 两点位于同一大圆弧上（该圆弧为包含导线 AM 和地层厚度 AE 的平面投影），则 AM 和 AE 之间的角距就是所求的 θ 角。

（4）计算地层的厚度。将 θ 角代入公式 $AE=AM\cdot\cos\theta$ 中即可求得地层厚度。

7.3.4　褶皱构造的赤平投影

正确判断褶皱产状及其几何形态的关键在于正确确定褶皱枢纽和轴面的产状。褶皱构造的赤平投影特征是：

（1）两翼产状的大圆弧的交点就是褶皱枢纽产状的投影。

（2）轴面的赤平投影则是包含枢纽点在内的大圆弧。

1. 褶皱枢纽产状的确定

褶皱枢纽产状一般可根据褶皱两翼同一褶皱层面的交线求得。圆柱状褶皱每两个微分平面的交线基本上都投影成一点 β（图 7-22、图 7-23）；圆锥状褶皱每两个平面的交线产状不同，β_1、β_2、β_3、…成一小圆轨迹（图 7-24）。实际上，为测量的精度所限和褶皱本身的复杂性，一褶皱微分为许多面的交线产状不一定都投影在同一点，但至多也只能交 $n(n-1)/2$ 的点数。用 β 表示的赤平投影图称 β 图。

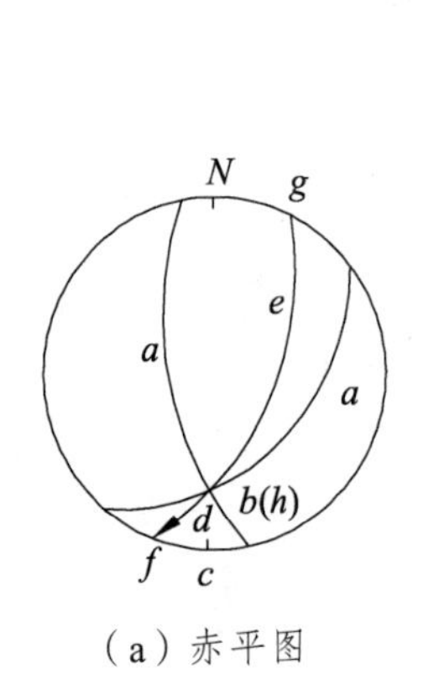

（a）赤平图

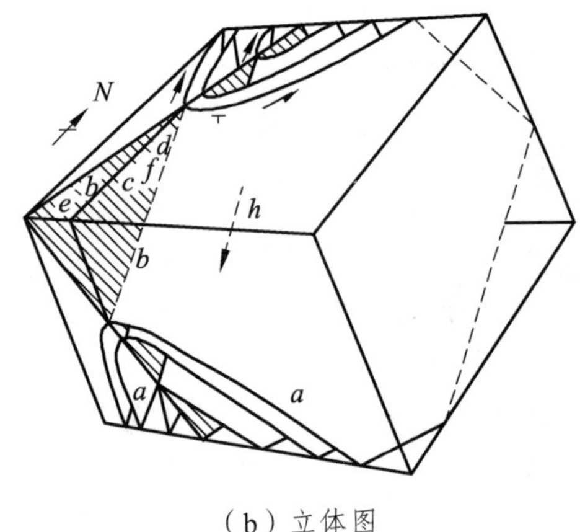

（b）立体图

图 7-22　褶皱要素的赤平投影

a—翼；e、g—轴面及其走向；b，c，d，f—枢纽及其倾伏向、侧伏向、倾伏角、侧伏角；h—褶皱

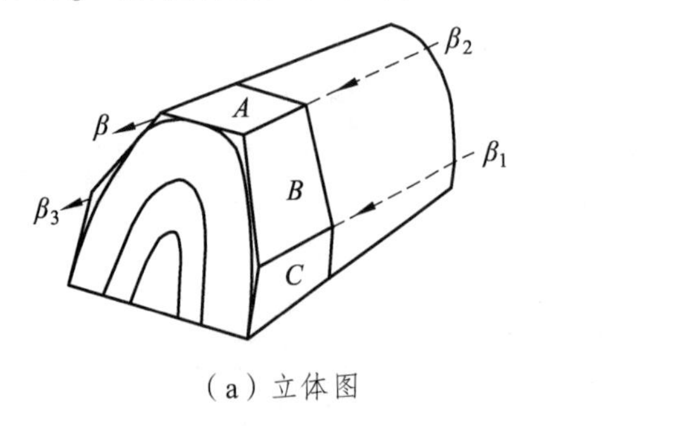

（a）立体图

C
B
A
β

（b）赤平图

图 7-23　圆柱状褶皱要素的枢纽产状为一点（β）

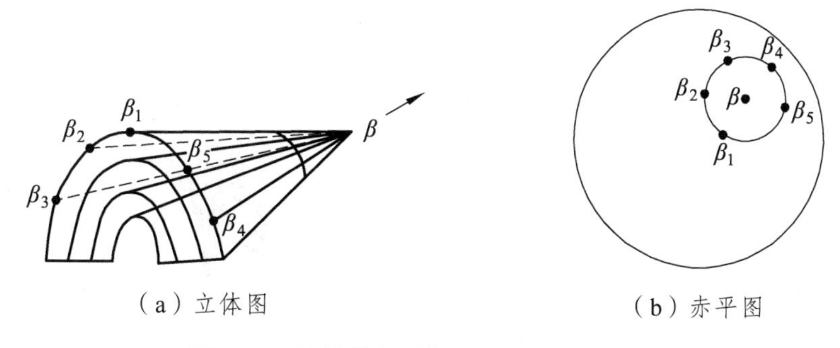

图 7-24 圆柱状褶皱枢纽产状构成一小圆

用褶皱面上各处的法线产状来求褶皱枢纽和轴面的产状更为简便。根据同一褶皱层面上各产状的法线共面（即褶皱的横截面）的特点，如图 7-25 所示，在赤平投影图上直接标出各产状法线的投影（P_1、P_2、…）。显然，这些极点投影都应落在一个大圆弧上，这个大圆弧就叫作 π 圆，这种在赤平投影图上用各褶皱面法线产状表示横截面的图件称 π 图。

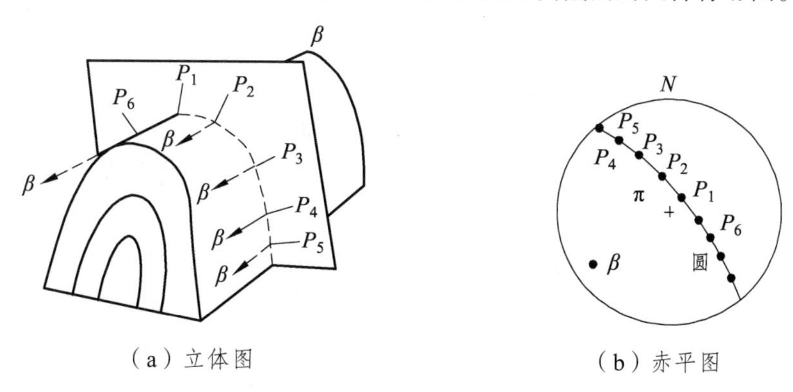

图 7-25 褶皱轴面和两翼顶角平分面的关系

应当指出的是，各法线点实际上不一定严格位于大圆弧上，通常是根据总的延伸趋势或根据统计得出的环带来勾绘。

由于褶皱横截面与褶皱枢纽的关系，在褶皱的 π 图中，π 圆的法线即为褶皱枢纽产状。

2. 褶皱轴面产状的确定

轴迹是轴面与任意截面的交线，大多表现为褶皱各岩层转折弯曲最明显的点的连线。

轴面产状可根据枢纽和轴迹求得（两者均位于轴面上），也可以根据平分褶皱两翼顶角的面来代替；但要注意所选两平面的部位和褶皱两翼地层厚薄是否对称。如图 7-23（a）、（b）两面顶角的平分线与枢纽构成的面和 *B*、*C* 两面顶角的平分线与枢纽构成的面，不是真正的轴面，只有在 *A* 面紧靠两侧的平面延展相交的顶角作的平分面才大致相当于轴面。所以在野外最好按一定距离测定统计，或找准有代表性的两翼（平面）；另一种情况（图 7-26）是轴面不等于两翼顶角的平分面。不过多数情况下，根据较稳定的两翼产状来求轴面产状是可以的。

需要说明的是，背斜（或背形）和向斜（或向形）的投影图式完全相同，故在投影图上分不出背斜（或背形）和向斜（或向形）。另外，在褶皱两翼顶角（翼间角）及两翼法线夹角关系上，正常褶皱时二者互为补角，同斜褶皱时二者同为相等锐角。

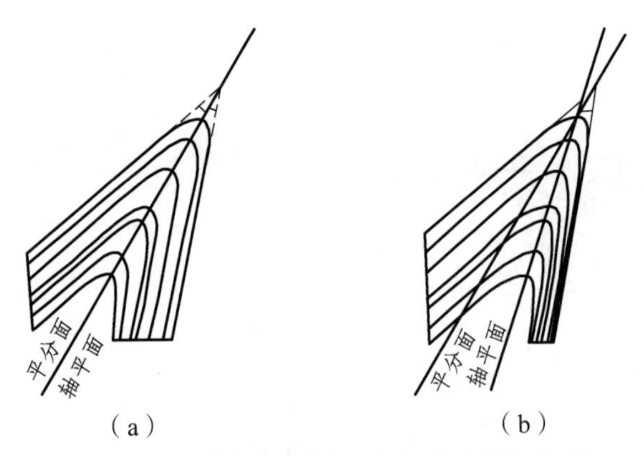

图 7-26 褶皱轴面和两翼顶角平分面的关系

【例 7-10】已知背斜两翼产状为 10°∠30°和 50°∠60°，在一个产状为 180°∠70°的陡壁上测得该背斜轴迹的侧伏角为 26°E，求该背斜的枢纽产状、翼间角、枢纽与轴迹构成的轴面产状、枢纽与翼间角平分线构成的轴面产状（图 7-27）。

（1）据 7.2.2 节投影操作第 1、3 点，作出两翼大圆弧和极点 P_1、P_2。

（2）据 7.2.2 节投影操作第 1 点的可逆操作，量得两翼交线 β 产状为 336°∠26°。

（3）据 7.2.2 节投影操作第 7 点，作 β 产状的轴垂面大圆弧，P_1、P_2 必位于此大圆弧上并交两翼大圆弧于 I、H（本例为两翼同斜，故翼间角等于两翼法线的夹角，即弧 IH 角距与弧 P_1P_2 的角距均为 40°）。

（4）据 7.2.2 节投影操作第 6 点，作陡崖面产状及轴迹侧伏角，得轴迹倾伏为 101°∠24°。

（5）据 7.2.2 节投影操作第 8 点或第 4 点，作枢纽与轴迹共面的产状得 37°∠45°和枢纽与翼间角平分线共面的产状得 34°∠42°（在图 7-27 中，前者用虚线代表，后者用点线代表，二者产状略有差异）。

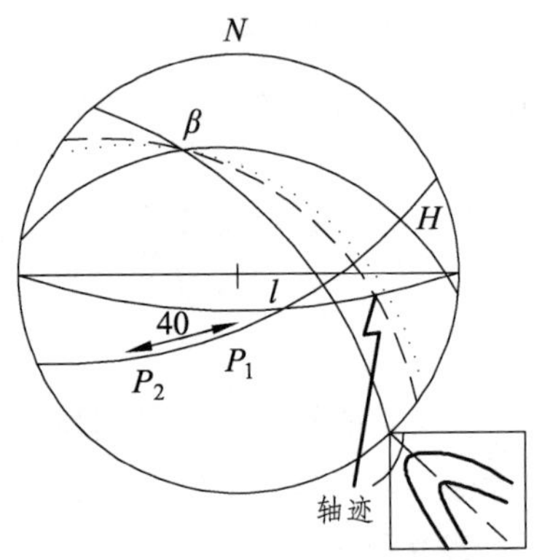

图 7-27 褶皱轴面和两翼顶角平分面的关系

7.3.5 断裂构造的赤平投影

此处主要对断裂面与应力的几何关系、各主应力方位及断盘的滑移方向进行分析。

1. 共轭断裂与主应力关系

共轭断裂与主应力之间有下列几何关系（图 7-28）。在立体图上（空间状态）的表现是，一对共轭断裂的交线代表中间主应力轴σ_2，垂直σ_2并又互相垂直的为最大主（压）应力轴σ_1和最小主应力轴σ_3。在理论上两共轭断裂面应互相垂直，但由于不同岩石中具有不同大小的内摩擦角（一般为 30°），因此，σ_1所对的为锐角二面角（即 90°-30°）的平分线方向，σ_3所对的为钝角二面角（即 90°+30°）的平分线方向。它们也指示了两共轭断裂面上的滑动线方向，即σ_1方向上滑动线垂直于σ_2向内，σ_3方向上滑动线垂直于σ_2向外。

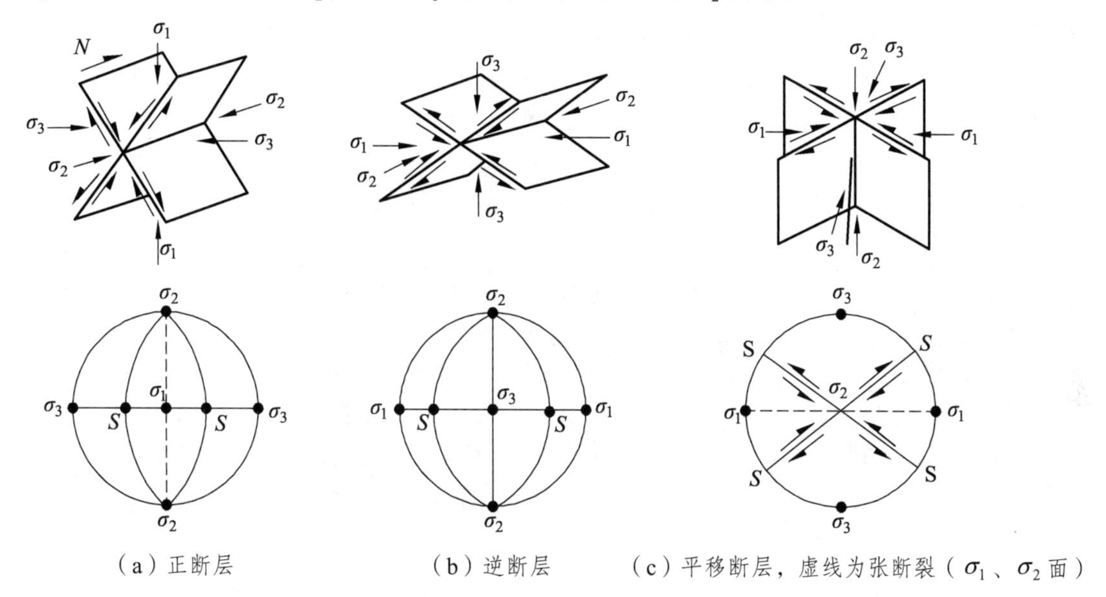

（a）正断层　（b）逆断层　（c）平移断层，虚线为张断裂（σ_1、σ_2面）

图 7-28　共轭断裂与主应力方位关系

它们在赤平图上的表现是（图 7-28、图 7-29），代表共轭断裂面的两大圆弧 S 的交点为σ_2的投影点；垂直于σ_2的辅助大圆弧（包含了σ_1和σ_3）上与共轭断裂两大圆弧交点（图 7-29 为 S_1、S_2）间的弧度为共轭断裂面的二面角；其锐角弧度的角距平分点为σ_1投影点；钝角弧度的平分角距点为σ_3投影点；σ_1、σ_2、σ_3互相成 90°角距。S_1、S_2为两共轭断裂两盘相对滑动的方向，S_1和σ_1、S_2和σ_2分别位于两个共轭断裂面上，而 S_1与σ_2及 S_2与σ_2的角距又都为 90°角距。S_1、S_2也都位于包含σ_1、σ_3的辅助大圆弧上，σ_1与 S_1或σ_1与 S_2为 1/2 的锐夹角角距，σ_3与 S_1或σ_3与 S_2为 1/2 的钝夹角角距，其内摩擦角即为 90°减锐夹角或钝夹角减 90°。

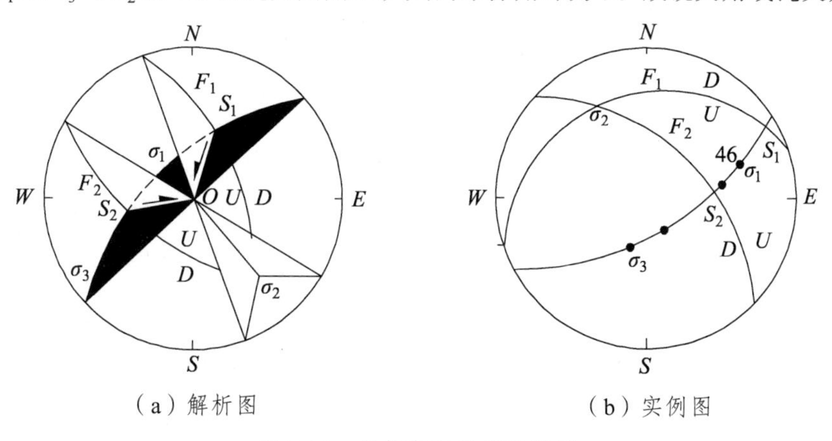

（a）解析图　（b）实例图

图 7-29　共轭断层的赤平投影

F_1，F_2—共轭断层面；S_1，S_2—断盘滑动线；U—上升盘；D—下降盘

用 7.2.2 节投影操作第 7、8 点可求出图 7-29 上σ_1、σ_2、σ_3的产状。

2. 断盘滑移分析

在下半球投影上，断层大圆弧的凸侧代表上盘，凹侧为下盘。故滑动线平行于断层倾向时，σ_1在凸侧，且σ_1与S_1（或S_2）的角距小于 90°/2，表示上盘相对上升的逆断层；反之，σ_1在凹侧，且σ_1与S_1（或S_2）的角距小于 90°/2 时，表示下盘相对上升的正断层。同理，滑动线平行于断层走向时，据σ_1的指向，沿滑动线有左行滑动和右行滑动之分，锐角指向本盘移动方向。还有最常见的斜向滑动，对其上盘相对上升或下降的分量，可据σ_1位于大圆弧凸侧或凹侧来判定，对其左行或右行的平移分量，可据σ_1指向滑动线的侧伏角来判定。

以图 7-29（b）为例，F_1断层（340°∠20°）和F_2断层（46°∠50°）为共轭关系，所以两大圆弧的交点为σ_2的产状（334°∠20°）。以σ_2为极点，作对应大圆弧，即σ_1-σ_3平面，该弧与F_1、F_2的交点为S_1和S_2，表明F_1断层面上的滑动方向（示擦痕方向）为 64°或 244°，F_2断层面上的滑动方向为 84°或 264°。S_1S_2的锐角角距中点为σ_1（71°∠23°），再从σ_1沿大圆弧量度 90°角距得σ_3（206°∠58°）。由于σ_1位于F_1断层凹侧，且σ_1与S_1的角距又小于 90°/2，故F_1断层为正断层，上盘向 64°方向滑动，接近于沿F_1断层走向的右行滑动。σ_1位于F_2断层凸侧，σ_1与S_2的角距也小于 90°/2，故F_2断层为逆断层，断层上盘向 64°方向滑动，具有左行平移的性质。F_1和F_2的夹角为 46°，所以岩石破裂的内摩擦角为 90°−46°=44°。

8　隐伏地质构造的探测方法

8.1　地震波法

地震波法是当前隧洞中长距离隐伏地质构造探测的主流方法。它包括 TETSP、TSP、HSP、TGP、TRT、TST、负视速度等各种方法。

8.1.1　TETSP 隧道地震超前探测系统

TETSP 的原理是利用地震波在不均匀地质体中的反射波来预报隧道（洞）掌子面超前方向的地质情况，主要用于探测隧道（洞）开挖过程中掌子面前方的断层、溶洞、软弱层等灾害性地质体的空间位置及富水情况，并提供介质的速度、密度、泊松比等岩石物理参数和围岩分级参数。TETSP 为专门开发的隧道地震超前探测系统，研发了宽频带、高灵敏度加速度传感器，设计了"直耦合"探头，配置了满足国际标准 MIL-810G 的主控系统，箱体设计比第一代更坚固、轻便。

TETSP 每次可探测 100 ~ 350 m，为提高探测准确度和精度，采取重叠式预报，每开挖 100 ~ 200 m 探测一次，重叠部分（不小于 10 m）对比分析。

TETSP 隧道地震超前探测系统组成见图 8-1。

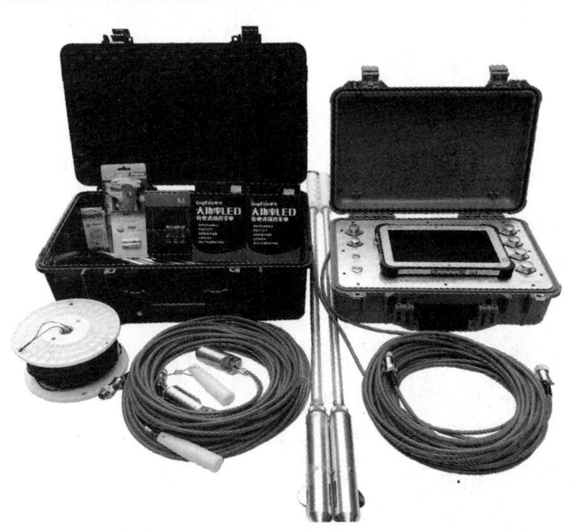

图 8-1　TETSP 隧道地震超前探测系统组成

8.1.2 TSP 隧道地震超前探测系统

其工作原理是利用在隧洞围岩中激发的弹性波在向三维空间传播的过程中，遇到声阻抗界面，即地质岩性变化的界面、构造破碎带、岩溶和岩溶发育带等，会产生弹性波的反射现象，这种反射波被布置在隧洞围岩内的检波装置接收下来，输入到仪器中进行信号的放大、数字采集和处理，实现拾取掌子面前方岩体中的反射波信息，达到预报的目的。

TSP203 超前地质预报系统是专门为隧洞和地下工程超前地质预报研制开发的、目前世界上在这个领域最先进的设备。它能方便快捷地预报掌子面前方较长范围内的地质情况，弥补传统地质预报方法只能定性预报无法定量预报的缺陷，为更准确的地质预报提供了一种强有力的科学方法和工具。它不仅可以及时地为隧洞施工变更施工工艺提供依据，而且可以减少隧洞施工中突发性地质灾害的危险性，为隧洞施工提供更安全的保障，减少人员和设备的损伤，同时也就带来了很大的经济效益。

TSP203 每次可探测 100 ~ 200 m，为提高预报准确度和精度，采取重叠式预报，每开挖 100 ~ 200 m 预报一次，重叠部分（不小于 10 m）对比分析。

TSP 隧道地震超前探测系统组成见图 8-2。

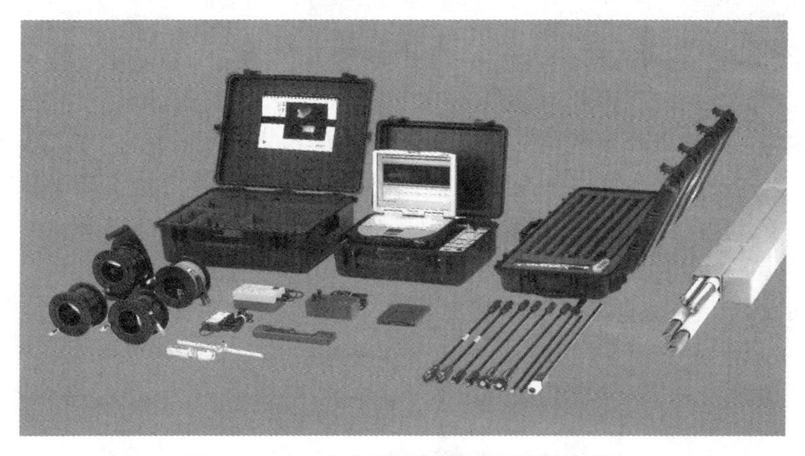

图 8-2 TSP 隧道地震超前探测系统组成

8.1.3 TRT 隧洞地质超前预报

TRT（Tunnel Reflection Tomography）系统（隧洞反射层析成像系统），是由美国 C-Thru Ground 西斯陆地地质设备公司最新研制成功的隧洞地震超前探测仪器。该系统从探测方法、数据处理到成果评价均具有独特的方法。

TRT 技术方法与其他地质探测方法的基本原理一样，即弹性波反射成像。当震源发射的地震波在传播过程中到达波阻抗差异的界面（如岩层面、断层、软弱层、岩溶等）上时，发生反射和透射，一部分被反射回来的信号被安装在隧洞边墙及顶部的传感器所接收，一部分信号通过透射继续向前传播。由于接收到的反射信号的时间、振幅、频率以及衰减的性质与工作面前方岩体性质密切相关，通过对采集到的数据进行分析，可以确定探测前方岩体的反射系数、地震波在岩体中传播的速度以及岩体的动力学性质，进而可以推断出工作面前方是否存在地质异常体及其位置和规模（图 8-3）。

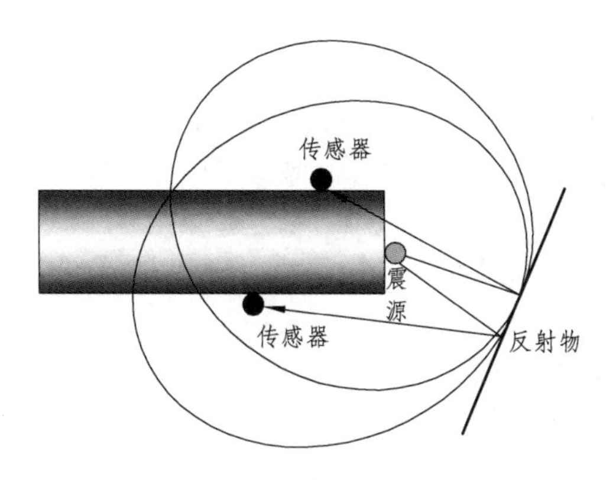

图 8-3 TRT6000 探测原理示意

TRT6000 可以方便、准确地预报工作面前方 100 ~ 200 m 范围内的地质情况，从而为隧洞工程的施工以及变更施工工艺等提供科学依据。TRT6000 系统的主要组成见图 8-4。

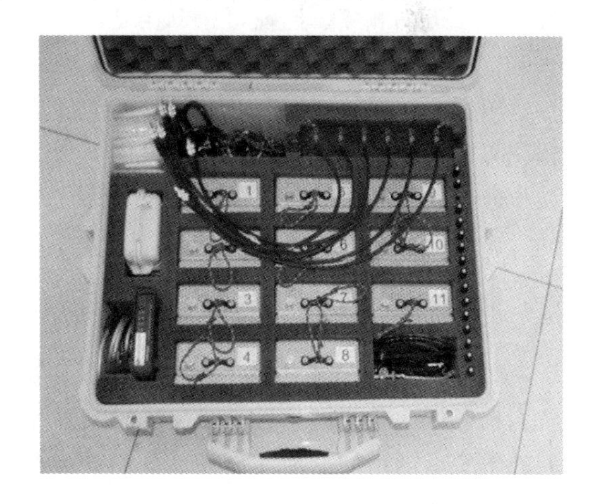

图 8-4 TRT6000 系统主要组成

8.1.4 TGP 隧洞地质超前预报

TGP-206 隧洞地震波超前仪采用地震波反射回波方法测量的原理进行探测，地震波震源采用小药量炸药激发产生。地震波在岩石中以球面波形式传播，当地震波遇到岩石物性界面（即波阻抗差异接口，例如断层、岩石破碎带和岩性变化等）时，一部分地震波信号被反射回来，一部分地震波信号透射进入前方介质，被反射的地震信号被高灵敏度的地震检波器接收，反射信号的传播时间与传播距离成正比，与传播速度成反比，因此通过测量直达波速度、反射回波的时间、波形和强度，可以达到预报隧洞掌子面前方地质条件的目的。通过专用的 TGPwin 软件快速建立地震波波速数学模型，可以得到隧洞围岩的地质力学参数，如动弹性模量、动剪切模量和动泊松比参数等，结合相关的地质资料和施工地质工作，可对掌子面前方围岩进行准确的预报。

8.1.5 HSP 隧道地震超前探测系统

HSP 声波测试和地震波探测原理基本相同，其原理建立在弹性波理论的基础上，传播过程遵循惠更斯-菲涅尔原理和费马原理。本方法探测的物理前提是岩体间或不同地质体间明显的声学特性差异。测试时，在隧洞施工掌子面或边墙一点发射低频声波信号，在另一点接收反射波信号。采用时域、频域分析探测反射波信号，根据隧洞施工掌子面地质调查、地面地质调查及利用隧洞超前施工段地质情况，推测另一平行隧洞施工掌子面前方地质条件，便可了解前方岩体的变化情况，探测掌子面前方可能存在的岩性分界、断层、岩体破碎带、软弱夹层以及岩溶等不良地质体的规模、性质及延伸情况等。

其主要理论依据为：当隧洞围岩岩性、强度发生变化时，如存在断层或岩性变化，即当围岩之间存在弹性差异时，其接触面便是波阻抗界面或波速界面。入射声波遇到界面时便会发生反射、折射与透射现象。当隧洞施工面前方存在不良地质体时，它与围岩之间应有弹性差异，形成明显的弹性界面。当在开挖的隧洞中激发弹性波时，入射声波遇到弹性界面就可能产生反射波。若在震源与反射点之间布置观测系统（纵排列），则入射声波与反射声波在测线上传播方向相反。因而可以利用反射声波同相轴作为识别与提取来自掌子面前方回波的标志和依据，根据反射声波时距曲线做反演，就可以求出反射界面的位置。

根据空间界面定位原理，利用三维极坐标系观测系统，求出反射界面的产状与空间位置。根据界面上波前质点位移原理，利用矢量法推断反射震相在测点的初始运动方向或极性，从而推断出反射界面阻抗的性质，区分反射层岩性的相对好坏。

8.1.6 TST 隧洞地质超前预报

TST 超前地质预报系统基于地震散射场理论在不均匀地质体中产生的反射波特性来预报隧洞掘进方向及周围邻近区域地质状况。其观测方式是根据对围岩波速分析和波场方向滤波的技术要求确定的。地震波在岩石中以球面波形式传播，当遇到岩石物性界面（即波阻抗差异界面，例如断层、岩体破碎带、岩性变化或岩溶发育带、地下水赋存带等）时，一部分地震信号被反射回来，一部分信号透射进入前方介质继续传播。被反射回来的地震信号被高灵敏度的地震检波器接收，通过测量直达波速度、反射回波的时间、波形和强度，采用时域、频域分析探测反射波信号，就可以较准确地探测掌子面前方可能存在的岩性分界、断层、岩体破碎带、软弱夹层，以及岩溶等不良地质体的规模、性质及延伸情况等。TST 设备见图 8-5。

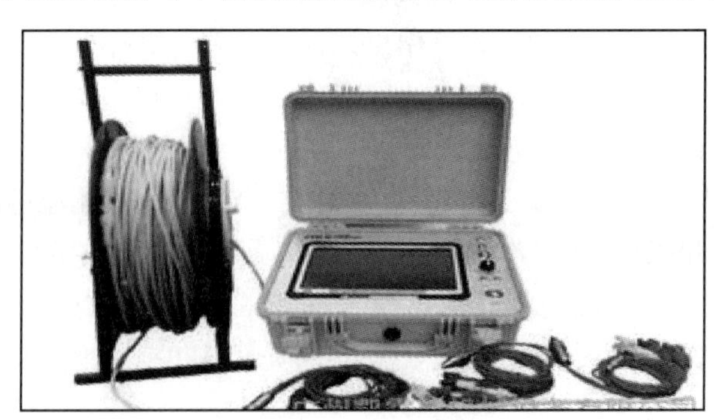

图 8-5 TST 设备

8.1.7 负视速度超前地质预报

根据几何物理学的知识，沿隧洞轴向布置一条纵测线 l_1，并与反射界面 R 正交，交点为 A。震源 O 布置在远离反射界面的一端，OA 之间布置若干检波器，则弹性波自震源向四方辐射，其中一支射线沿测线传播，遇界面 R 时，在 A 点反射，并沿测线反向传播，射线路径与时距曲线，如图 8-6 所示。在法向观测系统中，由于反射路径与入射路径相反，而入射波的时距曲线 $t_1(x)$ 具有正视速度的特征，所以反射波的时距曲线 $t_{11}(x)$ 就具有负视速度的特征。如果隧洞施工掌子面在 OA 之间的任意点 D 的位置上，则实际测线及时距曲线就只能局限在 OD 之间，这时，利用有限的正、负视速度的时距曲线顺势外延，得交点 A'，则交点 A' 的横坐标 X_A' 就是预报的反射界面点的位置 A。

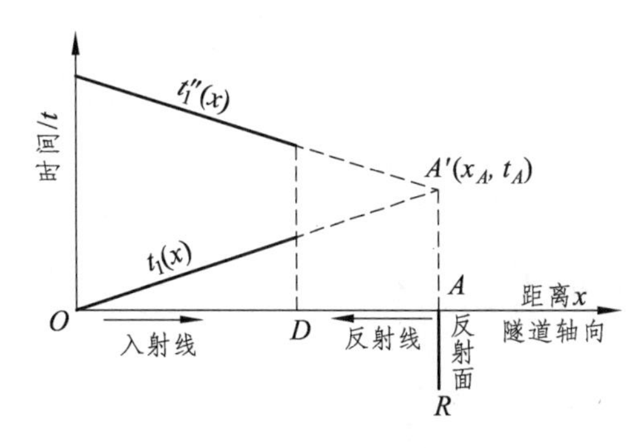

图 8-6 负视速度超前地质预报工作原理

8.2 地质雷达法超前地质预报

该方法以地质雷达方程为理论基础，以地下各种介质的电阻率和介电常数差异为物理条件。图 8-7 所示为地质雷达原理示意图。发射机发射出的频率为 50 ~ 1 000 kHz 的大功率脉冲（又称视频脉冲）在地下传播过程中，当遇到电性不均匀界面时，产生返回地面的回波。观测、研究此回波的传播特性，通过计算机处理，校准地层介电常数，即可获得标明地下被探测目标的形状和空间位置的灰色电平图。通过提高天线、滤波、数据处理、计算机、时间域和层析成像技术，可以使地质雷达实现高自动化、高分辨力、高精度的探测。

地质雷达可用来划分地层，查明断层破碎带、滑坡面、岩溶、土洞、地下硐室和地下管线，也可用于水文地质调查。由于地质雷达在电阻率小于 100 Ω · m 的覆盖层地区，探测深度小于 3 m，严重阻碍了地质雷达的应用。因此，在低电阻率区如何加大探测深度，仍是一个研究课题。20 世纪 80 年代末，地质雷达还主要用于高电阻率的基岩地区、钻孔和坑道的探测中。

现在流行的地质雷达主要包括：美国出产的地质雷达、意大利出产的地质雷达、瑞典出产的地质雷达、拉脱维亚出产的地质雷达、俄罗斯出产的地质雷达、中国出产的地质雷达。

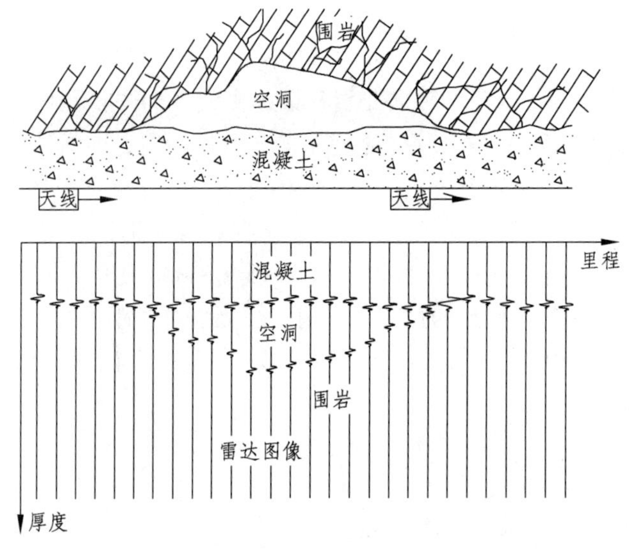

图 8-7 地质雷达检测原理示意

8.2.1 美国出产的劳雷 SIR 系列地质雷达

1. 工作原理

该地质雷达主机通过天线对隧洞接触面发射频率为数百兆赫的电磁波（图 8-7），当电磁波遇到不同媒质的界面时便会发生反射与透射，反射波返回表面，又被接收天线所接收（发射与接收为同一天线）。此时雷达主机记录下电磁波从发射到接收的双程旅行时Δt。因为电磁波传播度 v 可测定出来，由深度 $D=v\cdot\Delta t/2$ 式可求出反射面的深度。此外，根据雷达图像上反射波的强弱、频率特征及变化情况，我们可确定隧洞掌子面前方不良地质体的情况。

在地质雷达法勘探中，电磁波通常被近似为均匀平面波。其传播速度在高阻媒质中取决于媒质的相对介电常数ε_r，即：

$$v = C / \sqrt{\varepsilon_r}$$

式中 $C = 0.3$ m/ns；

ε_r为媒质的相对介电常数。

电磁波传播在遇到不同媒质界面时，其反射系数为

$$R = (\sqrt{\varepsilon_1} - \sqrt{\varepsilon_2}) / (\sqrt{\varepsilon_1} + \sqrt{\varepsilon_2})$$

由此可知，电磁波的反射系数取决于界面两边媒质的相对介电常数的差异，差异越大，反射系数越大。

2. 仪器设备

（1）美国 SIR-3000 型高精度探地雷达，见图 8-8（a）。

（2）100 MHz 天线，见图 8-8（b）。

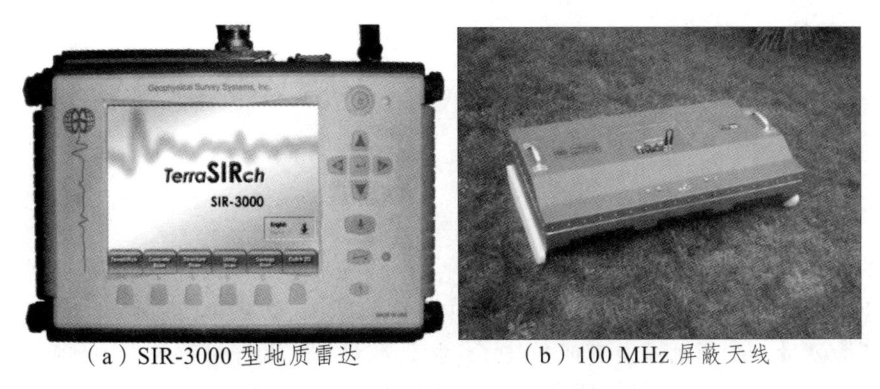

（a）SIR-3000 型地质雷达　　（b）100 MHz 屏蔽天线

图 8-8　美国 SIR-3000 型地质雷达设备

8.2.2　瑞典出产的 RAMAC 地质雷达

1. 工作原理

RAMAC 地质雷达是一种基于地下介质的电性差异对地下介质或物体内不可见的目标或界面进行定位的电磁技术。目前常用的双天线探地雷达测量方式主要有两种：剖面法和宽角法。所谓剖面法就是发射天线（T）和接收天线（R）以固定间隔距离沿测线同步移动的一种测量方式。一个天线固定在地面某一点上不动，而另一个天线沿测线移动，记录地下各个不同层面反射波的双程走时，这种测量方法称为宽角法。剖面法的工作原理和过程如图 8-9 所示。发射机通过发射天线向被测物体定向发射电磁波，电磁波在传播路径上当遇到有电性（介电常数和电导率）差异的界面时即发生反射。从不同深度返回的各个反射波由设置在发射天线旁的接收天线所接收，另外还最先接收到从发射天线经两天线所在介质的表面传播到接收天线的直达波，并作为系统的时间起始零点。因此，我们可以根据电磁波在介质中的传播时间、速度、雷达图像等对被测介质的结构、构造等作出判断和分析。

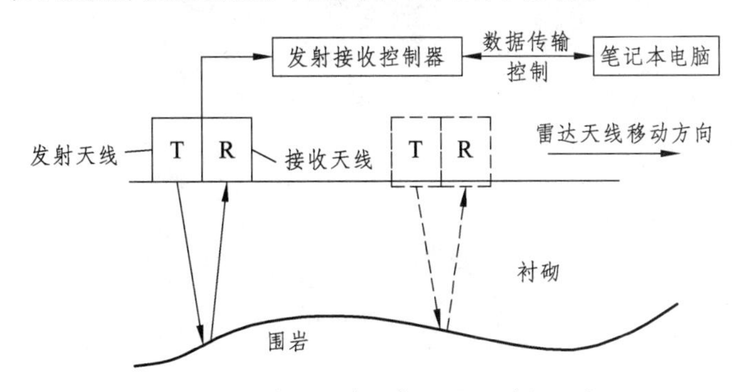

图 8-9　地质雷达工作原理及过程示意

2. 仪器设备

RAMAC 地质雷达系统主要组成有：

（1）RAMAC/GPR 系列天线：4 或 16 道，16 位 A/D 转换，采样频率 0.4 ~ 1 000 GHz。

（2）主机由控制单元（CUⅡ）和采集软件（Ground Vision）组成。

（3）数据处理软件包。

8.2.3 拉脱维亚出产的 ZOND-12E 地质雷达

1. 工作原理

ZOND-12E 地质雷达是一款可单人操作的便携式的数字地质雷达。整个地质雷达由中心控制器、应用软件、附件、计算机和用于不同频率范围的天线系列组成，主要应用于地质勘测、地理环境测量、工程勘探及其他非破坏性探地测量。在勘探过程中，该地质雷达将得到剖面的实时测量数据，同时将数据存储在计算机中以便今后的处理。

ZOND-12E 探地雷达的 Prism 软件可以人工设置异常物体为高亮状态，从而可以快速、容易地将目标与周围环境区分开来。Prism 软件同样可以显示目标深度、距离、信号强度以及其他更多的信息。其天线具有防尘、防溅水特性，甚至可以短时间在水中浸泡。面阵天线由极端高抗磨强度的维尼尔塑料制成。ZOND 探地雷达探测深度可以达到 30 m，可以实现多天线探测。ZOND-12E 的 Prism 软件同样显示深度、从开始点的距离、信号强度等等。所有的探地雷达参数均由计算机控制，根据探测目标的不同选择相应的天线。天线频率越高，探测分辨率就越高，但信号衰减越大，探测深度也就越浅。频率越低，探测深度越深，但分辨率也就越差。总之，配置低频天线的地质雷达适用于大范围的初始勘探。

2. 仪器设备

（1）天线：38-75-150 MHz 非屏蔽天线对。

（2）300 MHz、500 MHz、750 MHz、900 MHz 及 2 GHz 屏蔽天线单元（浅蓝色的）。

（3）主控单元及可装在其外壳上的笔记本电脑（图 8-10）。

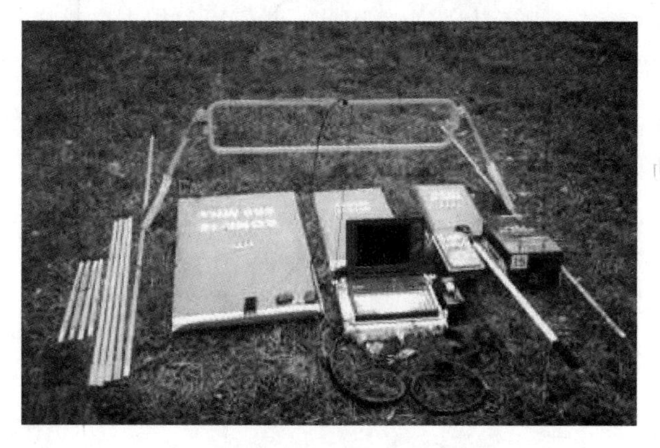

图 8-10 设备组成

3. 测线布置

现场数据主要在掌子面上进行，以掌子面前方为检测目标，单通道只能接一个天线，双通道可以同时接两个天线，可一次走两条测线。测线长度应结合天线长度和掌子面范围确定，应尽可能地充分利用掌子面的长度和高度。

4. 天线耦合与测量方式

天线与掌子面的耦合是影响预报效果的一个关键因素，耦合的好坏直接影响信号的采集。天线在掌子面上移动时，由于掌子面凹凸不平，不能保证天线与掌子面密贴，因此采用连续测量时，必须对掌子面进行平整处理。对于难于平整处理的掌子面可采用点采方式进行数据采集，天线每次横向移动距离以 5 ~ 10 cm 为宜。

8.2.4 中国出产的 LTD 地质雷达

1. 工作原理

LTD 地质雷达法是一种利用电磁波在不同介质中产生透射、反射的特性来进行超前地质预报的方法。它利用超高频电磁波以宽频带短脉冲的形式，由发射天线送出，经地层的界面或目的体（如节理、裂隙、断层破碎带、地下水等）反射后由接收天线接收。接收机利用分时采样原理和数据组合方式，把天线接收的信号转化为数字信号，主机系统再将数字信号转化为模拟信号或彩色线迹信号，并以时间剖面的形式显示出来，供解译人员分析，以达到探测前方目的体的目的。

2. 测线布置

现场数据主要在掌子面上进行，以掌子面前方为检测目标，测线在掌子面上呈“井”字形布置 4 条雷达测线，必要时加密雷达测线以提高探测结果的准确性。另外，结合施工方法可进行灵活布置，但一般不少于 4 条测线。测线长度应结合天线长度和掌子面范围确定，应尽可能地充分利用掌子面的长度和高度。

3. 天线耦合与测量方式

天线与掌子面的耦合是影响预报效果的一个关键因素，耦合的好坏直接影响信号的采集。天线在掌子面上移动时，由于掌子面凹凸不平，不能保证天线与掌子面密贴，因此采用连续测量时，必须对掌子面进行平整处理。对于难于平整处理的掌子面可采用点采方式进行数据采集，天线每次横向移动距离以 5 ~ 10 cm 为宜。

8.2.5 俄罗斯出产的 OKO 地质雷达

OKO-2 地质雷达是俄罗斯 GEOTECH 公司生产的专业物探设备。GEOTECH 公司致力于地质勘测系统的研发与制造，前期为军工企业，以高品质、高性能闻名于世。GEOTECH 公司是世界上最专业的探地雷达生产厂家，致力于地球物理勘探设备的专项研发，目前占俄罗斯市场的 80%。

地质雷达作为近十余年来发展起来的地球物理高新技术方法，以其分辨率高、定位准确、快速经济、灵活方便、剖面直观、实时图像显示等优点，备受广大工程技术人员的青睐。地质雷达检测方法是一种无损检测，OKO-2 地质雷达性能优良、功能先进，在市政建设、考古、建筑、铁路、公路、水利、电力、采矿、航空等领域都有广泛应用。

1. 工作原理

探地雷达作为工程物探检测的一项新技术，具有连续、无损、高效和高精度等优点。探地雷达由一体化主机、天线单元及配套软件等几部分组成，根据电磁波在有耗介质中的传播特性，发射天线向被测介质发射高频率宽频短脉冲电磁波，当其遇到异质体（界面）时会反射一部分电磁波，其反射系数主要取决于被测介质的介电常数，雷达主机通过对此部分的反射波进行适时接收和处理，达到识别目标物体的目的（图 8-11、图 8-12）。

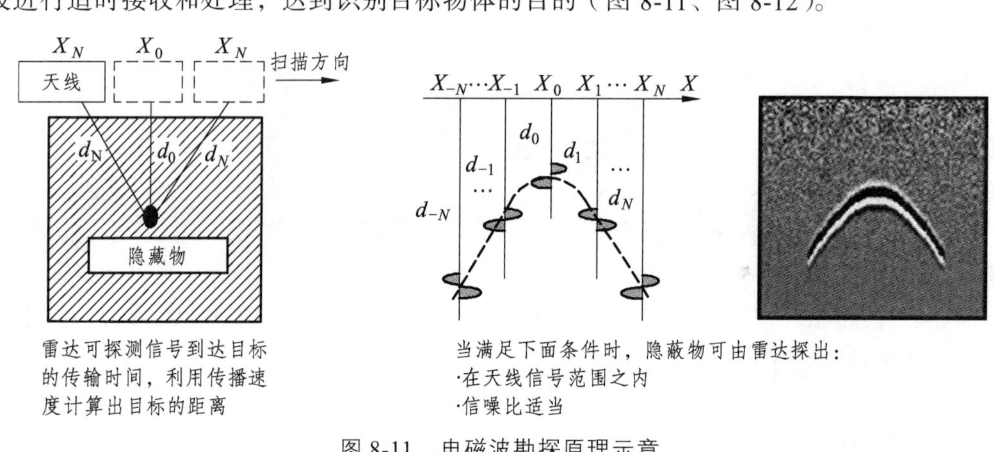

图 8-11 电磁波勘探原理示意

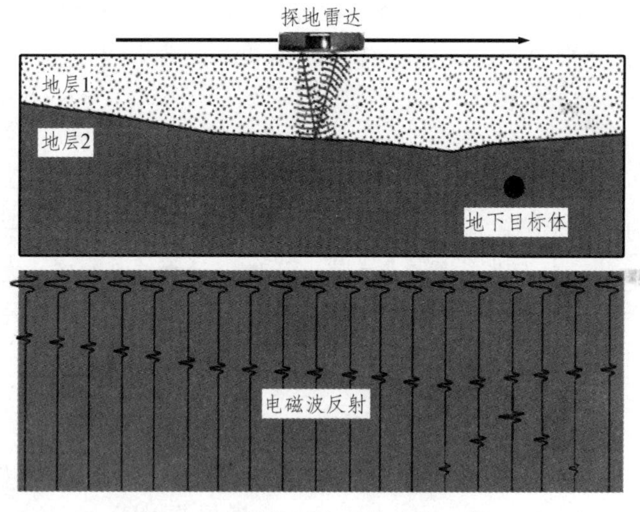

图 8-12 探地雷达工作原理示意

2. 仪器设备

整个系统主要由控制单元、发射天线、接收天线及微机 4 部分组成，发射与接收信号均由光缆或通信电缆传输给雷达主机，再通过以太网口传送到处理单元（笔记本电脑），由处理单元进行汇总、分析和处理。OKO-2 雷达主机及天线见图 8-13、图 8-14。

图 8-13 OKO-2 双通道雷达主机

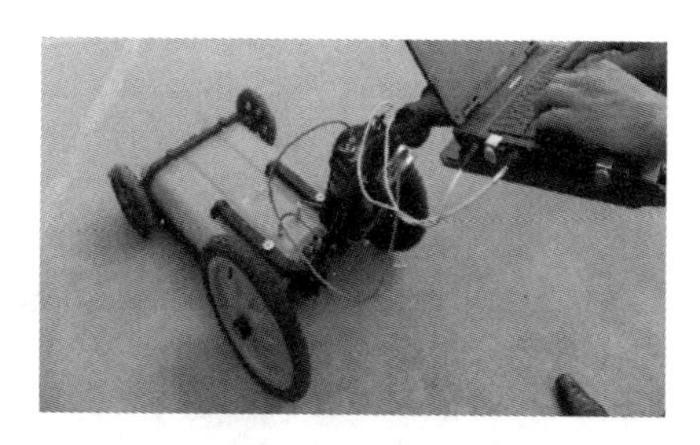

图 8-14 250+700 MHz 组合天线

8.2.6 高密度电法（BEAM）超前探测

BEAM（Bore-Tunneling Electrical Ahead Monitoring），这是当前国际上唯一的一种电法超前预报方法。该方法所用设备是由德国 GEOHYDRAULIC DATA 公司推出的产品。它通过得到一个与岩体中孔隙有关的电能储存能力的参数 PFE（Percentage frequency effect）的变化，预报前方岩体的完整性和含水性；它的另一个特点是所有的装置都安装在盾构挖掘机的刀头（测量电极）和外侧钢环（屏蔽电流）上，也可装在钻爆法施工钻头的前方（测量电极）及两侧钢架（屏蔽电流）上，随着隧洞掘进，连续不断获得成果，并适时处理得出掌子面前方的 PFE 曲线，由此预报前方岩体的性状及含水情况。

我国南方岩溶发育，地质构造复杂，地下水丰富。为确保工程质量与安全，适于采用高密度电法沿隧洞轴线进行勘探的方法和地震法结合的超前预报方法。高密度电法对整个山体成像，找到溶洞等含水带，进一步结合地震法超前预报对隧洞掌子面前方的地质结构进行预报，结果更加可靠。

例如：如图 8-15，某岩溶发育带的隧洞。图中灰色表示高阻区，导电性不好，岩体干燥、致密、稳定性好。黑色区代表低阻，导电性好，岩体破碎，含水量大，与断裂带、含水带、填充溶洞有关。黑色区是隧洞开挖中易发生坍塌涌水灾害的地段，应特别注意。隧洞长近 800 m，最大埋深 250 m，进口段为灰岩，出口段为泥质砂岩。探测发现的灰岩段有大小 7 个岩溶发育，有 4 个与隧洞相交，3 个与地表落水洞相通，3 个连接地下河，在开挖中都得到证实。由于采取了预防措施，安全通过。其中 K40+250 处的溶洞截面 20 m×30 m，上通地表，下可通到地下暗河。隧洞中架桥通过溶洞区。通过应用地形与电阻率校正软件，得到准确的结果。

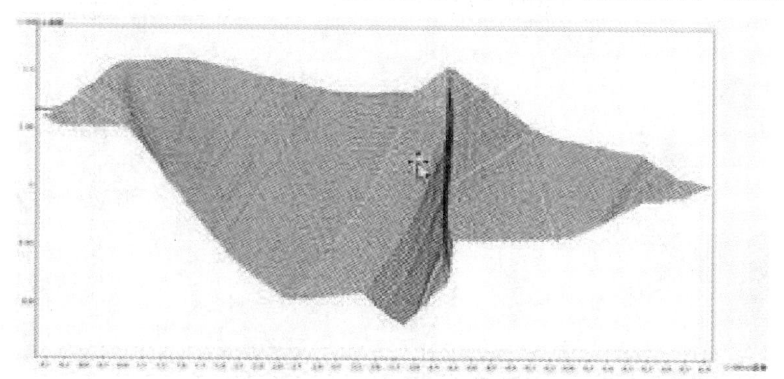

图 8-15 高密度电法地形与电阻率校正 TD-Eledata
图片来源于 TD-EleData 高密度电法地形与电阻率校正处理软件截屏

8.3 工程应用

8.3.1 武汉某城市轨道岩溶隧道

武汉市某轨道交通在建隧道线路穿过的岩溶地层主要为二叠系下统栖霞组（P_1q）深灰色中～厚层状生物屑泥晶-微晶灰岩，石炭系上统黄龙组和船山组（C_2^{h+c}）浅灰、灰白、浅肉红色白云质灰岩、灰岩。该隧道灰岩岩溶中等发育，岩溶在隧道顶板、洞身及底板范围内均有分布，部分段连续发育有大型岩溶体。由岩溶引起的岩溶顶板冒落、岩溶地基塌陷以及突水、涌泥等问题给隧道安全掘进和后期运营质量的保证带来了很大的不确定性。故在隧道开挖过程中必须进行超前地质预报工作，以明确地指导施工。

2017 年 4 月，中煤科工集团南京设计研究院有限公司利用 TETSP-2 隧道超前预报系统进行超前探测。其现场施工图见图 8-16，探测成果见图 8-17，揭露的岩溶见图 8-18。

结合纵横波偏移剖面分析，振幅最强区段主要集中于里程 581～551、里程 531～491，这些强振幅是由围岩条件破碎或者溶洞等强阻抗界面引起的，结合地勘资料推测该区段也可能为岩溶发育。掘进揭露情况表明：在进入里程 575 时，围岩明显变软、破碎、潮湿，自稳能力差；当进入里程 566 时，溶洞揭露如图 8-17 所示，该溶洞溶腔直径 2 m，高度 1.5 m，位于掌子面左侧，腔内为湿润状态，腔壁围岩光滑。当进入里程 550 时，围岩情况由逐渐变硬，变为完整性较好的灰岩；进入里程 535 时，围岩明显再次变软、破碎，易掉块；进入里程 506 时，岩溶揭露如图 8-18 所示，该溶洞溶腔直径 3.2 m，高度 2.2 m，位于掌子面正中间，腔壁围岩光滑。揭露情况与探测情况基本吻合，说明此次探测的准确率较高。

图 8-16 现场施工图

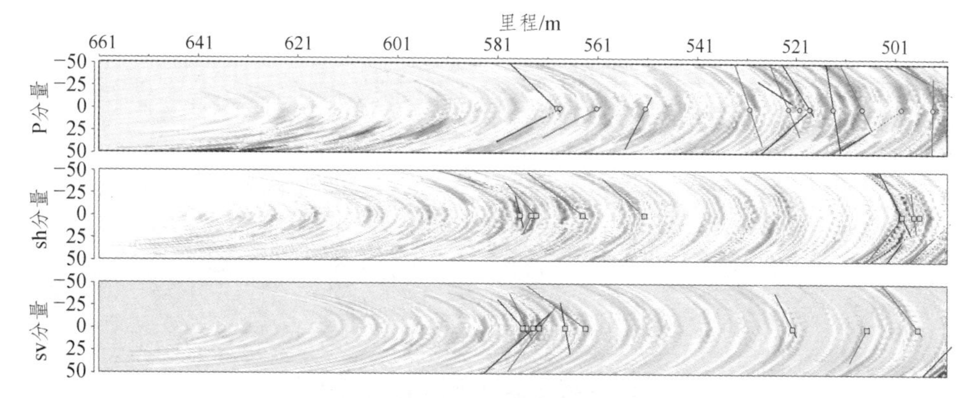

图 8-17 探测成果

图 8-18 里程 506 揭露的岩溶

8.3.2 恩来恩黔高速公路马鞍山隧道

湖北恩施至来凤高速公路（恩来高速公路）位于湖北省西南部，路线全长 86.135 km。与湖南龙山至吉首高速公路相接，是陕西安康至湖北来凤高速公路（安来高速公路 G6911）重要组成部分，其中恩施至宣恩段与恩施至重庆黔江高速公路共线。

2015 年 2 月，恩来恩黔高速公路马鞍山隧道某区段围岩破碎，导致拱架开裂。该区段隧道围岩为灰岩，为保障施工安全，中铁第四勘查设计院利用 TETSP-1 系统对隧道进行超前探测，其现场施工情况见图 8-19，探测成果见图 8-20。

图 8-19 现场施工图

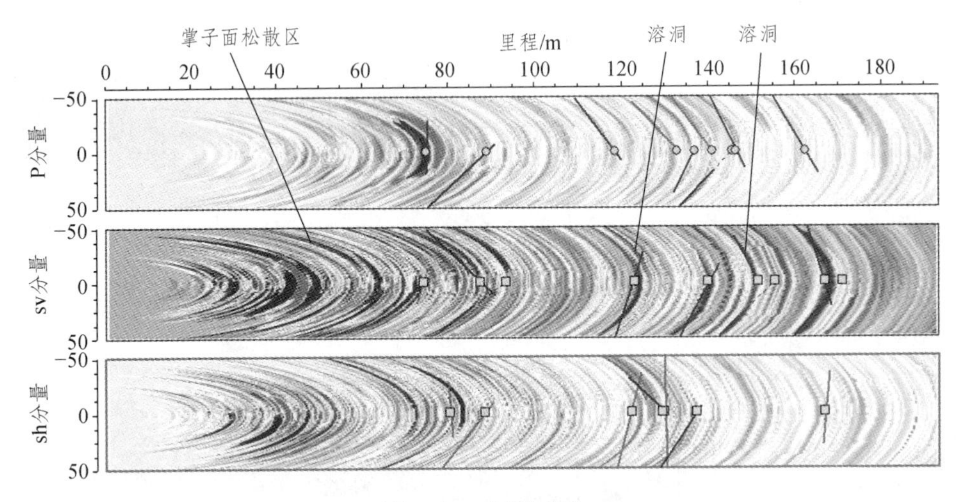

图 8-20 探测成果

通过掘进揭露情况和探测情况对比可以发现：在检波器前方 70 m 附近为掌子面，此处由于采掘形成了掌子面松散区，有明显的波阻抗反射，在检波器前 120 m、145 m 以及 165 m 附近均发现溶洞，对比探测成果图，这些位置均有明显强阻抗界面，故此处探测准确率较高，降低了现场施工的风险。

8.3.3 杭黄高铁圭川溪隧道

杭黄高铁东起浙江省杭州市，穿越富春江、新安江、千岛湖“两江一湖”风景区、名胜区，到达黄山市。该线建成通车后将极大地促进上海、杭州、黄山的联系，是连接“名城-名湖-名山”的世界段黄金旅游线。

由杭黄铁路站前 I 标二分部承建的圭川溪隧道地处天目山脉西南的中低山区，隧道全长 6800 m，属于长大隧道，地质情况复杂，存在岩溶、断层破碎带、极高地应力、软岩大变形、浅埋、有害气体等多种不良地质情况，安全风险高，属于较高风险隧道。为保障安全掘进，2015 年 3 月，中铁第四勘查设计院利用 TETSP-1 对该隧道进行了超前探测。其现场施工图见图 8-21，探测成果见图 8-22。

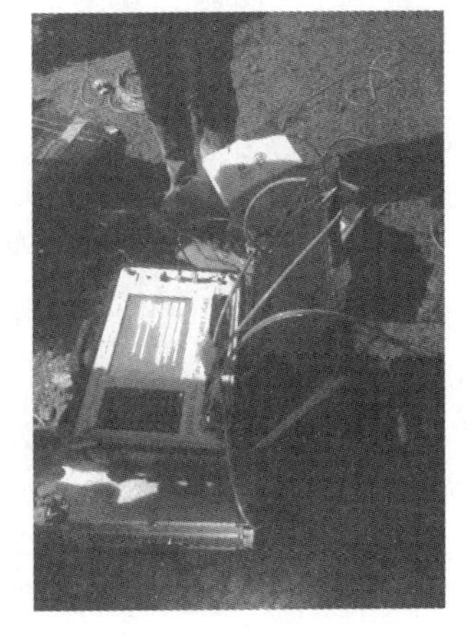

图 8-21 现场施工情况

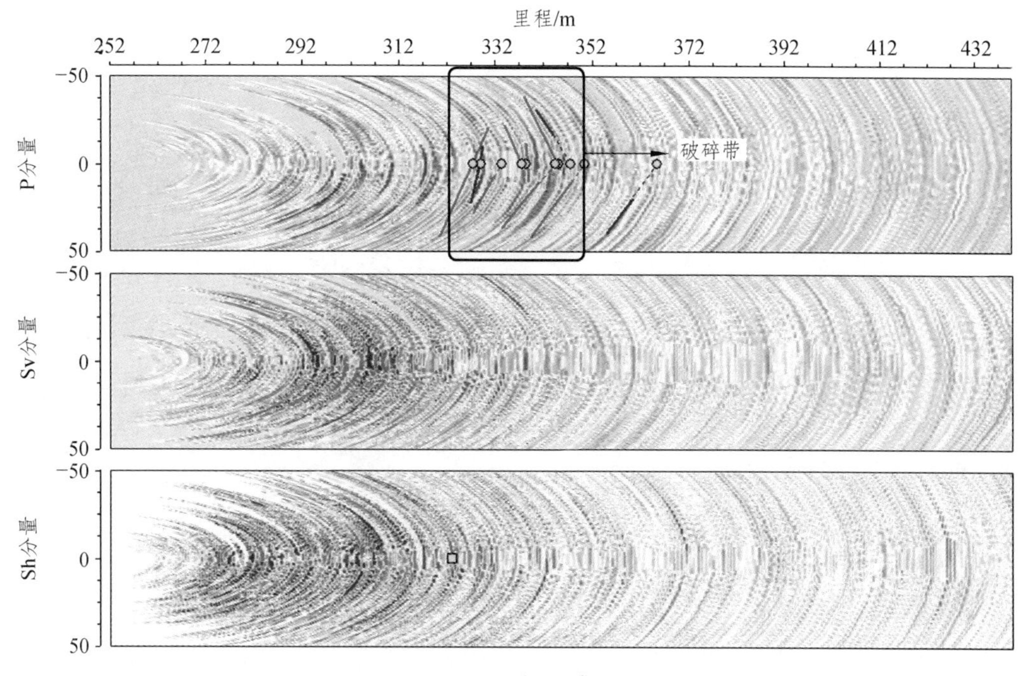

图 8-22 探测成果

探测结果表明：DK195+362 ~ +367 段存在较强的反射界面，推测此段裂隙较发育，岩体较破碎，其他区段岩体的均质性较好，揭露对比发现实际情况与探测情况大致吻合。

附录　室内实习指导

1　地质图的基本知识及读水平岩层地质图

一、目的和要求

（1）明确地质图的概念，了解地质图的图式规格。
（2）掌握阅读地质图的一般步骤和方法。
（3）掌握水平岩层在地质图上的表现特征。

二、实习用图和用品

（1）实习用图：凌河地形地质图。
（2）实习用品：铅笔、橡皮、小刀、三角板、量角器、方格纸等。

三、实习内容

1. 地质图的概念及图式规格

以××图为例，介绍地质图的概念及图式规格。

读地质图是了解和认识前人研究成果的一条重要途径，也是编图的先决条件。地质图（Geologic map）就是用规定的图例、符号和颜色，将一定地区出露的各种地质体和地质现象，按一定比例尺缩小投影到平面上的一种图件。所以，读地质图会得到很多地质构造的信息。

地质图是具体反映某一地区的地质现象的图件，但它不可能把某一地区所有的各种地质现象都表示出来，因此必须根据不同的要求，编制不同的地质图件来反映与表现各种不同的地质现象。

地质图的编制，首先必须是通过野外现场观察，对区内地层、岩石、岩浆活动、变质作用和构造变动等情况进行综合调查研究；再以规定的线条把各种地质界线（包括地层界线、岩体界线、断层线、不整合界线等）勾画出来，把岩层和断层等的产状标记上去，对各时代地层和各类型岩浆岩涂以各种统一规定的颜色，对各种岩相（岩浆岩、变质岩）加以各种规定的符号、花纹。

一幅正规的地质图须有统一的规格，除正图部分外，还应有图名、图号、比例尺、图例、图框、地质剖面图、地层柱状图、经纬度、制图单位、制图人和制图日期等。

（1）图名。

图名常用整齐美观的大字书写，要表明图幅所在地区和类型，一般采用图内主要市镇、居民点及主要山岭、河流等命名。如果比例尺较大，图幅面积较小，地名不为人们所知，则在地名前要写上所属省（自治区）、直辖市或县名，如《新疆维吾尔自治区地质图》。

（2）图号。

图号是为了图件的保存、整理、查找方便起见而统一规定的，一般都是用地形图的国际统一分幅和编号。

（3）比例尺。

比例尺又称缩尺，用以表明该图的缩小程度和精度。比例尺是图上的任一线段的长度与地面上相应的实际水平长度之比。地质图的比例尺与地形图或地图的比例尺一样有数字比例尺与线条比例尺，数字比例尺用分数表示图上长度与实地长度的比例（如 1∶50 000，表示图上 1 cm 相当于地上 50 000 cm 即 0.5 km）。分子规定用 1，因此，分母越大，表明图缩小得越厉害；线条比例尺是在图上绘一尺状直线，在该直线上截取若干段，每段标出所代表的实地长度。比例尺一般放在图名下或图框下方正中位置。

（4）图例。

图例指图的内容简要示例，是一张地质图不可缺少的部分。图例是地质图上各地质现象的符号和标记，用各种规定的符号和色调来表明地层、岩体的时代和性质。图例通常放在图框外的右边或下边，也可放在图框内足够安排图例的空白处。图例要按一定顺序排列，一般按地层、岩石和构造的顺序排列，并在它们前面写上“图例”二字。

地层图例的安排是从上到下、由新到老，如放在图的下方，则一般由左向右从新到老排列。图例格子的大小长宽比一般为 1∶1.5，方格内注明地层代号，涂上颜色，右边注明岩性，左边写地层或时代名称。已确定时代的岩浆岩、变质岩要按时代顺序排列在地层图例中，没确定时代的岩浆岩、变质岩按酸性程度、变质深浅排列在地层图例之后。

图例中的构造符号放在所有地层、岩石符号的后面，其顺序是地质界线、产状要素、断层、褶皱轴、节理、层理等。对实测的与推断的地层界线、断层线，图例与图内一样，应有所区别。各种符号的颜色也是有规定的，除不同的地层用不同颜色外，地质界线用黑色，断层线用鲜红色，地形等高线用棕色，河流用浅蓝色，城镇和交通网用黑色。

图例是指示读图的基础，从图例可以知道图区出露的地层及其时代、顺序，地层间有无间断以及岩石类型、时代等。

凡是图内表示出的地层、岩石、构造及其他地质现象，图例就应无一遗漏地表示出来；图内没有的就不应列上图例。

（5）图框。

图框分内框和外框，外框用粗实线，内框用细实线。两框之间用数字注明经纬度并按规定画出经纬线格。图框外左上侧注明编图单位；右上侧写明编图日期；下方左侧注明编图单位、技术负责人及编图人；右侧注上引用资料单位、编制者及编制日期，也可将上述内容列绘成“责任表”放在图框外右下方，或图框内空白处。

（6）地质剖面图。

正规地质图均附有一幅或几幅切过图区主要地层、构造的剖面图，它有代表性地、最醒目地、概略地揭示了本区的地质构造特征。这种图通常是地质人员根据所掌握的资料以及自己对该地区的认识在室内根据地形地质图编绘成的。在按地形图切制成的地形起伏剖面上，还要按地质界线位置及地层产状绘上地质的内容。这种剖面图通常附在地质图的下方。

单独绘剖面图时，要标明剖面图图名，如周口店（指图幅所在地区）太平山—升平山地质剖面图；如为图切剖面并附在地质图下面，则以剖面标号表示，如 *I*—*I'*地质剖面图或 *A*—*A'*地质剖面图。剖面在地质图上的位置用细线标出，两端注上剖面代号，如 *I*—*I'*或 *A*—*A'*等，在相应剖面图的两端也相应注上同一代号。

剖面图的比例尺应与地质图的比例尺一致，如剖面图附在地质图的下方，可不再注明水平比例尺，但垂直比例尺应表示在剖面两端竖立的直线上，按海拔标高标示。剖面图垂直比例尺与水平比例尺应一致，如放大，则应注明。

剖面图两端的同一高度上注明剖面方向（用方位角表示）。剖面所经过的山岭、河流、城镇等地名应在剖面上方所在位置注明。为醒目美观，最好把方向、地名排在同一水平位置上。

剖面图的放置一般是：南端在右边，北端在左边；东右西左；南西和北西在左边，北东和南东端在右边。

剖面图与地质图所用的地层符号、色谱应一致。如剖面图与地质图在一幅图上，则地层图例可以省去。

剖面图内一般不要留有空白。地下的地层分布、构造形态应该根据该处地层厚度、层序、构造特征适当推断绘出，但不宜推断过深。

（7）地层柱状图。

地层柱状图是以柱状剖面形式系统表示工作区各地质时代地层的岩性、厚度和接触关系的一种图件。正式的地质图或地质报告中常附有工作区的地层综合柱状图。

2. 阅读地质图的一般步骤和方法

（1）看图名和方位。

从图名、图幅代号和经纬度可了解该图幅的地理位置和图的类型，例如《新疆维吾尔自治区地质图》。图名列于图幅上方图框外正中部位，经纬度标于图框边缘。一般地质图图幅是上北下南，左西右东，特殊情况也可用箭头指示方位。

（2）分析图内的地形特征。

有的地质平面图绘有等高线，可据此分析山脉的延伸方向、分水岭所在、最高点、最低点、相对高差等；如没有等高线，可根据水系的分布来分析地形特点，一般河流总是从地势高处流向地势低处，根据河流流向可判断出地势的高低起伏状态。

（3）看比例尺。

比例尺一般注在图框外上方图名之下或下方正中位置。比例尺反映了图幅内实际地质情况的详细程度，比例尺越大，制图精度越高，反映地质情况越详尽。

（4）读图例。

地质图上各种地层、岩层的性质和时代以及构造等都有统一规定的颜色和符号。图例包括地层图例和构造图例两方面。

地层图例是把该图幅出露的地层由新到老、从上到下顺序排列，用标有各种地层的相应符号和颜色的长方形格子表示，长方形格子的左边注明地层时代系统，右边注明主要岩性；岩浆岩体的图例按酸性到基性的顺序排列在地层图例之下。

构造图例就是用不同线条、符号所表达的地质构造的内容和意思，如岩层的产状要素、断层的种类等，构造图例常放在地层图例之后。

（5）读地层柱状图。

地层柱状图置于图框外的左侧，它是按工作区所出露的地层新老叠置关系综合出来的、具代表性的柱状剖面图。柱状图中地层按自上而下、由新到老顺序排列，各地层的岩性用规定的花纹表示，另栏注明各地层单位的厚度和相邻地层的接触关系；喷出岩或侵入岩按其时代与围岩接触关系绘在柱状图里。

（6）读地质剖面图。

地质剖面图置于图框外的下方，剖面图的图名以剖面线上主要地名写在图的上方正中，或以剖面线代号表示之，剖面线代号就是用细线条画出在地质图上的线段两端的代号，如 *A*—*B* 等，它表明地质剖面图在地质图上的位置。

各地层的代号标注在剖面线出露的相应地层的上面或下面，地层的符号（花纹）和色谱应与地质图一致，其图例放在地质剖面图框的下方正中。

剖面图的两端上方要注明剖面线方向，用方位角表示。剖面线所经过的主要山岭、河流、村镇等地名应注在剖面地形上相应的位置。

（7）地质图的综合分析。

在熟悉上述各图例的基础上，即可转向图面观察。地质图所反映的地质内容是相当丰富的。从观察内容上，先从地形入手，然后再观察地层、岩性、构造、地貌等；从观察方法上，采用一般—局部—整体的分析步骤，首先了解图幅内一般概况，然后分析局部地段的地质特征，逐渐向外扩展，最后建立图幅内宏观地质规律性的整体概念。

3. 读水平岩层地质图

水平岩层是同一层面上各点的海拔标高相同或基本相同的岩层。它在地质图上出露的特征如下：

（1）在地形地质图上，岩层的地质界线与地形等高线平行或重合。

（2）在山顶或孤立山丘上的地质界线呈封闭的曲线，在沟谷中呈尖齿状条带，其尖端指向上游。

（3）在岩层未发生倒转的情况下，一套水平岩层，老岩层在下，新岩层在上。若地形切割轻微，地面只出露最新地层。如果地形切割强烈、沟谷发育，则在低洼处出露较老的地层，自低谷至山顶地层时代依次变新。

（4）岩层顶、底面之间的垂直距离是岩层的厚度，水平岩层的厚度即其顶、底面的标高差。

（5）岩层出露宽度是其顶、底面出露线之间的水平距离，水平距离的大小取决于岩层厚度和地面坡度。厚度一致的岩层出露宽度决定于坡度，坡度大的出露宽度小，坡度小的则出露宽度大；坡度一致时，出露宽度取决于厚度，厚度大的则出露宽度大，厚度小的则出露宽度小；在陡崖处，水平岩层顶、底界线投影重合成一线，造成地质图上岩层发生“尖灭”的假象。

四、作　业

阅读凌河地形地质图（附图 1），判别哪些地层是水平岩层，并求图中 K_1 的厚度。

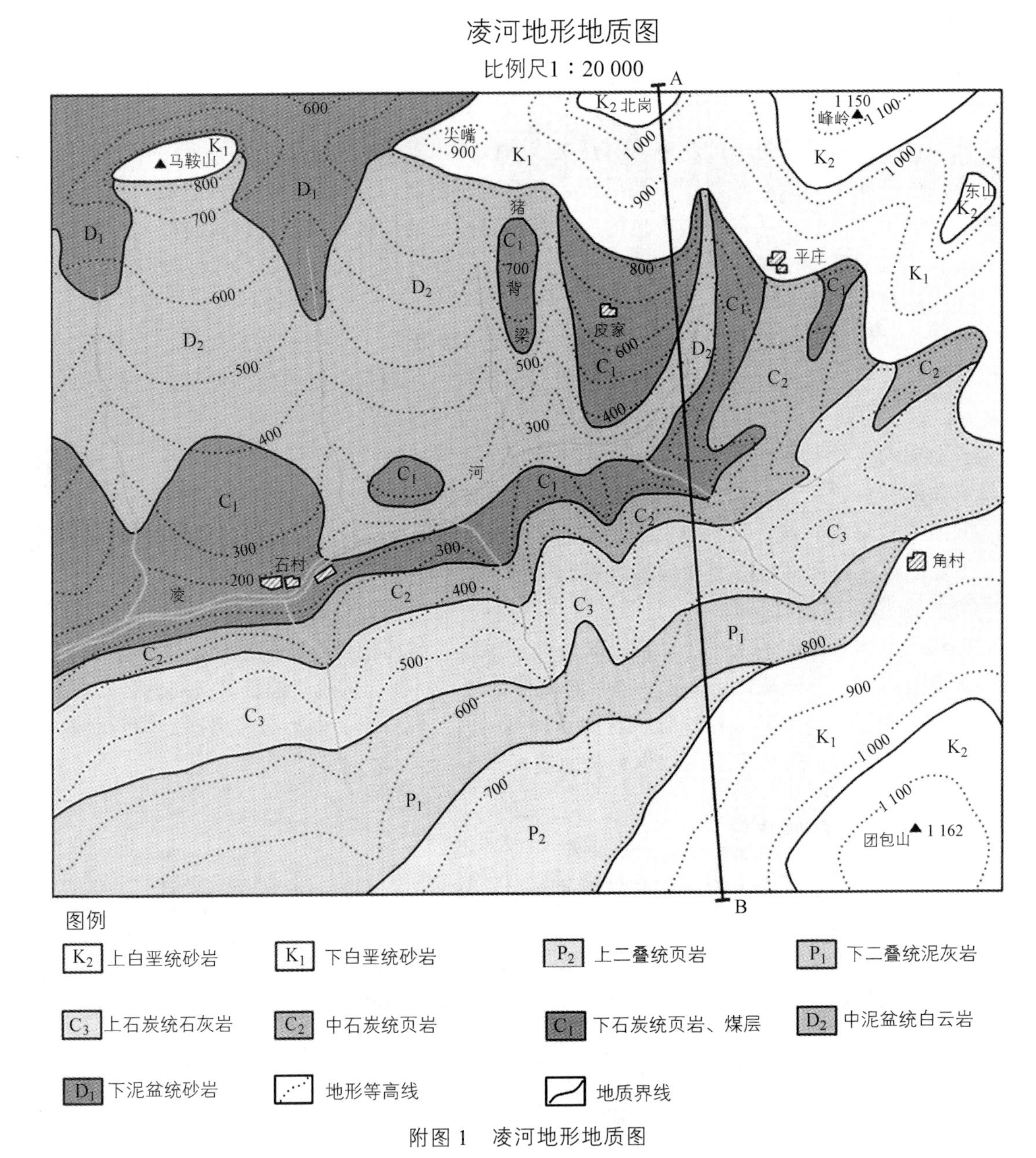

附图 1　凌河地形地质图

2　用间接方法确定岩层产状要素

一、目的和要求

掌握在地形地质图上用走向法及三点法求岩层产状要素。

二、实习用图和用品

（1）实习用图：凌河地形地质图。

（2）实习用品：铅笔（2H）、彩色铅笔、三角板、量角器等。

三、实习内容

1. 走向法

在地形地质图上用走向法求岩层产状要素，适用于在大比例尺地质图上求岩层产状，而且在测定范围内，岩层产状稳定不变，无褶皱、断层干扰。求解原理如下：

根据走向的定义，如附图 2（a）所示，某砂岩层上层面与 100 m 和 150 m 高的两个水平面相交得Ⅰ—Ⅰ和Ⅱ—Ⅱ两条走向线，沿上层面作它们的垂线 *AB* 则为倾向线。*AB* 与其在水平面上的投影 *AC* 的夹角 α 即为岩层的倾角，*CA* 方向为倾向。在直角三角形 *ABC* 中，*BC* 为两条走向线的高差。故只要能作出同一层面不同高程的相邻两条走向线，再根据其高程和平距就可以求出岩层在该处的产状要素。

作图步骤如下[附图 2（b）]：

（1）将砂岩层的上层面界线与 100 m 和 150 m 两条等高线的交点Ⅰ、Ⅰ和Ⅱ、Ⅱ分别相连，得走向线Ⅰ—Ⅰ和Ⅱ—Ⅱ。

（2）从 150 m 高程的走向线Ⅱ—Ⅱ上任一点 *C* 作一垂线与 100 m 高程的走向线Ⅰ—Ⅰ交于 *A* 点，则 *CA* 代表倾向，倾斜方向由高指向低。根据两条走向线高差 50 m，按地质图比例尺截取线段 *BC*，得直角三角形 *ABC*。

（3）用量角器量出∠*BAC* 的度数即为岩层倾角，或按地质图比例尺求出 *AC* 长度，已知 *BC* 为 50 m，可由

$$\tan\alpha = \frac{BC}{AC}$$

求出 α 的度数，并量出 *CA* 的方位角即为岩层的倾向。

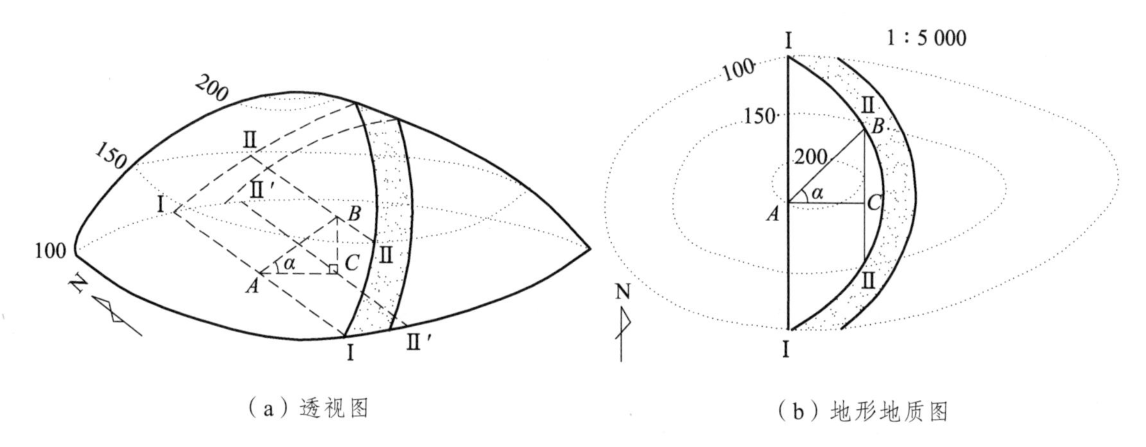

（a）透视图　　（b）地形地质图

附图 2　在地质图上求产状要素

2. 三点法

当岩层产状平缓（倾角只有几度）而罗盘不便测量或岩层深埋地下不能直接测量时，可以先测出岩层面的标高，或者利用钻探得到的层面标高资料，然后运用三点法求岩层产状要素。

（1）应用三点法求岩层产状的前提条件。

① 三点要位于同一层面上，但又不在一条直线上。

② 三点的方位、相互间水平距离和标高（或高差）为已知，且三点相距不远。

③ 在三点范围内岩层面平整，产状无变化，无褶皱和断层。

（2）三点法的要点。

从附图 3（a）可以看出，只要在最高点 *A* 和最低点 *C* 的连线上，找到与 *B* 点等高的一点 *D*，就可以作出走向线 *BD*；过另一点 *C*（或 *A*）作出与 *BD* 平行的另一条走向线 *CF*，并根据两条走向线各自高程和水平距离，求出倾向和倾角[附图 3（b）]。具体作法如下所述：

① 求等高点：如附图 3（b），从最低点 *C* 作任意辅助线 *CS*，根据 *A*、*C* 两点间的高差按一定的等高距将其平分。用等比例线段法在 *AC* 线上求出与 *B'* 点等高的 *D'*。

② 求倾向：连接 *D'B'* 即高程为 360 m 的走向线，并过 *C* 点作 *D'B'* 的平行线 *CF*，即高程为 160 m 的走向线。在 *D'B'* 上任取点 *O* 作垂线与 *CF* 相交于 *F* 点，则 *OF* 为倾向线。倾斜方向由高至低（箭头方向），并用量角器量其方位角值（如图为 180°，即倾向 S180°）。

③ 求倾角：按平面图比例尺，在 *B'D'* 走向线上截取 *OE'* 等于 *B*、*C* 两点的高差，连接 *E'F*，则∠*OFE'* 为地层倾角 α，以量角器量其值。

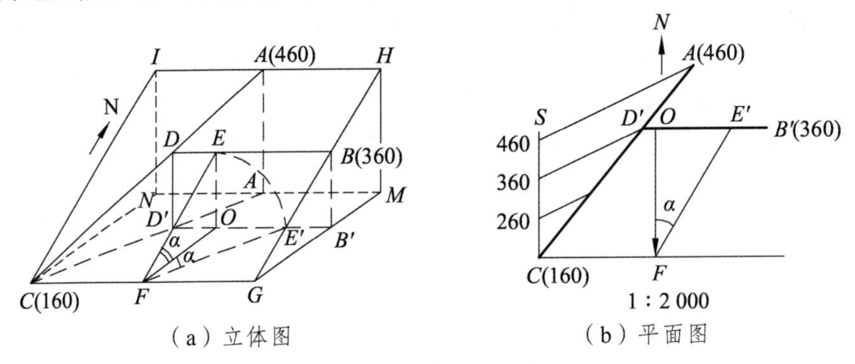

（a）立体图　　（b）平面图

附图 3　三点法求产状

四、作　业

在凌河地形地质图（附图 1）上求下石炭统（C_1）顶面或底面的产状。

3　读倾斜岩层和不整合接触地质图并作剖面图

一、目的和要求

（1）认识倾斜岩层和不整合接触关系在地质图上的表现特征，学会用“V”字形法则分析倾斜岩层的产状。

（2）学习编绘倾斜岩层地质剖面图的方法。

二、实习用图和用品

（1）实习用图：凌河地形地质图。

（2）实习用品：铅笔（2H）、三角板（或直尺）、量角器、方格纸等。

三、实验方法及步骤

1. 分析倾斜岩层在地质图上的表现特征

倾斜岩层在大比例尺地形地质图上，表现最明显的特征是岩层界线与地形等高线相交，在山脊和沟谷处弯曲成“V”字形，并有一定规律，即所谓“V”字形法则。

（1）相反相同法则。

岩层倾向与地形坡向相反时，地质界线形成的“V”字与地形等高线形成的“V”字尖端指示的方向相同，沟谷处都指向山顶，山脊处都指向山脚。但地质界线的“V”字比地形等高线的“V”字要开阔一些，或者说地质界线“V”字尖端曲线的曲率比地形等高线“V”字尖端曲线的曲率小一些，如附图 4（a）所示。

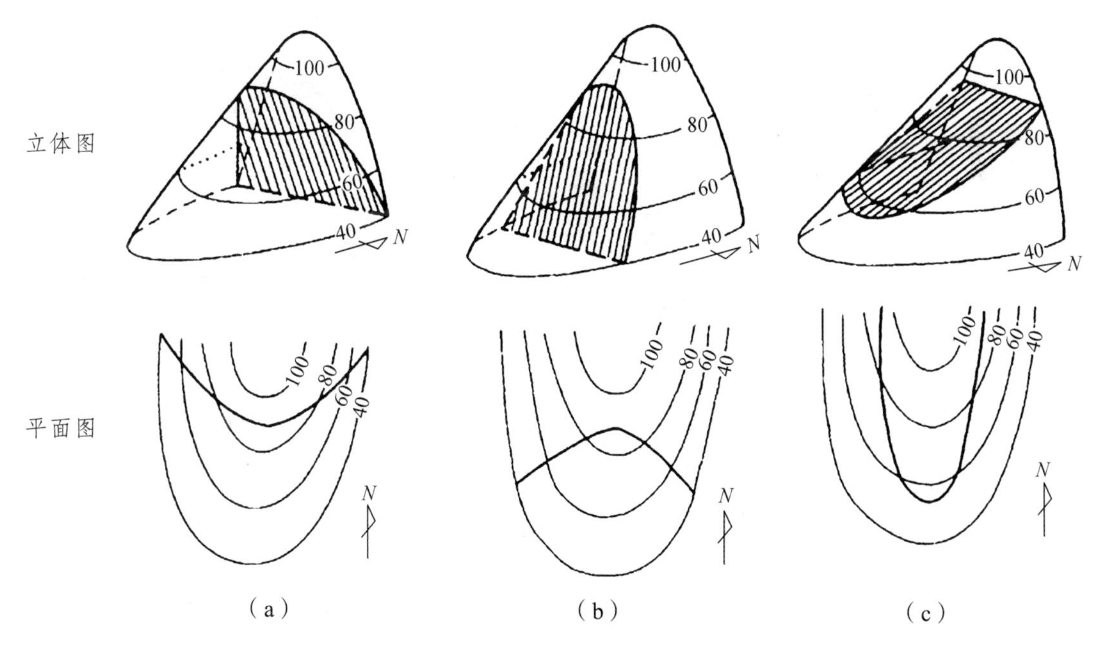

附图 4 倾斜岩层的“V”字形法则

（2）相同相反法则。

岩层倾向与地形坡向相同，且倾斜岩层的倾角大于地形的坡度角时，地质界线形成的“V”字与地形等高线形成的“V”字尖端指示的方向相反，地质界线在沟谷处指向山脚，在山脊处指向山顶，如附图 4（b）所示。

（3）相同相同法则。

岩层倾向与地形坡向相同，且倾斜岩层的倾角小于地形的坡度角时，地质界线形成的“V”字与地形等高线形成的“V”字尖端指示的方向相同，沟谷处都指向山顶，山脊处都指向山脚，但地质界线的“V”字比地形等高线的“V”字要紧闭一些，或者说地质界线“V”字尖端曲线的曲率比地形等高线“V”字尖端曲线的曲率大一些，如附图 4（c）所示，这是与相反相同法则的区别所在。

上述三种情况，反映出倾斜岩层地质界线形态主要受岩层倾角大小、岩层倾向与地面坡向的关系的影响。

2. 认识不整合在地质图上的表现特征

根据地质图上出露的地层时代、层序，若在两个不同时代的地层之间存在地层缺失，即两地层时代层序不连续，而两地层产状一致，露头线基本平行，为平行不整合[附图 5（a）]；若两地层产状不平行，较新地层的底面界线截过不同时代的较老地层界线，为角度不整合[附图 5（b）]。

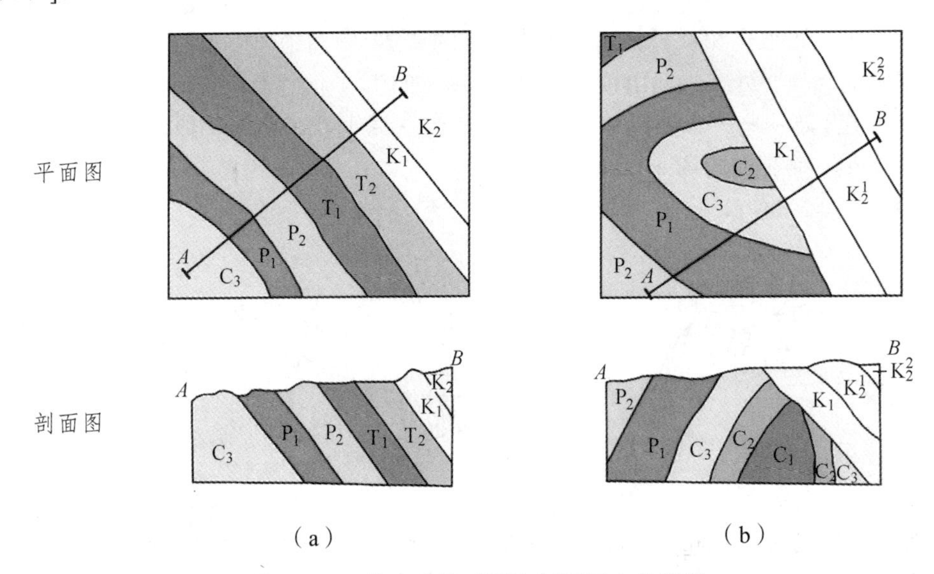

附图 5　不整合在地质图和剖面图上的表现

3. 绘制倾斜岩层地质剖面图

（1）地质剖面图的概念。

地质剖面图是沿一定方向反映地下一定深度的地质构造形态的图件，一幅完整的地质图都应附有 1 ~ 2 条通过全区主要构造的剖面图。地质剖面图与地质图配合使用，更能清晰、形象地反映剖面所经过的地区地下构造情况。地质剖面图是地质图不可缺少的辅助图件，也是编制构造图的基本图件。

由于地质剖面图和岩层产状或褶曲轴的关系不同，剖面图可分横剖面图和纵剖面图两种：横剖面图是指垂直于褶曲长轴或岩层走向所编制的铅直剖面图；纵剖面图是指垂直于褶曲短轴或平行岩层走向所编制的剖面图。一般所说的剖面图常常是指横剖面图。

（2）地质剖面图的规格（附图 6）。

① 图名：说明剖面所在位置，以剖面所通过的主要地名来命名（以山、河、城镇等名字命名）。

② 比例尺：剖面图有垂直比例尺和水平比例尺，水平比例尺与相应的地质图相同；垂直比例尺表示方法是画成尺子状，竖立在所画剖面的两边，其高度起点应从剖面所经地区中最低标高以下的地方开始（可不必从零开始）。垂直比例尺大小应和水平比例尺一致，只在岩层倾角小于 5°时才能放大，放大倍数在剖面上处注明。

③ 图例：意义与地质图图例相同。若剖面图附在地质图下，可不画图例。

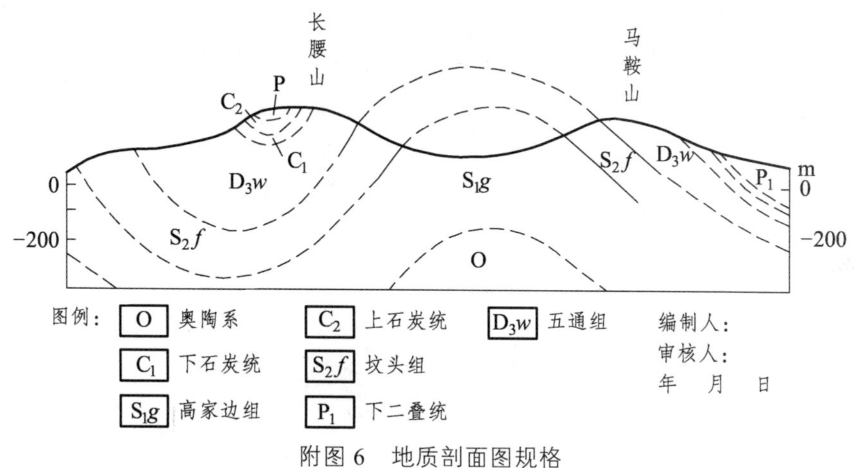

附图 6　地质剖面图规格

（3）地质剖面图的绘制方法和步骤。

① 选择剖面位置。在分析图区地形特征、地层的出露、分布、产状变化以及构造特点的基础上，要使所作的剖面尽量垂直于区内地层走向，通过地层出露较全和图区主要构造部位，或者选在阅读地质图所需要作剖面的地方。选定后，将剖面线标定在地质图上（附图 7）。

② 绘地形剖面。在绘图纸（以方格纸为好）上画出剖面基线，长短与剖面相等，两端画上垂直线条比例尺（一般与地质图比例尺一致），按等高间距作一系列平行于基线的水平线（用方格纸作剖面只注明标高位置）。基线标高一般取比剖面所过区域最低等高线高度再低 1 ~ 2 个间距，然后以基线高程为起点，按等高距依次注明每条平行线的高程并将基线与地质图上剖面线放平行。最后将地质图上的剖面线与地形等高线各交点一一投影到相应高程的水平线上（或剖面标高位置），按实际地形用平滑曲线连接相邻点即得出地形剖面（附图 7）。

③ 完成地质剖面。将地质图上的剖面线与地质界线（地层分界线、不整合线、断层线等）的各交点投影到地形剖面曲线上（如附图 7 中的虚点线）。根据各岩层倾向和倾角，在各岩层出露点绘出分层界线。如剖面与走向斜交，则应按剖面方向的视倾角绘分层界线。根据在地质图上地质构造的特征在剖面图上恢复各构造。

④ 绘制岩性花纹。

⑤ 整饰剖面图。

四、作　业

读凌河地质图（附图 1），分析图区岩层产状、露头分布特征（“V”字形）及露头宽度变化，认识地层接触关系，并绘制图中 *A*—*B* 剖面图。

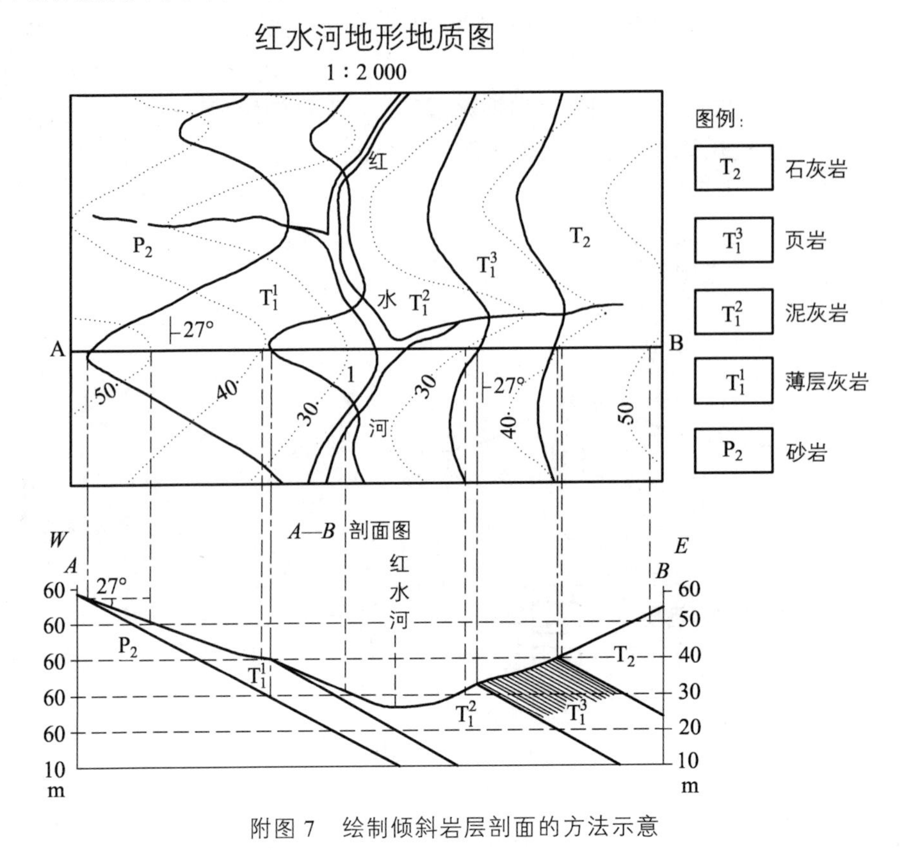

附图 7 绘制倾斜岩层剖面的方法示意

4 读褶皱区地质图

一、目的和要求

读褶皱发育区地质图及描述褶皱，编制褶皱发育区地质图的图切剖面。

二、实习内容

1. 褶皱形态分析

分析褶皱发育区地质图，首先要确定背斜和向斜，进而再分析褶皱形态、组合类型及形成时代。

（1）区分背斜和向斜。

首先根据地层对称重复以及地层新老关系和产状区分背斜和向斜。若核部为老地层，两翼依次为新地层，则为背斜；若核部为新地层，两翼依次为老地层，则为向斜。

（2）确定两翼产状。

若在地质图上标有产状，则可直接认识两翼产状及其变化情况；若缺少产状，则在大比例尺的地形地质图上，两翼产状可根据地质界线与等高线的关系求出岩层产状；对于小比例尺地质图，地形的影响可以忽略，可根据两翼岩层露头宽度的差异来定性分析两翼的相对陡缓。

（3）判断轴面产状。

在地质图上，也可以从两翼产状大致判断轴面产状。如两翼倾向相反、倾角基本相同，表示轴面直立。对于两翼产状不等或一翼倒转的褶皱，轴面大致是向缓翼方向倾斜，轴面倾角大小介于两角之间。

（4）枢纽产状的确定。

当地形较平坦，若褶皱两翼平行延伸，表示两翼岩层走向平行一致，则褶皱枢纽是水平的；若两翼岩层走向不平行，两翼同一岩层界线交汇或呈弧形弯曲，说明该褶皱枢纽是倾伏的。背斜两翼同一岩层地质界线交汇的弯曲尖端指向枢纽倾伏方向，向斜两翼同一岩层地质界线交汇的弯曲尖端指向扬起方向。另外，沿褶皱延伸方向核部地层出露的宽窄变化，也能反映出枢纽的产状。核部变窄的方向是背斜枢纽倾伏方向，或为向斜枢纽扬起方向。

在地形起伏很大的大比例尺地质图上，褶皱岩层界线受“V”字形法则的影响，岩层界线弯曲不一定反映枢纽起伏。

（5）转折端形态的认识。

在地形较平坦或小比例尺的地质图上，褶皱倾伏处（扬起处）的轮廓大致反映褶皱转折端的形态。这与斜切黄瓜断面和横切断面的关系可以类比。

（6）翼间角和褶皱紧闭程度的判定。

根据两翼岩层的倾向与倾角，可大致地估测出翼间角的大小，再据其翼间角的大小范围对褶皱紧闭程度做出定性描述。

（7）轴迹和平面轮廓的确定。

将褶皱各相邻岩层的倾伏端点（或扬起端点）连线，即是轴迹。轴迹所示方向表示褶皱的延伸方向，轴迹的长短表示褶皱在平面上的大小。褶皱两翼同一岩层的出露线沿轴迹方向的长度与垂直轴迹方向的宽度之比即褶皱的长宽比。按长宽比可将褶皱分为线型、短轴和等轴三种类型。

（8）褶皱组合类型的识别。

在逐个分析区内背斜、向斜之后，按轴迹排列规律，确定褶皱组合类型：平行线列、雁列褶皱或其他类型。

（9）褶皱形成时期的确定。

根据地层间的角度不整合接触关系，可确定褶皱的形成时代。褶皱的形成时期，应在不整合面以下褶皱岩层最新地层时代之后与不整合面以上最老地层时代之前。

2. 褶皱描述

褶皱的描述包括褶皱名称（地名加褶皱类型）、分布地点及范围、延伸方向、核部及两翼地层、两翼产状及其变化、转折端形状、褶皱的位态分类、次级褶皱特征、与周围其他构造的关系以及褶皱形成时代等。现举暮云岭背斜为例说明。

暮云岭背斜位于暮云岭一带，呈 NE—SW 向延伸；核部由下石炭统组成，宽约 500 m，长约 2750 m，平面上成不规则的长椭圆形，长宽比约为 5∶1，近线形。暮云岭背斜两翼由中、上石炭统及二叠系地层组成，两翼产状分别是：西北翼是 NW315°∠（60°～55°），东南翼是 SE135°∠（40°～25°）。由此可见，西北翼较陡，东南翼较缓，轴面向南东倾，倾角约 80°，转折端比较圆滑，翼间角约 80°，此背斜为开阔褶皱。枢纽向 NE、SW 两端倾伏，中部隆起，背斜向南西一分为二，形成两个背斜和其中一个向斜。总之，本褶皱为一转折端圆滑的斜歪背斜，属褶皱位态分类中斜歪的倾伏褶皱。背斜的北西和南东两翼与相邻的向斜连接。背斜形成于晚二叠纪之后，早侏罗纪之前。

3. 褶皱剖面的编制

褶皱剖面有横剖面和横截面，以下说明横剖面的编制方法。

（1）选择剖面线。剖面线尽量垂直于褶皱走向，并通过主要构造。

（2）标出剖面线所通过的褶皱位置。背斜用“Λ”、向斜用“V”符号表示。要把次一级褶皱轴延长与剖面相交，用同样方法标出次一级褶皱位置（附图 8）。

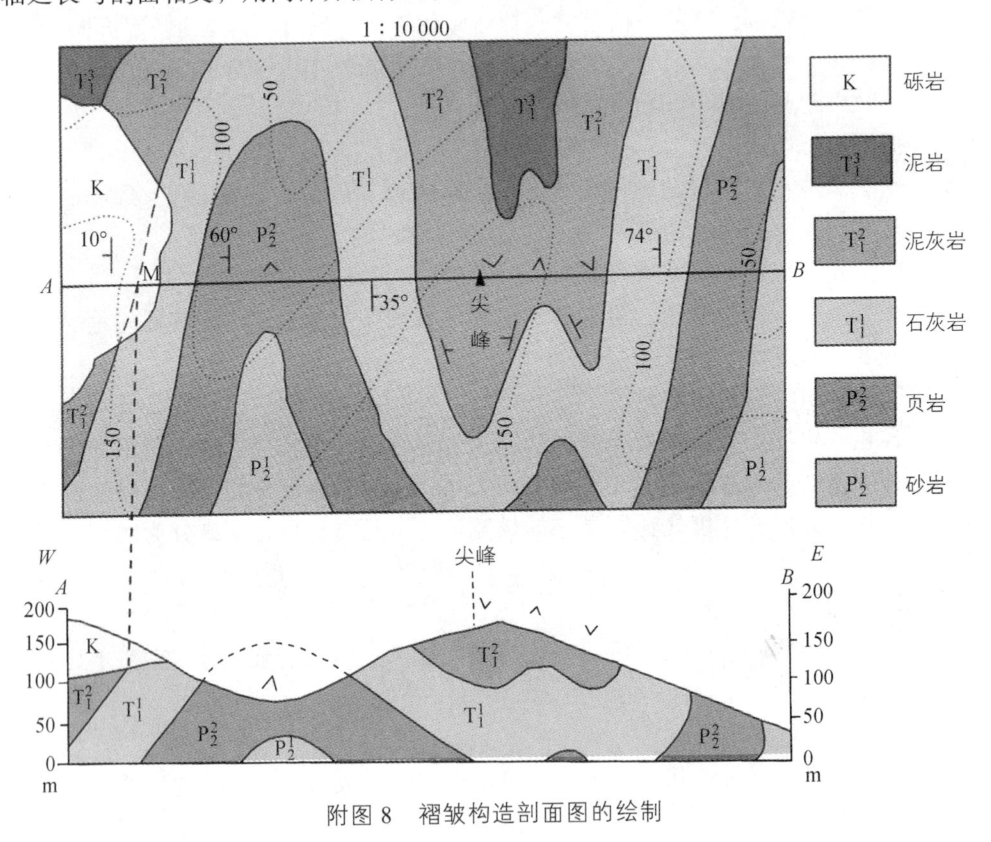

附图 8 褶皱构造剖面图的绘制

（3）绘出地形剖面。

（4）绘出褶皱形态。将剖面线上的地质界线和褶皱轴迹的交点投影到地形剖面上，在投地质界线点和画褶皱构造时应注意以下几点：① 剖面切过不整合面和第四系时，先画不整合面以上的地层和构造，然后再画不整合以下地质界线。具体方法是：在地质图上把不整合面以下的地层分界线按其延伸趋势延至剖面线上相交于某点（附图 8 中的 M 点），将此点投影于不整合面得一交点，从此点绘出不整合以下地层的界线和构造。② 剖面线切过断层时，先画断层，然后再画断层两侧的地层和构造。③ 剖面线与地层走向斜交时，应将岩层倾角换算成视倾角。④ 作图顺序应从褶皱核部开始，依次绘出两翼上各层，如各层倾角相差较大时，应使岩层厚度保持不变而调整局部产状，使之逐渐过渡与主要产状协调一致。

（5）恢复褶皱转折端的形态。此时应考虑褶皱是平行褶皱还是相似褶皱。在平行褶皱中，岩层厚度在整个褶皱中保持不变，而在相似褶皱中转折端处岩层应有所加厚。至于转折端是圆滑或尖棱，应根据其地质图上表现的形态近似确定。至于转折端深部的位置，如为轴面直立褶皱，根据枢纽倾伏角作纵向切面，求出到所作剖面处核部地层枢纽的深度，然后结合两翼倾角及枢纽位置绘出转折端。

（6）按剖面规格加以整饰。

三、作　业

分析暮云岭地形地质图（附图 9）中的褶皱形态、组合类型和形成时代；描述青岩顶向斜，确定两翼产状和其他背向斜；将该区地层时代注在背向斜的相应部分，并绘制图中 A—B 剖面。

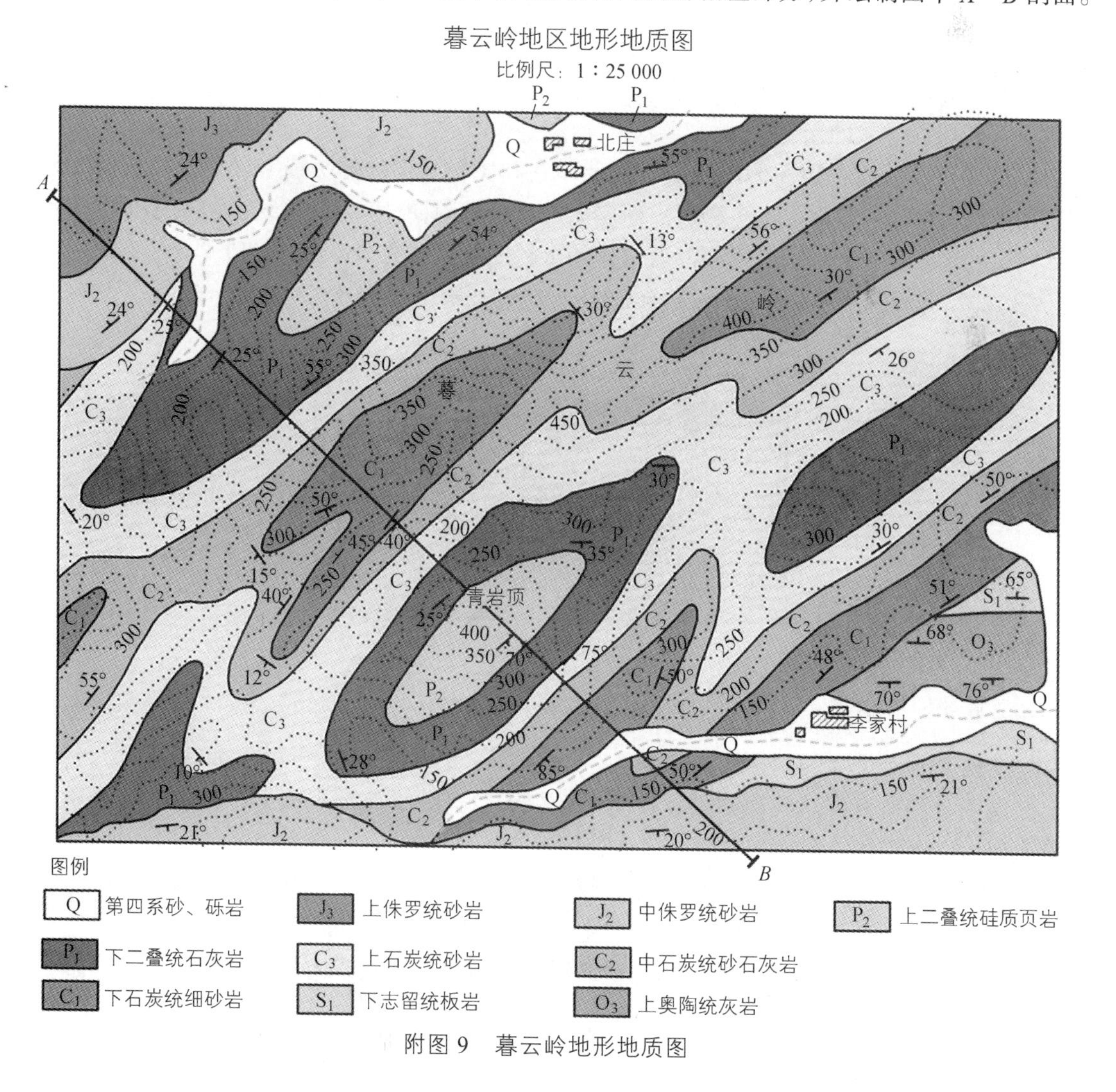

附图 9　暮云岭地形地质图

5 读断层区地质图

一、目的和要求

（1）在地质图上分析断层。

（2）分析逆冲断层发育地区地质图。

二、实习内容

1. 断层发育区地质特征的概略分析

分析该区出露的地层，建立地层层序；判定不整合的时代；研究新老地层分布及产状；确定区内褶皱形态及轴向以及断层发育状况。

2. 断层性质的分析

（1）断层面产状的判定。

断层线是断层面在地面的出露线。因此，它和倾斜岩层的露头线一样，可根据其在地形地质图上的“V”字形，用作图法求出断层面的产状。附图 10 中断层线在河谷中呈指向下游的“V”字形，说明断层倾向南西，通过作图求得断层产状是 SW230°∠40°。

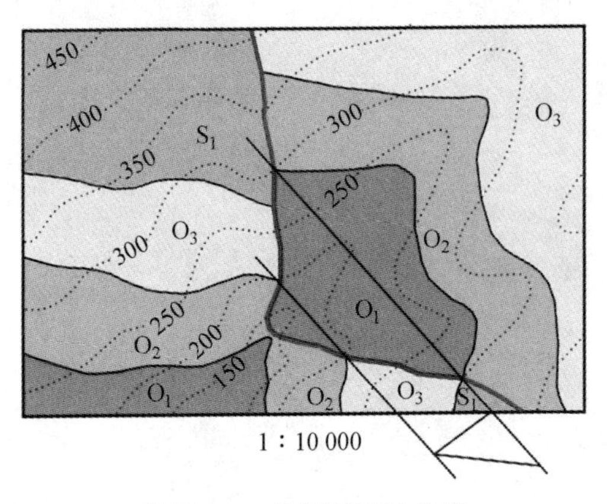

附图 10 求解断层面产状

（2）两盘相对位移的判定。

断层两盘相对升降、平移并经侵蚀夷平后，如两盘处于等高平面上，则露头和地质图上一般表现出以下规律：

① 对走向断层或纵断层，一般是地层较老的一边为上升盘；但当断层倾向与岩层倾向一致，且断层倾角小于岩层倾角或地层倒转时，则上升盘是新地层。

② 横向或倾向正（或逆）断层切过褶皱时，背斜核部变宽或向斜核部变窄的一边为上升盘；如为平移断层，则两盘核部宽窄基本不变。

③ 倾斜岩层或斜歪褶皱被横断层切断时，如果地质图上地层界线或褶皱轴线发生错动，它既可以是正（或逆）断层造成的，也可以是平移断层造成的，这时应参考其他特征来确定其相对位移方向；若是由正（或逆）断层造成的地质界线错移，则岩层界线向该岩层倾向方向移动的一盘为相对上升盘。若是褶皱，则向轴面倾斜方向移动的一盘为上升盘。

确定了断层面产状和断层相对位移方向，就可确定断层的性质。如附图 10 所示，断层面倾向西南，西南盘（上盘）地层相对较新，为下降盘，所以图中断层是一条上盘下降的正断层。

3. 断层形成时代的确定

（1）根据角度不整合：断层一般发生在被其错断的最新地层之后，而在未被错断的上覆不整合面以上的最老地层之前。

（2）根据与岩体或其他构造的相互切割关系：被切割者的时代相对较老。

4. 断距的测定

在大比例尺地形地质图上，如果两盘岩层产状稳定且产状未变，在垂直岩层走向方向上可以求出以下各种断距。

（1）测定铅直地层断距。断层两盘同一层面的铅直距离即铅直地层断距。在地质图上求铅直地层断距时，只要在断层任一盘上作某一层面某一高程的走向线，延长穿过断层线与另一盘的同一层面相交，此交点的标高与该走向线之间的标高差即为铅直地层断距。如附图 11 所示，在断层东南盘泥盆系顶面作 300 m 高程走向线 *AB*，延长过断层线，使之与另一盘同一层面相交于 *G* 点，*G* 点标高为 250 m，*AG* 代表断层西盘泥盆系顶面 250 m 高程的走向线，与东盘 300 m 走向线 *AB* 间高差为 50 m，即为断层的铅直地层断距。

（2）测定水平地层断距。在垂直于岩层走向的剖面上，过断层两盘同一层面上等高的 *h*、*f* 两点间的水平距离即为水平地层断距。在地质图的断层两盘分别绘出同一层面等高的两条走向线，两走向线间的垂直距离即为水平地层断距。在如附图 11 所示的地形地质图上，断层上盘泥盆系顶面 300 m 走向线与下盘泥盆系顶面 300 m 高程走向线之间的垂直距离为 1 cm，按该图比例尺（1∶50 000）可计算出该断层的水平地层断距为 500 m。

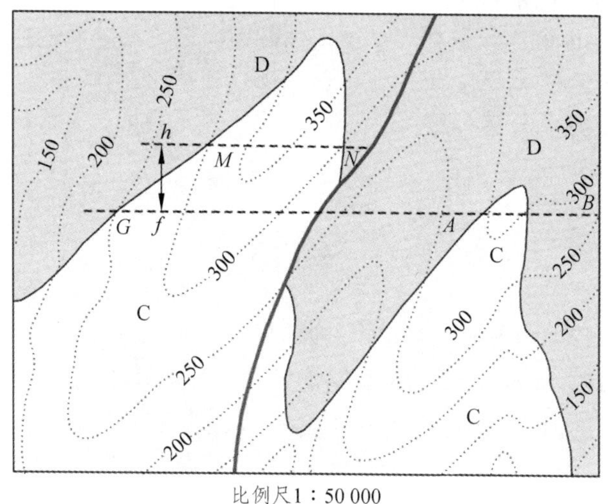

附图 11　在地质图上求断距

（3）求地层断距。

根据地层断距、铅直地层断距、水平地层断距三者的关系求出地层断距。

上述断距的测定，是以岩层被错断后两盘的岩层产状未变为前提条件的，即沿断层面没有发生旋转。

5. 断层的描述

一条断层的描述内容一般包括：断层名称（地名+断层类型，或用断层编号）、位置、延伸方向、通过主要地点、延伸长度，断层面产状，两盘出露地层及产状，地层重复、缺失及地质界线错开等特征，两盘相对位移方向，断距大小，断层与其他构造的关系，断层形成时代及力学成因等。

如金山镇地质图（附图12）西部的纵断层，描述如下：

奇峰—雨峰纵向逆冲断层：位于奇峰和雨峰之东侧近山脊处，断层走向 NE—SW，两端分别延出图外，图内全长约 180 km，断层面倾向 NW，倾角 20°～30°。上盘（即上升盘）为组成奇峰—雨峰背斜的石炭系各统地层，下盘（即下降盘）为下二叠统和上石炭统地层，构成一个不完整的向斜。上升盘的石炭系各统岩层逆掩于下二叠统和上石炭统地层之上。地层断距约 800 m。断层走向与褶皱轴向一致，基本上为一纵向断层。断层中部为两个较晚期的横断层所错断。断层形成时代与同方向、同性质的桑园—五里河逆冲断层等相同，即晚三叠世（T_3）之后，早白垩世（K_1）之前。三条断层构成叠瓦式。

6. 逆冲断层发育区地质图特点

逆冲断层是压缩下形成的位移量很大的逆断层，常成叠瓦状产出，并与强烈褶皱伴生。在阅读逆冲断层发育区地质图时，应注意分析以下几个方面：

（1）逆冲断层的产状及其顺走向和倾向的变化。

（2）逆冲断层的组合形式。

（3）逆冲断层侵蚀形成的飞来峰和构造窗等构造。

（4）与逆冲断层伴生的褶皱的形态、产状、轴面倾向。

（5）根据逆冲断层面的产状、伴生褶皱的轴面倾向、飞来峰和构造窗的产出部位及其他伴生构造，确定逆冲运移方向。

（6）根据被错断地层估算运移距离。

（7）确定断层发生的时代。

三、作 业

（1）分析金山镇地质图（附图12），作剖面图。

（2）分析星岗地形地质图（附图13），求图中断层的地层断距，并判断断层的性质。

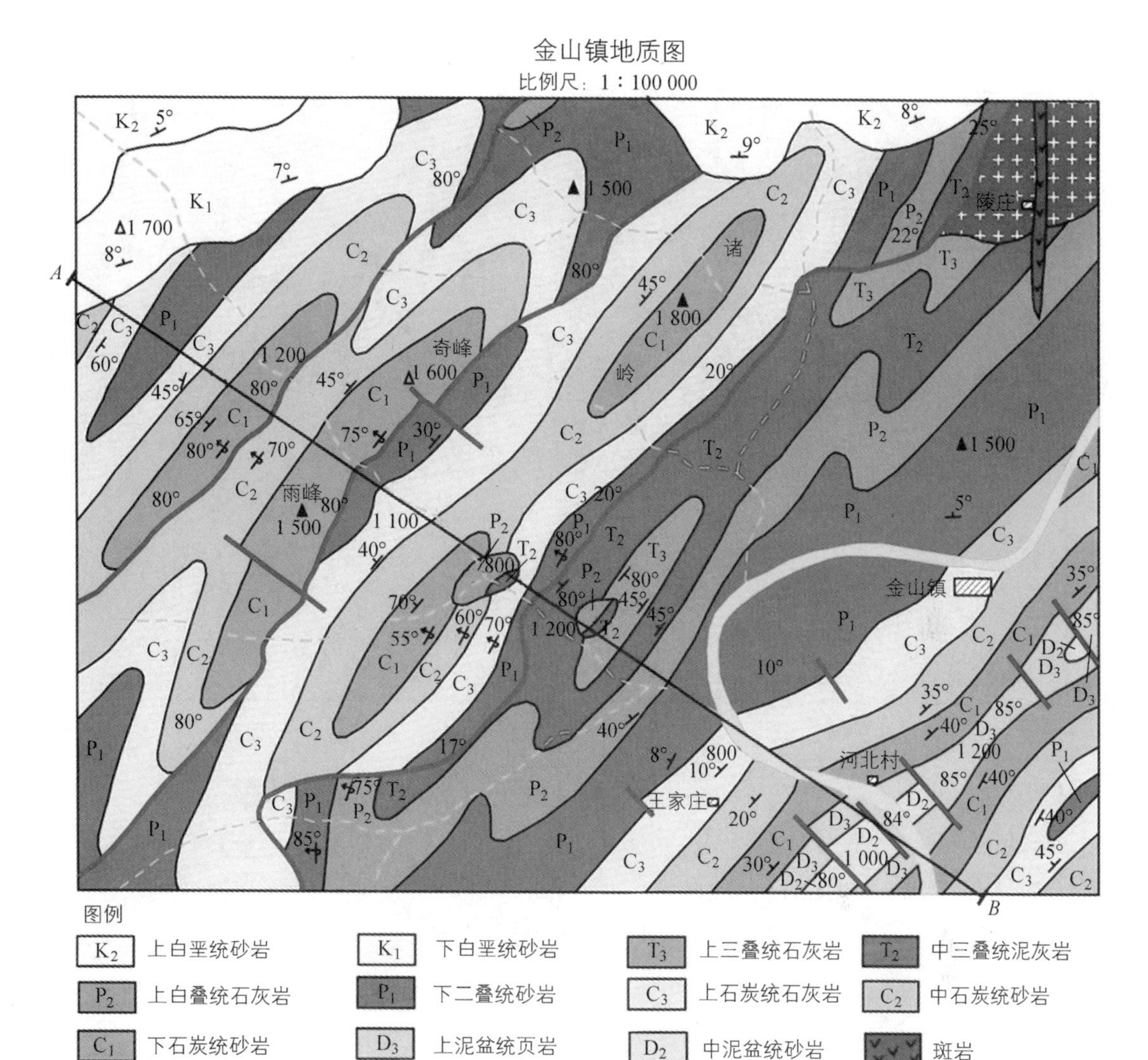
金山镇地质图
比例尺：1：100 000
A
B
奇峰
雨峰
诸
岭
陵庄
金山镇
河北村
王家庄
图例
上白垩统砂岩
下白垩统砂岩
上三叠统石灰岩
中三叠统泥灰岩
上白叠统石灰岩
下二叠统砂岩
上石炭统石灰岩
中石炭统砂岩
下石炭统砂岩
上泥盆统页岩
中泥盆统砂岩
斑岩
花岗岩
断层
岩层产状
倒转产状

附图 12　金山镇地质图

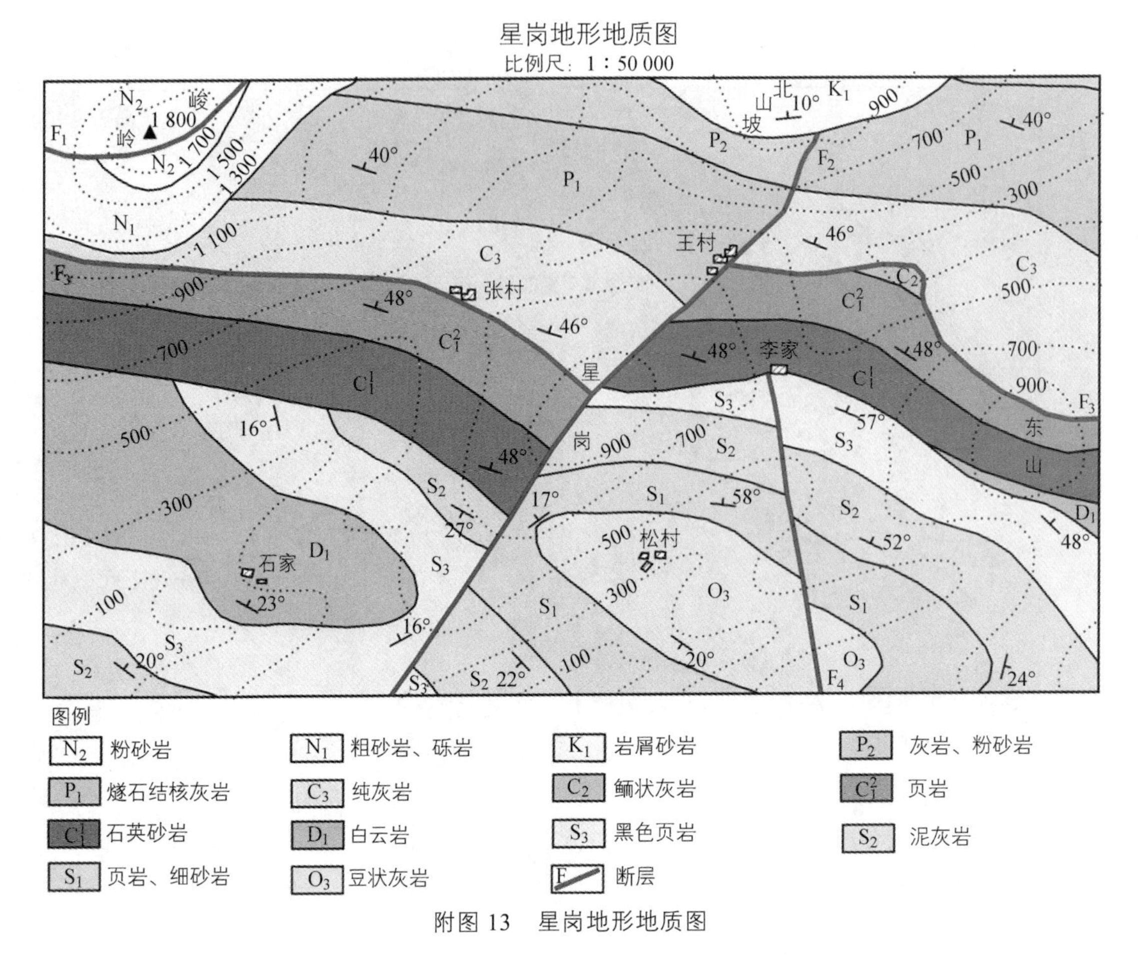

附图 13 星岗地形地质图

6 综合实习

综合实习可使学生比较全面掌握构造地质学的基本理论、知识和技能，从而提高学生分析和解决地质构造实际问题的能力，故这类作业是重要的教学环节。其采取的方式是综合分析一幅内容广泛的地质图。

一、目的和要求

综合实习要求对选定图幅全面分析后，编出 1 幅构造纲要图、1 幅地质剖面图，并对该区地质构造和构造发展史写出尽可能翔实的文字说明。

二、读图分析

读图步骤和方法如下：第一，初步认识地质图及其全貌，如图名、图号、比例尺、图例和责任表；第二，分析认识地形总的特点及其与地层的接触关系；第三，分析认识地质构造总的特点，包括地层展布及其相互关系、主导构造方向、构造层及其特点和展布。在对全区总的地质构造特点有初步概念后，应分别按构造层、构造单元、构造方位、构造类型进行地质构造细部的分析和描述。

1. 地层方面

分析地层和地层组合的展布和排列；分析并确定地层之间的接触关系，尤其要注意角度不整合，这是划分构造层和分析构造发展史的基本依据。

所谓构造层，是指一定构造单元内一定构造发展阶段中形成的一套地层（或建造）的组合及其组成的构造，其中常包含一定的岩浆岩组合。构造层常由角度不整合限定，它在地层组合、沉积岩相、构造、岩浆活动等方面具有一定特色而区别于其他的构造层。

2. 褶皱方面

分析褶皱首先要着眼于全区最发育的最有代表性的褶皱，或从各单个褶皱的形态特征概括总体褶皱，或从大褶皱入手依次分析次级褶皱。不论从小型到大型还是从大型到小型，总是要把褶皱的总体和细节查明，查明褶皱在分布上和剖面上的形态特点、组合特点、叠加关系和展布规律，进而分析与相邻或相关构造层中褶皱的关系。

3. 断层方面

一个地区的断层尤其是大断裂是控制一个地区构造的格架。第一，要分析全区性大断裂及其对全区构造的控制；第二，按断层的规模、方向、性质及其与褶皱的关系进行分组；第三，断层与褶皱不论是在空间展布上还是成因上都有密切关系。所以，在分析断层时，要结合褶皱等其他有关构造进行。

4. 岩浆岩体方面

一定地区的岩浆岩体及其组合是在一定构造背景下形成的，既受区域构造和构造运动的控制，又常受局部构造的控制，而岩体的形成又对其周围构造产生影响。在分析岩浆岩发育区地质图时，应注意分析不同时代、不同类型、不同规模岩体的分布组合规律、发展演化史及其与褶皱、断层等构造的空间分布关系。

5. 构造发展史

一个地区的构造是按阶段性和旋回性演化的，具体表现在一个个构造层的相互叠加上。所以在分析构造发展史时：

第一，应根据地层和角度不整合等划分构造阶段和构造作用期。在划分构造阶段上，应注意确定哪些阶段和运动是主导的、奠基性的，哪些是次要的、调整性的。

第二，从各种构造的形态、方向和强烈程度以及相互关系上，分析各期构造作用的方式和方向。

第三，根据地层方面的岩性、厚度等资料，结合区域构造，适当分析并恢复各时期的古地理面貌和地壳升降运动的变化。

三、编制构造图件

为了表现各种构造，在分析地质图的基础上应编出剖面图 1 幅和构造纲要图 1 幅。构造纲要图是以地质图为基础编制的，以不同的线条、符号和色调表示一个地区地质构造的一种图件。构造纲要图的内容如下所述：

（1）构造层：将划分各构造层的角度不整合画在图上，以划分出各构造层。构造层以地层时代代号表示。构造层没有统一规定的色谱，一般时代越老色调越深，越新色调越浅。

（2）断层：各类断层用规定符号表示，并注明名称和编号。如果区域范围很大，断层发育，则不同时代断层可用不同颜色的符号表示。

（3）褶皱：褶皱用轴迹线表示，轴迹线的宽窄反映核部或褶皱的宽度变化。褶皱的倾伏应用枢纽的产状表示。

（4）岩体：绘出岩体界线和内部岩（相）带界面，注明岩石代号及其时代，并标出原生构造产状。

（5）完成图的规格要求，如图名、比例尺、图例等。

除构造纲要图外，还要再编制 1 幅反映全区构造特点的剖面图。

四、编写某地区的地质构造概述

构造概述是在分析读图和编制图之后进行的，概述的编写又是分析读图的深化。在编写概述过程中，必须使地质图、剖面图、构造纲要图与文字报告符合一致，互相印证，相互补充。地质构造概述应包括以下章节。

1. 第一章　引　言

该部分简述综合读图的目的、要求、所读图幅名称、比例尺、图区地形轮廓以及完成工作量情况。

2. 第二章　构　造

该部分在简述区内地层分布及其接触关系之后，重点阐述构造。这是报告中的最主要部分，首先概括区内构造的总体特征，以何种构造为主（以褶皱为主或以断裂为主），构造的方向性，构造单元或构造层的划分。总之，以简明文句描绘出总的构造轮廓。

该部分的写法因构造特点而异，可采用以下几种方式描述：按构造单元、按构造层、按构造类型、按构造组合、按构造方位等。以上各种方式可以互相配合，实际上也常常是相关的。例如，构造单元的划分与构造层的划分常常是一致的。一定的构造层以一定构造类型为主，构造方位也常与一定的构造类型密切相关等。不论按哪种方式描述，既要对代表性或典型构造进行描述，还要在描述的基础上进行分析概括。

3. 第三章　构造发展简史

根据构造层可划分出全区各构造发展阶段。在描述构造发展简史时，把全区的构造事件列成一个序列。简述各构造阶段的构造活动特点，如构造运动性质、构造作用方式和方向、构造作用强度，以及相应的岩浆活动。

五、作　业

阅读松岭峪地质图（附图 14），并完成综合实习的相应任务。

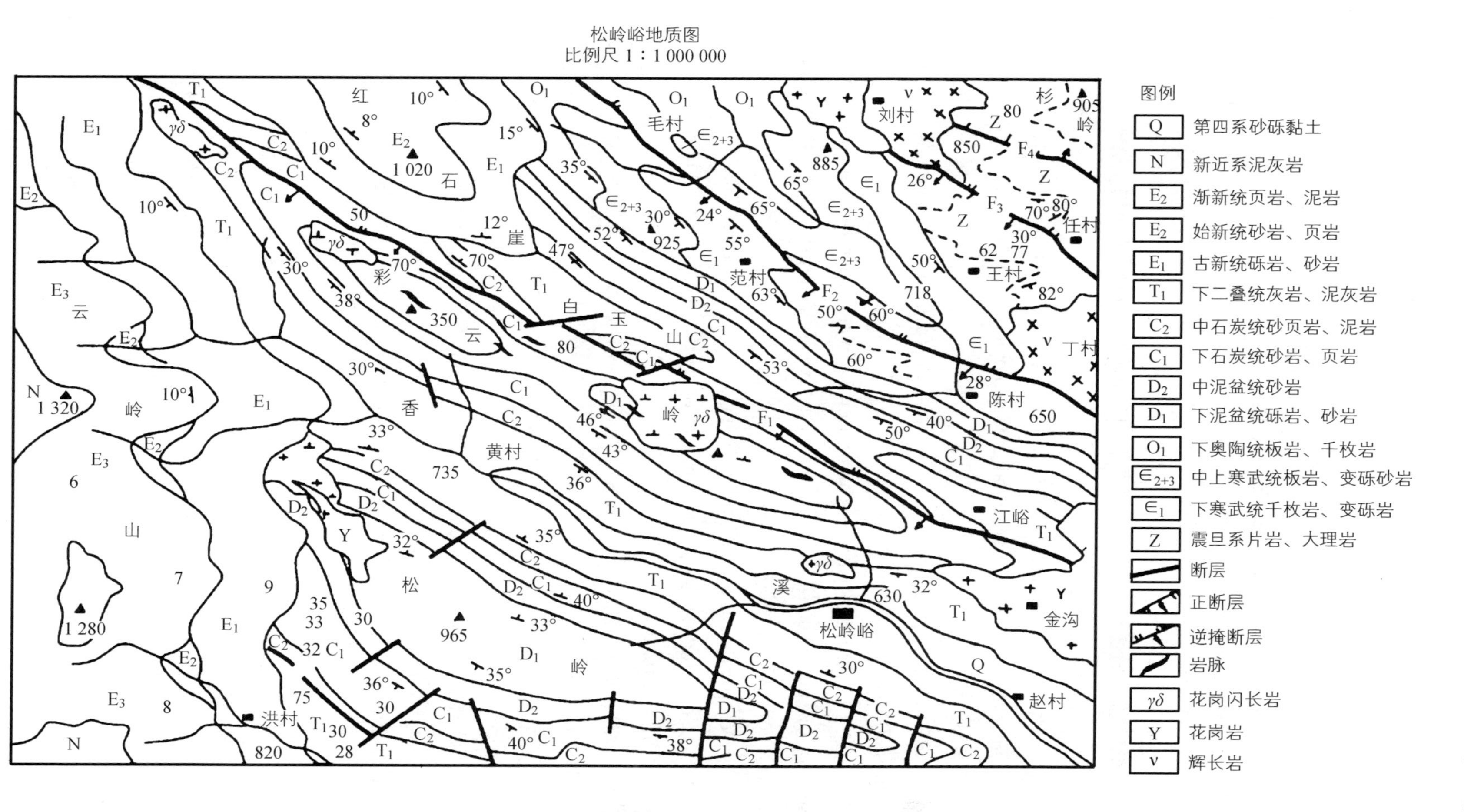
松岭峪地质图
比例尺 1∶1 000 000
图例
Q 第四系砂砾黏土
N 新近系泥灰岩
E_2 渐新统页岩、泥岩
E_2 始新统砂岩、页岩
E_1 古新统砾岩、砂岩
T_1 下二叠统灰岩、泥灰岩
C_2 中石炭统砂页岩、泥岩
C_1 下石炭统砂岩、页岩
D_2 中泥盆统砂岩
D_1 下泥盆统砾岩、砂岩
O_1 下奥陶统板岩、千枚岩
$\in_{2+3}$ 中上寒武统板岩、变砾砂岩
$\in_1$ 下寒武统千枚岩、变砾岩
Z 震旦系片岩、大理岩
断层
正断层
逆掩断层
岩脉
$\gamma\delta$ 花岗闪长岩
Y 花岗岩
ν 辉长岩
毛村
刘村
任村
王村
范村
丁村
陈村
江峪
金沟
松岭峪
赵村
洪村
黄村
白
玉
山
岭
香
云
彩
崖
石
红
杉
岭
溪
松
岭
云
岭
山
F_1
F_2
F_3
F_4
1 020
1 320
1 280
350
735
965
925
885
850
905
718
650
630
820

附图 14　松岭峪地质图

参考文献

[1] BEACH A. 低级变质的变形过程中的化学作用：压溶和液压断裂作用. 张秋明，译. 国外地质科技，1983（3）：21-26.

[2] DAVIS G H, GARDULSKI A F, LISTER G S. Shear Zone Origin of Quartzite Mylonitic and Mylonitic Pegmatite in the Coyote Mountains Metamophic Core Complex, Arizone.J. Struct. Geol., 1987, 9(3): 289-297.

[3] DAVIS G H, REYNOLDS S J. Structural Geology of Rocks and Regions. New York: John Wiley&SonsInc., 1996.

[4] FERGUSONCC, LIAYD GE. Paaeosress and Strain Estimates from Houndinage Structure and Their Bearing on the Evolution ofa Major Variscan Told-thrust Complex in South-west England. Tectonophysics, 1992(88).

[5] GRIGGS D T. Deformatian of Rocks Under High Confining Pressure.J. Geol., 1936(44).

[6] HATCHER R D.Structural Geology：Principles，Concepts，and Problems.2nd ed. New Jersey：Engle-wood Cliffs，Prentice Hall, 1995.

[7] HOBBS B E，MEANS W D, WILLIAMS P F. 构造地质学纲要. 刘和甫，等，译. 北京：石油工业出版社，1982.

[8] HUTTON D H W. Transactions of the Royal Society of Edinburgh.Earth Sciences.Geological Society of America Special, 1992(83).

[9] MARSHAK S，MITRA G.Basic Methods of Structural Geology.New Jersey: Upper Saddle River，Prentice Hall Inc., 1998: 226-238.

[10] MEANS W D. Stress and Strain：Basic Concepts of Continuum Mechanics for Geologists. New York: Springer-Verlag, 1976.

[11] PASSCHIER C W，TROUW R A. Micratectonics. Berlin：Springer-Verlag，1996.

[12] R Д АЖПРЕН.构造地质学. 秦其玉，等，译. 北京：地质出版社，1981.

[13] RAGAN D M.构造地质学几何方法导论. 邓海泉，等，译. 北京：地质出版社，1984.

[14] RAMSAY J G，HUBER N L.现代构造地质学方法. 徐树桐，译. 北京：地质出版社，1991.

[15] RAMSAY J G.岩石的褶皱作用和断裂作用. 单文琅，等，译. 北京：地质出版社，1986.

[16] RPAA□EB A Φ.地球裂谷带. 陈家振，等，译. 北京：地震出版社，1982.

[17] SENI S J，JACKSON M P A . Evolution of Salt Structure. East Texas Diapir Province，AAPG, 1983, 67(8).

[18] SIBSON R H. Structural Permeability of Fluid-Driven Fault-Fracture Meshes. J. Struct.Geol., 1996, 18(8): 1031-1042.
[19] TWISS R J, Moores E M. Structural Geology. New York: W H Freeman and Company, 1992.
[20] 安欧. 构造应力场. 北京：地震出版社，1992.
[21] 曹成润，孟元林，黎文清. 石油构造地质学. 哈尔滨：黑龙江科技出版社，1998.
[22] 曹成润. 纵弯褶曲变形的模拟方法探讨. 大庆石油学院学报，1992，15（3）.
[23] 陈碧珏. 油矿地质学. 北京：石油工业出版社，1987.
[24] 陈立官. 油气田地下地质学. 北京：地质出版社，1983.
[25] 戴俊生. 构造地质学及大地构造. 北京：石油工业出版社，2016.
[26] 单文琅，宋鸿林，傅昭仁，等. 构造变形分析的理论、方法和实践. 武汉：中国地质大学出版社，1991.
[27] 迪基 P A. 石油开发地质学. 阂豫，等，译. 北京：石油工业出版社，1984.
[28] 地质矿产部地质辞典办公室. 地质辞典（一）. 北京：地质出版社，1983.
[29] 傅昭仁，蔡学林. 变质岩区构造地质学. 北京：地质出版社，1996.
[30] 宫少波，王彦. 莺歌海盆地中央底辟带油气成藏条件分析. 石油与天然气地质，2000，21（3）：232-236.
[31] 何斌，徐义刚，王雅玫，等. 北京西山房山岩体岩浆底辟构造及其地质意义. 中国地质大学学报，2005，30（3）.
[32] 何家雄，陈伟煌，钟启祥. 莺歌海盆地泥底辟特征及天然气勘探方向. 石油勘探与开发，1994，21（6）：6-10.
[33] 何寨雄，黄火尧，陈龙操. 莺歌海盆地泥底辟发育演化与油气运聚机制. 沉积学报，1994，12（3）：120-130.
[34] 胡明，廖太平. 构造地质学. 2 版. 北京：石油工业出版社，2015.
[35] 胡望水，薛天庆. 底辟构造成因类型. 江汉石油学院学报，1997，139（4）：1-7.
[36] 华北石油勘探开发设计院. 潜山油气藏. 北京：石油工业出版社，1982.
[37] 皇盟，张健. 莺歌海盆地流体底辟构造及其成藏贡献. 天然气勘探与开发，2000，23（3）：35-41.
[38] 霍布斯 B E，明斯 W D，威廉斯 P F. 构造地质学纲要. 刘和甫，吴政，等，译. 北京：石油工业出版社，1982.
[39] 金汉平. 地质力学中的断裂问题//中国地质科学院地质力学研究所. 地质力学论丛 5 号. 北京：科学出版社，1979.
[40] 拉根 D M. 构造地质学：几何方法导论. 邓海泉，徐开礼，等，译，北京：地质出版社，1984.
[41] 兰姆赛 JG. 岩石的褶皱作用和断裂作用. 单文琅，等，译. 北京：地质出版社，1985.
[42] 李德生. 石油勘探地下地质学. 北京：石油工业出版社，1989.
[43] 李兼海，等. 火山岩的野外工作方法：区域地质调查野外工作方法（第二分册）. 北京：地质出版社，1980.

[44] 李晓波. 近十年来国外小型构造地质研究方法的新进展. 地质科技动态，1988（20）：4-7.
[45] 刘德良，杨晓勇，杨海涛，等. 郯—庐断裂带南段桴搓山韧性剪切带糜棱岩的变形条件和组分迁移系. 岩石学报，1996，12（4）：573-588.
[46] 刘晓峰，解习农. 与盐构造相关的流体流动和油气运聚. 地学前缘，2001，8（4）：343-370.
[47] 陆克政，等. 胶莱盆地的形成和演化. 东营：石油大学出版社，1994.
[48] 罗塞尔 W L，石油构造质学. 徐韦曼，等，译. 北京：地质出版社，1964.
[49] 马杏垣，等. 嵩山构造变形：重力构造、构造解析. 北京：地质出版社，1981.
[50] 沙志彬，王宏斌，张光学，等. 底辟构造与天然气水合物的成矿关系. 地学前缘，2005，12（3）.
[51] 沈修志，等. 石油构造地质学. 北京：石油工业出版社，1989.
[52] 万天丰. 古构造应力场. 北京：地质出版社，1988.
[53] 王仁等. 固体力学基础. 北京：地质出版社，1979.
[54] 王燮培，费琪，张家骅. 石油勘探构造分析. 武汉：中国地质大学出版社，1990.
[55] 王燮培，费琪. 任丘油田的构造类比. 石油勘探与开发，1979（1）.
[56] 王允诚，等. 裂缝性致密油气储集层. 北京：地质出版社，1994.
[57] 韦必则. 剪切带研究的某些进展. 地质科技情报，1996，15（4）：97-101.
[58] 武汉地质学院，成都地质学院，南京大学地质系，等. 构造地质. 北京：地质出版社，1979.
[59] 武汉地质学院区地教研室. 地质构造形迹图册. 北京：地质出版社，1987.
[60] 希尔斯 E S. 构造地质学原理. 李淑达，等，译. 北京：地质出版社，1982.
[61] 谢仁海，等. 构造地质学. 徐州：中国矿业大学出版社，1991.
[62] 徐开礼，朱志澄. 构造地质学. 北京：地质出版社，1989.
[63] 徐开礼，等. 构造地质学. 北京：地质出版社，1984.
[64] 许志琴，崔军文. 大陆山链变形构造动力学. 北京：冶金工业出版社，1996.
[65] 游振东，索书田，等. 造山带核部杂岩变质过程与构造解析：以东秦岭为例. 武汉：中国地质大学出版社，1991.
[66] 于建国，李三忠，金铎，等. 东营凹陷盐底辟作用与中央隆起带断裂构造成因. 地质科学，2005，40（1）：55-68.
[67] 俞鸿年，芦华复. 构造地质学原理. 北京：地质出版社，1986.
[68] 扎基・尼索尼，等. 裂缝性碳酸盐岩测井评价译文集. 吕学谦，朱桂清，等，译. 北京：石油工业出版社，1992.
[69] 张伯声. 中国地壳的浪状镶嵌构造. 北京：科学出版社，1980.
[70] 张德全，等. 侵入岩的野外工作方法：区域地质调查野外工作方法（第二分册）. 北京：地质出版社，1980.
[71] 张敏. 莺歌海盆地泥底辟构造带浅层气田形成条件与勘探开发前景. 天然气工业勘探与开发，1999，19（1）：25-29.
[72] 张敏强. 莺歌海盆地底辟构造带天然气运聚特征. 石油大学学报（自然科学报），2004，

24（4）：39-43.
[73] 张文佑．断块构造导论．北京：石油工业出版社，1984.
[74] 郑亚东，常志忠．岩石有限应变测量及韧性剪切带．北京:地质出版社，1985.
[75] 钟增球，等．构造岩与显微构造．武汉：中国地质大学出版社，1991.
[76] 朱志澄，宋鸿林．构造地质学．武汉：中国地质大学出版社，1991.
[77] 朱志澄，等．构造地质学．武汉：中国地质大学出版社，1999.